JN235813

新物理学シリーズ 35

相転移・臨界現象の統計物理学

東京工業大学特任教授 理学博士
西森 秀稔 著

培風館

本書の無断複写は，著作権法上での例外を除き，禁じられています。
本書を複写される場合は，その都度当社の許諾を得てください。

まえがき

　相転移や臨界現象は，統計力学の主要なテーマとして長年にわたって研究が積み重ねられてきた．平均場理論，スケーリング理論，くりこみ群，厳密解，級数展開，モンテカルロ・シミュレーションなどをキーワードとする数多くの概念や手法が開発され，隣接分野も巻き込んで大きく展開していった．相転移・臨界現象に関する基礎的な素養は，統計力学・物性理論を学ぼうとする者はもちろんのこと，物理の多くの分野で役に立つ有用な知識として広く認知されている．

　本書では，学部レベルの統計力学の履修を終えた者を念頭に，相転移・臨界現象の概論から入って，平均場理論，スケーリング，くりこみ群，Kosterlitz-Thouless転移などの標準的なテーマを解説したあと，ランダム系，厳密解，双対性といったややトピック的な題材を取り上げて丁寧に説明した．最後の2章を除いて，数学的な厳密さより物理的・直観的な描像の把握を重視した記述を心がけ，初学者でも意欲さえあれば十分理解できるように努めた．標準的な統計力学の知識に加えて，微積分，Fourier変換，平均や分散など確率・統計の初歩的な知識，および量子力学の基礎的な素養は仮定した．

　相転移・臨界現象およびそれに関連した問題に的を絞った入門的な解説書は，国内では意外にもあまり発行されてない．スタンリーの『相転移と臨界現象』(松野孝一郎訳，東京図書) は一時代を画した名著であるが，くりこみ群前夜の出版であり，現在の研究のパラダイムを俯瞰するには必ずしも適さない．小口武彦の『磁性体の統計理論』(裳華房) は，どちらかというと数理的な研究スタイルを好む私にとっては，学生時代に読み込んで以来の深く長いつきあいであるが，やはり30年以上の年月を経ているので，現在の初学者にまず勧める本にはなりにくい．

　それやこれやで，しばらく前に東工大の大学院で「統計物理学」という講義を受け持つことになったとき，独自の講義ノートを作成した．それを受講者に配布し，毎年少しずつ改訂を重ねてきた．本書は，この講義ノー

トをもとにしていくつかの章と演習問題を付け加えて執筆したものである。したがって教科書ないし入門書であり，研究の最前線を生々しく記述した専門書ではない。より進んだ専門書や論文を読むにあたって，暗黙の前提として記述がしばしば省略されている基礎知識を与えることを重要な目標のひとつとして執筆した。また自習や輪講での使用なども意識して，他書を参照しなくてもこの本だけでほとんどの話が閉じるよう，概念や計算の詳細を，必要に応じて付録や演習問題の答えを参照しながら，可能な限り丁寧に記述した。多くの項目を限られたページ数に詰め込もうとするあまり，ひとつひとつの項目の理解が表面的になるのは避けたかったのである。別の見方をすれば，私の力量不足や紙数の制約のために，相転移や臨界現象あるいはそれに関連した諸問題を網羅的にカバーすることはできなかった。巻末の参考書でさらに勉強を進めていただきたい。

　第1章から5章までは相転移・臨界現象についての基礎教養であり，できるだけ読み通していただきたい。6章以後は，5章までの知識を前提として興味を覚えた章だけでも独立して読めるように工夫してある。学部4年生ないし大学院の講義のテキストとしては，1学期で第1章から5章まで全部と，6章以後の章をひとつ終えるくらいというのが私の経験である。演習問題の多くは，実際にレポート問題として出したものである。本文中の式を確かめる簡単なものから，やや込み入った計算が必要なものまで各種のレベルがそろっている。本文中で書ききれなかったが興味深い事項についての補足的な問題も含まれているので，自分で解かない問題でも答えと比較して眺めてみるだけでも役に立つだろう。

　長年にわたって講義ノートを改良し続けるにあたっては，学生諸君から得た多くの質問やコメントが有用だった。学生諸君に深く感謝したい。

　なお，出版後の訂正などについては私のホームページに公開するので参照されたい。

西森　秀稔

目　次

1. 相転移と臨界現象　　1〜16
- 1-1　相と相図 ……………………………………………………… 1
- 1-2　相転移 …………………………………………………………… 3
- 1-3　臨界現象 ………………………………………………………… 5
- 1-4　スケール変換とくりこみ群 …………………………………… 7
- 1-5　Ising 模型とそれに関連した模型 …………………………… 12
- 演習問題 1. ………………………………………………………… 16

2. 平均場理論　　17〜47
- 2-1　平均場理論 ……………………………………………………… 17
- 2-2　平均場理論の臨界指数 ………………………………………… 21
- 2-3　Landau 理論 …………………………………………………… 24
- 2-4　三重臨界点の Landau 理論 …………………………………… 27
- 2-5　無限レンジ模型 ………………………………………………… 31
- 2-6　Bethe 近似 ……………………………………………………… 34
- 2-7　相関関数 ………………………………………………………… 36
- 2-8　適用限界 ………………………………………………………… 39
- 2-9　動的臨界現象 …………………………………………………… 41
  - 2-9-1　1 自由度系 ………………………………………………… 42
  - 2-9-2　Gauss 模型 ………………………………………………… 43
- 演習問題 2. ………………………………………………………… 46

3. くりこみ群とスケーリング　　48〜71
- 3-1　スケール変換と固定点 ………………………………………… 48
- 3-2　パラメータ空間と変換則 ……………………………………… 51
- 3-3　固定点付近の流れと普遍性 …………………………………… 53
- 3-4　スケーリング則 ………………………………………………… 56

3-5	相関関数のスケーリング則	59
3-6	平均場理論とスケーリング則	60
3-7	スケーリング次元	62
3-8	スケーリング則によるデータ解析	63
3-9	クロスオーバー	66
3-10	動的スケーリング則	69
	演習問題 3.	70

4. くりこみ群の実際　　　　　　　　　72〜89

4-1	1次元 Ising 模型	72
	4-1-1　くりこみ群の式	72
	4-1-2　固定点と固有値	74
	4-1-3　物理量の特異性	76
4-2	2次元以上での実空間くりこみ群	77
	4-2-1　ブロック・スピン変換	77
	4-2-2　部 分 和	79
	4-2-3　Migdal-Kadanoff 近似	81
4-3	Gauss 固定点と4次元からの展開	83
	4-3-1　Gauss 固定点	84
	4-3-2　4次元からの展開	87
	演習問題 4.	89

5. Kosterlitz-Thouless 転移　　　　　　90〜109

5-1	Peierls の議論	90
5-2	XY 模型の下部臨界次元	92
5-3	長距離秩序が存在しない証明	95
5-4	Kosterlitz-Thouless 転移	98
5-5	渦対のエネルギー	101
5-6	くりこみ群による解析	103
	5-6-1　KT 転移を記述するくりこみ群の式	103
	5-6-2　Kosterlitz 方程式の解	106
	演習問題 5.	109

6. ランダムな系　　110〜141

- 6-1 ランダム磁場 ……………………………………………… 110
  - 6-1-1 クエンチ系と自己平均性 ………………………… 111
  - 6-1-2 平均場理論 ……………………………………… 113
  - 6-1-3 下部臨界次元 …………………………………… 116
  - 6-1-4 上部臨界次元 …………………………………… 117
  - 6-1-5 有限次元系の性質 ……………………………… 120
- 6-2 スピングラス ……………………………………………… 121
  - 6-2-1 Sherrington-Kirkpatrick 模型 ………………… 122
  - 6-2-2 SK 模型の相図 ………………………………… 124
  - 6-2-3 有限次元系の性質 ……………………………… 125
- 6-3 希釈強磁性体とパーコレーション …………………… 128
  - 6-3-1 希釈強磁性体 …………………………………… 128
  - 6-3-2 パーコレーションにおけるスケーリング ……… 131
  - 6-3-3 フラクタル次元とハイパー・スケーリング …… 134
  - 6-3-4 ボンド過程と Potts 模型 ……………………… 137
- 演習問題 6. ………………………………………………… 140

7. 厳密に解ける模型　　142〜171

- 7-1 1次元 Ising 模型 ………………………………………… 142
  - 7-1-1 自由境界条件 …………………………………… 142
  - 7-1-2 周期境界条件 …………………………………… 146
- 7-2 1次元 n ベクトル模型 ………………………………… 149
- 7-3 球形模型 …………………………………………………… 152
  - 7-3-1 分配関数と自由エネルギー ……………………… 153
  - 7-3-2 鞍点条件式の解と臨界指数 ……………………… 155
- 7-4 1次元量子 XY 模型 …………………………………… 158
- 7-5 2次元 Ising 模型 ………………………………………… 162
  - 7-5-1 転送行列の構成 ………………………………… 162
  - 7-5-2 Majorana 場での表現 ………………………… 164
  - 7-5-3 Fermi 粒子による Fourier 表示 ……………… 166
  - 7-5-4 固有値と自由エネルギー ……………………… 166

7-5-5　比熱の対数発散 …………………………………… 169
　演習問題 7. ………………………………………………………… 170

8. 双対性　　　　　　　　　　　　　　　　　172〜189

8-1　双対性 ………………………………………………………… 172
8-2　高温展開と低温展開 ………………………………………… 176
8-3　Fourier 変換と双対性 ……………………………………… 179
　　8-3-1　分配関数の一般形 ……………………………… 179
　　8-3-2　双対変換 ………………………………………… 180
　　8-3-3　Ising 模型 ………………………………………… 183
　　8-3-4　Villain 模型とラフニング転移 ………………… 185
　演習問題 8. ………………………………………………………… 188

付録　　　　　　　　　　　　　　　　　　　　190〜208

1. 鞍点法 …………………………………………………………… 190
2. 磁化率の相関関数による表現 ………………………………… 193
3. Rushbrooke の不等式 ………………………………………… 194
4. キュミュラント ………………………………………………… 196
5. SK 模型のレプリカ対称解 …………………………………… 197
　5.1　分配関数のレプリカ平均 ………………………………… 197
　5.2　Gauss 積分による一体問題化 …………………………… 198
　5.3　鞍点評価 …………………………………………………… 199
　5.4　レプリカ対称解 …………………………………………… 200
　5.5　秩序パラメータ …………………………………………… 200
6. n ベクトル模型の分配関数の計算に必要な積分 …………… 202
7. 多重 Gauss 積分と格子 Green 関数 ………………………… 203
8. Jordan-Wigner 変換 …………………………………………… 206
9. Poisson の和公式 ……………………………………………… 208

さらに進んだ内容を学ぶために　　　　　　　　　　209
演習問題解答　　　　　　　　　　　　　　　　　　211
索　引　　　　　　　　　　　　　　　　　　　　　227

1. 相転移と臨界現象

　本書の中心テーマである相転移と臨界現象について概要をつかんでもらうため，まずこの章では，基本的な言葉や概念を説明する．相とは何か，相転移や臨界現象というのはどういう現象かについて述べたあと，それらを定量的に解析するための強力な手段であるスケーリングとくりこみ群を直観的なレベルで導入する．さらに，これらの研究の足場となる種々の模型について解説する．本章で述べる事柄は，次章以後で詳しく定式化される．

1-1　相と相図

　私たちの身のまわりには，たくさんの物質が様々な状態で存在している．日常的な長さのスケール(例えば1 mm)で，物質の性質が一様な状態を**相**(phase) という．例えば氷，液体の水，水蒸気はそれぞれ水のひとつの相である．日常的な長さのスケールを，**巨視的** (macroscopic) なスケールという．これは，原子分子の長さのスケールである**微視的** (microscopic) なスケールと対比される長さの基準である．統計力学は，微視的な要素が多数絡まって生じる巨視的なスケールでの現象を解明する学問である．

　相の重要な特徴は，それが単一の熱力学関数(自由エネルギーやエンタルピーなど) で表されることである．熱力学関数は温度や圧力など数個のパラメータの関数だから，巨視的な物質がどのような相にあるかはこれらのパラメータを指定すれば決まる．巨視的性質を指定するパラメータを軸とした図の上で，各点がどのような相に属するかを示したものを**相図** (phase diagram) という．図 1.1 に例を示す．相図は，**相境界** (phase boundary)，**臨界点** (critical point)(図 1.1 の C)，**三重点** (triple point)(図 1.1 の TP) などによって特徴づけられる．相境界は文字通り，各相の間の境界である．相境界を横切って系のパラメータ(例えば温度) を変化させると，例えば液

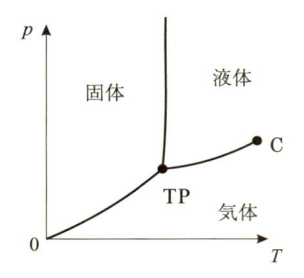

図 1.1 典型的な相図の例。温度 T と圧力 p を決めると，物質が固体，液体，気体のどの相にあるかが決まる。C は臨界点，TP は三重点を表す。

体が気体に変化して相が急激に変化する。**相転移** (phase transition) である。相境界は臨界点で終わって消えていることがよくある。臨界点においては，2 つの相が区別できなくなり，物質は異常な性質を示す。この異常な性質 (**臨界現象** (critical phenomena)) を調べるのが，次章以後で詳しく解説する臨界現象の理論である。

　三重点においては，3 つの相が同時に存在する。例えば，水と氷を混ぜたものを容器に入れて密閉し，残った空気を真空ポンプで引く。すると空気があったところには水蒸気が充満して，氷，水，水蒸気の 3 つの相が一定の温度と圧力で同時に存在する三重点が実現する。水の三重点の温度と圧力は，$T = 273.16$ K, $p = 0.61$ kPa である。

　相は様々な量によって特徴づけられるが，特に重要なものは，相を構成する微視的な要素がどれだけそろっているか (秩序だって並んでいるか) を表す**秩序パラメータ** (order parameter) である。例えば磁性体では，**磁化** (magnetization) が秩序パラメータである。おおざっぱにいえば，磁化は磁石の強さである。微視的な電子スピンが互いに同じ方向を向いていると巨視的な磁化が出現する。スピンのそろい具合が，磁化という秩序パラメータで表現されるのである。また固体では，原子や分子が周期的に並んでいる。この場合は，原子あるいは分子の位置の空間的な周期性が秩序パラメータである。もっと抽象的な秩序パラメータの例としては，超伝導体の量子力学的な位相がある。超伝導体は，巨視的な量子力学的な波動関数で特徴づけられる。物質の内部の巨視的なスケールにわたって波動関数が一定の位

相を持っていると，超伝導状態が実現するのである。

1-2　相転移

　温度や圧力などの巨視的なパラメータの変化にともなって，相の間の急激な移り変わりが起きる現象が相転移である．氷が常圧で 0 ℃以上になると水になるのも，相転移の例である．相転移は巨視的な性質の急激な変化であるが，理論的には物理量を表す関数の特異性として特徴づけられる．図 1.2 に例示したように，エントロピー S，体積 V，比熱 C などに飛びや**カスプ**(とがり)(cusp)，発散などが現れるのである．例えば，氷が水になるには潜熱が必要であり，したがって図 1.2(a) のようにエントロピーに飛びが生じる．水が沸騰して水蒸気になると，図 1.2(b) のように，同じ温度でも体積が不連続に増大する．

　相転移は，熱力学量の特異性の度合いによって 2 種類に分類される．自由エネルギーの 1 次微分に不連続性があるとき**1 次転移** (first-order transition)

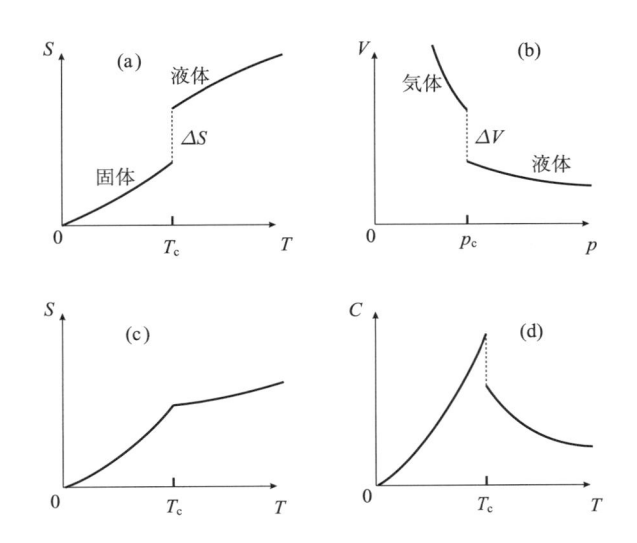

　図 **1.2**　相転移点における物理量の特異性の例．S はエントロピー，V は体積，C は比熱を表す．(a), (b) は 1 次転移，(c), (d) は 2 次転移である．

といい，2次以上の微分に不連続性ないし発散があれば**2次転移** (second-order transition) あるいは**連続転移** (continuous transition) と呼ぶ．例えば氷が水になるときのように潜熱を伴う転移は，エントロピーに飛びがあり ($\Delta S > 0$) したがって $S = -(\partial F/\partial T)_V$ が不連続に変化するから，1次転移である．エントロピーが連続だが，その温度微分である比熱 C に飛びがある場合には，2次転移となる (図 1.2(c) および (d))．液体ヘリウム4の超流動転移である λ 転移や，磁性体の常磁性・強磁性転移のように，比熱が特定の温度で発散する2次転移も多い．

同じ物質でも，条件によって1次転移を示したり2次転移をしたりする．例えば，強磁性体が磁場中におかれたときの相図が図 1.3(a) に示してある．温度 T がある温度 T_c(**臨界温度** (critical temperature)，**臨界点** (critical point)，**転移温度** (transition temperature)，**転移点** (transition point)) より低いと，外部磁場 H を，(適当な方向を軸として) 負から正の方向に変化させたとき (図 1.3(a) の経路 (b))，磁化 m が負の値から正の値に不連続に飛ぶ (図 1.3(b))．1次転移である．H が負だと，磁場の方向に引きずられてスピンは巨視的なスケールで下向きにそろうが，正になったとたん，一斉に上に向きを変えるのである[1]．したがって，$T < T_c$ では，外部磁場 H を0にする極限 $H \to 0+$ でも磁化 m が正の値で残る．もちろん $H \to 0-$ だと $m < 0$ である．これを**自発磁化** (spontaneous magnetization) といい，秩序パラメータの典型例である．$T > T_c$ では磁化は $H = 0$ でスムーズに変化し，何ら特異性を示さない．一方，外部磁場を0(正確には0+) に保ったまま，温度を T_c を通過して下げていくと，自発磁化は0から正の値

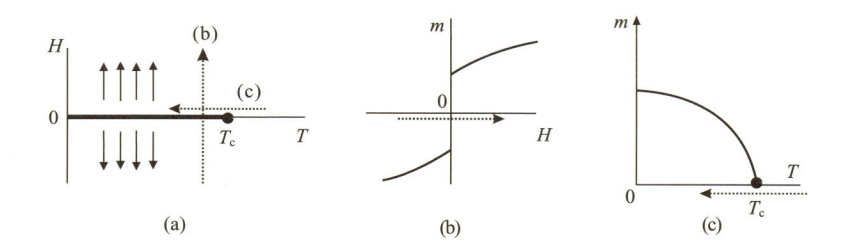

図 **1.3** 強磁性体の相図 (a) において，パラメータの変化のさせかたの違いにより，1次転移を示したり (b)，2次転移になったり (c) する．

---

[1] これは理想的な状況であり，実際には磁区構造のためにもっと複雑に変化する．

に連続的に変化する (図 1.3(c))。これは 2 次転移である。

1-3　臨界現象

2 次転移は臨界現象を伴う。2 次転移と臨界現象を同一視することも多い。臨界現象というのは，図 1.1 の C(臨界点) において見られるように，パラメータを変化させたとき 2 つの相の間の区別が連続的になくなることに伴う諸現象の総称である。臨界現象は本書の主要なテーマである。

磁性体の例で説明しよう。図 1.3 の (c) のように，外部磁場 H を 0 に保ったまま温度 T を臨界温度 (臨界点)T_c に温度を上から近づけていったとする。磁化 m は 0 のまま推移するが，$T < T_c$ においては $H \to 0+$ での磁化 (自発磁化) が 0 でない値を取るのだから，臨界温度よりわずかに上の温度では，その前兆現象として，ごく小さな外部磁場 H に対しても大きな磁化 m が生じる。**磁化率** (magnetic susceptibility) χ の定義

$$m = \chi H + \mathcal{O}(H^3) \tag{1.1}$$

によれば，磁化率が臨界点付近で非常に大きな値を取ることになる。

$T \neq T_c$ では $m \propto H$ だが，ちょうど臨界点上 $(T = T_c)$ では，磁化は外部磁場の 1 次より低いべきの依存性 $m \propto H^{1/\delta}$ $(1/\delta < 1)$ を示す。式 (1.1) のように磁化率を H の 1 次の係数で定義すれば，磁化率は $\chi \approx m/H \propto H^{1/\delta - 1}$ という振る舞いをし，$H \to 0$ で発散する。以上の様子を示したのが，図 1.4 である。$T > T_c$ では巨視的なスケールでスピンがそろい自発磁化が成長するわけではないが，それでも T_c に近い温度だと，微視的ではあってもかなり大きな領域でスピンがそろって外部磁場に敏感に反応し，磁化率

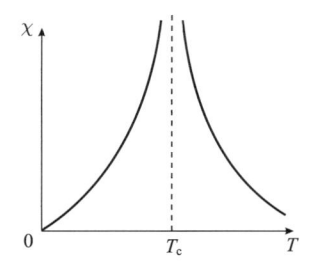

図 **1.4**　臨界点で磁化率は発散する。

が大きな値を取るのである．スピンのそろい方が大きくゆらいでいると考えてよく，この**ゆらぎ** (fluctuation) が臨界点付近の物理量の特異性に反映されるのである．

図 1.1 のような液体・気体臨界点の場合でも本質的に類似の現象が見られる．図 1.1 の TP と C の間の相境界の上側に沿って (液体側から) 温度と圧力を変化させて臨界点 C に近づけると，C より先では密度が薄い気体と区別がなくなる前兆現象として，液体の内部のかなり大きな範囲で密度が薄い領域が生じる．つまり密度が大きくゆらぐ．そのゆらぎが臨界点に非常に近いところでは微視的なスケールから巨視的に近いスケールまで様々なスケールに及び，ちょうど光の波長程度の密度ゆらぎも存在するようになる．するとそれまで透明だった液体が光を乱反射するようになり，白く濁って見えるようになる．**臨界たんぱく光** (critical opalescence) と呼ばれる現象である．この場合，特異性を示す物理量は単位体積あたりの密度の分散 (平均値からのずれの 2 乗の期待値) であり，臨界点で発散する．

臨界点付近で色々な物理量がどのように発散するかを定量的に表すのには，**臨界指数** (critical exponent) を用いる．実験によると，物理量の発散の度合い (特異性) は一般に，臨界点からのパラメータのずれのべきになっている．そこで，臨界点からのパラメータのずれを t で表すことにしよう．t は無次元量であるとする．例えば，臨界温度を T_c としたときには $t = (T - T_c)/T_c$ である．磁性体の例を取って臨界指数の定義を書くと，次のようになる．χ は磁化率，C は比熱，m は自発磁化，$G(r)$ は距離 r だけ離れた点のスピン変数の**相関関数** (correlation function) $G(r) = \langle S_i S_{i+r} \rangle - \langle S_i \rangle \langle S_{i+r} \rangle$ である．

$$\begin{aligned}
\chi &\propto |t|^{-\gamma} \quad (T > T_c), \qquad |t|^{-\gamma'} \quad (T < T_c) \\
C &\propto |t|^{-\alpha} \quad (T > T_c), \qquad |t|^{-\alpha'} \quad (T < T_c) \\
m &\propto |t|^{\beta} \quad (T < T_c) \\
m &\propto |H|^{1/\delta} \quad (T = T_c) \\
G(r) &\propto r^{-\tau} e^{-r/\xi} \quad (T \neq T_c) \\
\xi &\propto |t|^{-\nu} \quad (T > T_c), \qquad |t|^{-\nu'} \quad (T < T_c) \\
G(r) &\propto r^{-d+2-\eta} \quad (T = T_c)
\end{aligned} \quad (1.2)$$

磁化率 χ が臨界点で発散することはすでに述べたとおりであり，その発散の度合いが式 (1.2) のように臨界指数 γ および γ' で表される．記号 $\propto$ は

左辺の t の関数としての特異性のうち，一番強いものを表現している．したがって現実には，これより弱い特異性の項や特異性を持たない項が存在する．また，全体にかかる定数の係数も省略してある．したがってより正確には，例えば χ については次のような式になる．

$$\chi = A|t|^{-\gamma} + B|t|^{-\gamma+1} + \cdots + a|t| + \mathrm{const} \qquad (1.3)$$

臨界点より高い温度 ($t > 0$) と低い温度 ($t < 0$) の臨界指数は，通常同じ値を取るが，これは最初から自明のことではなく問題ごとに確かめる必要がある．

他の臨界指数についても同様である．比熱 C の特異性の指標が α である．磁化 m が低温側から臨界点に近づくにつれてどのように消失するかを記述するのが β である．また，臨界点直上においては，磁化 m は外部磁場 H の非線形な関数になる．その非線形性が臨界指数 δ で記述される．相関関数 $G(r)$ は，臨界点以外の一般の温度では，式 (1.2) のように距離とともに指数関数的に減少する．ある空間点 i におけるスピンの状態とそれから r だけ離れた点のスピンの状態がどれだけ関連しているかを示すのが相関関数であるから，式 (1.2) によると，**相関距離 (相関長)** (correlation length) ξ 以上離れるとスピンの状態の間の関連が非常に小さくなる．臨界点に近づくと，ゆらぎのためにこの相関距離がどんどん伸びてついには発散する．この様子を記述するのが，式 (1.2) で定義された臨界指数 ν である．ちょうど臨界点においてはあらゆるスケールのゆらぎが同時に発生することを反映して，相関関数は指数関数のような急速な減少はせず，式 (1.2) の最後の式のようなゆっくりしたべき減衰となる．このべきを特徴づけるのが臨界指数 η である．

臨界指数は臨界現象を定量的に特徴づける基本的な量であり，臨界指数を求めることは重要な課題である．

1-4　スケール変換とくりこみ群

微視的な長さから巨視的な長さまで様々なスケールのゆらぎが同時に発生し，そのために物理量に異常が生じるのが臨界現象の本質である．様々なスケールのゆらぎが同時に生じる様子を 2 次元 Ising 模型のシミュレーションによって見たのが次の 3 つの図 1.5, 図 1.8, 図 1.9 である．

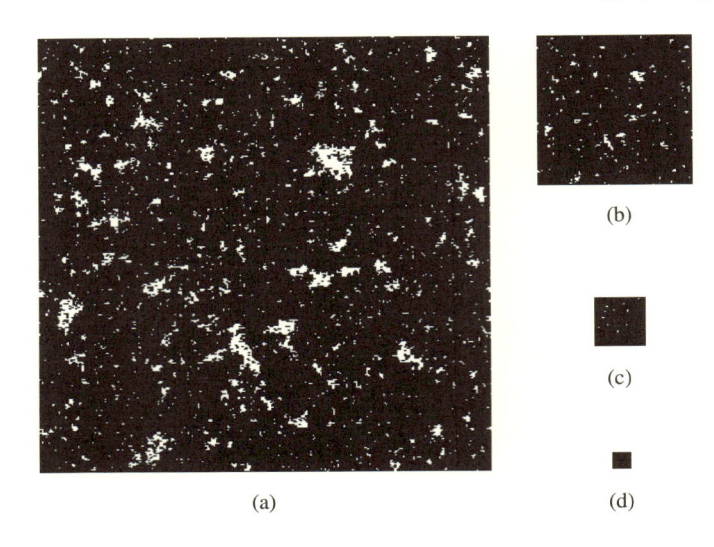

図 1.5 $T = 0.995T_c$ のときの 2 次元 Ising 模型のスピン配位の例とくりこみ。

まず，臨界点より少し低い温度 $T = 0.995T_c$ の図 1.5(a) を見てみよう。一辺の長さ 486 の 2 次元 Ising 模型でモンテカルロ・シミュレーションを行い，この温度における典型的なスピン配位を実現して上向きスピンを黒，下向きスピンを白で表現してある。外部磁場は 0 である。臨界点より低温側だから，ほぼ全系にわたって秩序状態ができている。黒が端から端までつながっているのに対し，白はとぎれとぎれのかたまりに分かれている。黒が巨視的なスケールで優勢であり，本質的に黒にそろった秩序状態である。白のかたまりは，図のスケールで数 mm(元の格子点の数でいえば約 10 個) くらいの広がりを持ったものが大多数である。これが，相関距離 ξ にあたる長さである。

さて，この図 1.5(a) に**ブロック・スピン変換** (block spin transformation) を施したものが (b) である。ブロック・スピン変換というのは，この場合，隣り合う $3 \times 3 = 9$ 個の格子点の Ising スピン変数に着目し，黒と白どちらが多いかの多数決によりひとつの状態にまとめる操作のことである (図 1.6)。3×3 でなくても，5×5 でもよいのだが，今の例では 3×3 で計算してある。いわば図 1.5(a) を「目を細めて」見て，細かい部分は消し去った

1-4 スケール変換とくりこみ群

図 **1.6** ブロック・スピン変換の例。$3 \times 3 = 9$ 個の Ising スピンを多数決でまとめてひとつのスピンに置き換えている。

図である。**粗視化** (coarse graining) という言い方をすることもある。(b) においては，(a) より黒の優勢がはっきりしている。長さのスケールが $\frac{1}{3}$ になり，それに対応して，典型的な白のかたまりの大きさ (相関距離) も $\frac{1}{3}$ ぐらいになっている。

このブロック・スピン変換を (b) に対してもう一度行ったのが (c) である。さらに繰り返すと (d) が得られる。(c), (d) を見ると，この系が本質的には，ほぼ全系にわたって黒にそろった状態にあることが一目瞭然である。短いスケールのゆらぎ (黒の中に浮かんだ白の島) を順次消去し，長いスケールで起きている現象に注意を集中することにより巨視的な系の本質をつかもうとするのが，**くりこみ群** (renormalization group) の基本的な考え方であり，ブロック・スピン変換はくりこみ群変換の具体的な例である。**スケール変換 (スケーリング)** (scale transformation, scaling) による巨視的な系の変化の様子を追うことが，基本的に重要な役割を果たしている。なお，すべて黒の状態は，磁化が最大値を取っている状態に相当し，温度でいえば絶対零度に対応する (図 1.3(c) 参照)。したがって，ブロック・スピン変換 (くりこみ群変換) により有効温度が次第に低下して，最終的には図 1.5(d) において，絶対零度に到達したと見ることもできる (図 1.7)。

さて，同じ操作をちょうど臨界点にある系 $T = T_c$ に対して行ったのが図 1.8 である。外部磁場はやはり 0 である。最初の生データ (a) を見ると，黒がわずかに優勢のように見えないでもないが，ブロック・スピン変換を繰り返して (b), (c), (d) と進んでいっても，どちらが優勢かはっきりしない。これは，臨界点直上では微視的な長さから巨視的な長さまで，いろいろ

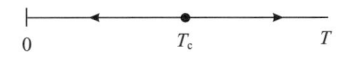

図 **1.7** くりこみ群変換により有効温度が変化する。臨界点以下では有効温度が低下し，臨界点以上では上昇する。臨界点は固定点に相当する。

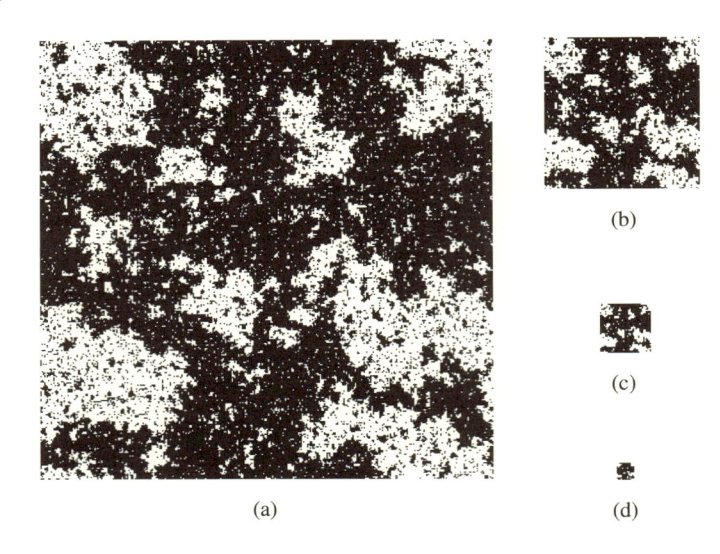

図 1.8 $T = T_c$ のときのスピン配位とくりこみ。

なスケールのゆらぎ (白ないし黒のかたまり) が同時に存在して，粗視化により (a) から順次細かなスケールの現象を消し去っても本質的な状況が変化しないためである．実際，例えば白い部分を見ると，ごく小さなかたまりから系の長さの数分の一にわたる大きなかたまりまでいろいろなスケールのかたまりが混在していて，典型的なかたまりの大きさというようなものは見いだせない．図 1.5 に示した臨界点以下 $T < T_c$ の場合は，ゆらぎは短い距離 ξ 程度の長さに限られていたため，2 回ほどブロック・スピン変換を施すと，ほとんど白のかたまりが消えてしまったのと大きく異なる状況である．別の見方をすると，ちょうど臨界点にある系はくりこみ群変換により，有効温度が変化しないという重要な特徴を持っていることになる．くりこみ群に対する**固定点** (fixed point) と臨界点が対応しているのである．

最後に，臨界点より高い温度 $T = 1.05 T_c$ の系をブロック・スピン変換で調べると，図 1.9 に示したように，2，3 回の変換でほとんど完全にばらばらの状態に移行してしまう．(c) や (d) のパターンは，温度が非常に高い極限で，強い熱ゆらぎのためにスピンは非常に速く運動をしてそろうことはほとんどない状況と類似している．臨界温度より高温の系は，本質的

1-4 スケール変換とくりこみ群

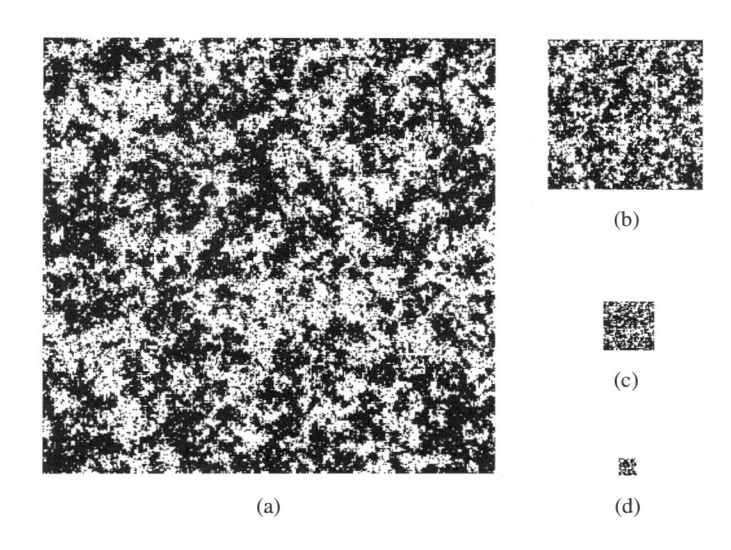

図 1.9 $T = 1.05T_c$ のときのスピン配位とくりこみ。

には温度が無限大の極限の系と同一の性質を持っていることが，くりこみ群の操作により明瞭に浮き彫りにされるのである．相関距離は，(a) では数 mm ないし 1 cm 程度に見えるが，ブロック・スピン変換により，(c) や (d) では隣どうしの点の距離くらいまで短くなっている．

以上から想像できるように，臨界点付近での系の振る舞いを調べるには，温度に代表される系を特徴づけるパラメータが空間のスケーリングとともにどのように変化するかを記述する**くりこみ群方程式** (renormalization group equation) を立て，その固定点付近での物理量の様子を解明すればよい．あとの章でこの考え方をより詳細に定式化する．

くりこみ群変換により系の物理的性質の本質に関わらない詳細を消去し，巨視的なスケールで起きている現象の正体を浮き彫りにするという考え方から必然的に派生する重要な概念として，**普遍性** (universality) がある．臨界指数のような臨界現象の本質を記述する量は，系を規定するパラメータの詳細にはほとんど依存せず，系の持つ対称性や系のおかれた空間の次元などの数個の基本的に重要な指標のみによって決定されるという事実である．例えば Ising 模型と液体・気体の臨界点は同じ次元 (例えば 3 次元) なら，同じ臨界指数を持つ．磁性体の模型である Ising 模型が液体・気体の

臨界現象と本質的に同じ現象を示すというのは驚くべきことである。その直観的理由は，くりこみ群変換を繰り返して粗視化していくと，系の性質を規定する本質的な部分(対称性や次元)に付け加えられた付加的な部分[2]の影響はどんどん小さくなって消失してしまうためである。Ising模型と液体・気体の例でいえば，微視的な自由度(スピンあるいは液体や気体の密度)が単なるスカラー量(成分数が1)であるという共通性が同じ臨界指数を生むのである。これだけだとやや抽象的でわかりにくいかもしれないが，何より，実験的に1成分スピンを持つ磁性体の臨界指数と単純な液体・気体の臨界現象の臨界指数がよく一致することが確かめられているし，また，あとに展開する具体的なくりこみ群の定式化からも，普遍性が浮かび上がってくるのである。なお，臨界指数だけでなく，**臨界振幅** (critical amplitude)(式(1.3)に出てくる係数A)の高温側($t > 0$)での値と低温側($t < 0$)での値の比も，系の詳細によらない普遍性を持つ。

1-5 Ising模型とそれに関連した模型

現実の物質で生じる臨界現象を理論的に調べるのに，現実の物質の性質を詳細に反映したハミルトニアンを構成して解析する必要はない。普遍性があるために，臨界指数を正確に計算するという目的のためには，本質的な特徴のみを抽出した簡単な模型で十分なのである。これは驚くべき事実であると同時に，実用上非常に有用な簡略化である。臨界指数は系の詳細を指定する無数のパラメータの変化に対して，非常に安定な不変性を持っている。やや大胆なたとえでいえば，物体がまわりに及ぼす古典的(ニュートン的)な重力場は，物体が球形である限りその半径によらず中心からの距離だけに依存するのに似てないこともない。この場合，物体の形が球からずれると重力場は変わるが，対称性の変化という本質的な変更のない限り重要な性質が変わらないのは，臨界現象と同じである。

臨界現象を調べるための簡単な模型の代表例がIsing模型である。これは次のハミルトニアンで定義される。

$$H = -J\sum_{\langle ij \rangle} S_i S_j - h\sum_i S_i \tag{1.4}$$

---

[2] 例えば，分子が格子点に乗っている(Ising模型)か連続に分布しているかどうか(気体や液体)などの影響。

1-5 Ising 模型とそれに関連した模型

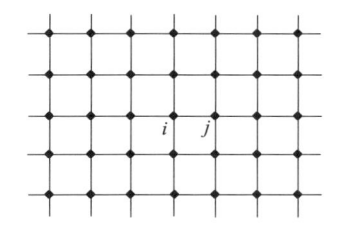

図 **1.10** 正方格子と，その上の最近接格子点対 $\langle ij \rangle$.

ここで，S_i は**格子点 (サイト)** (lattice site, site) i にある Ising スピン ($S_i = \pm 1$)，$\langle ij \rangle$ は相互作用しているスピンの対を表す．例えば，図 1.10 の正方格子 (square lattice) 上で隣どうしのペアなどを想定すればよい．J は相互作用の定数，h はエネルギーの次元で表した外部磁場である．これ以後はハミルトニアンを H，外部磁場は h と表すことにする．Ising 模型は，成分数が 1 の系の単純化した模型であるが，もちろん元来は磁性体の模型として研究されてきた．この場合 J は**交換相互作用** (exchange interaction) を表す．J が正なら強磁性的相互作用，負なら反強磁性的相互作用である．

2 種類の金属 A, B を混合した **2 元合金** (binary alloy) も Ising 模型で表現できる (図 1.11)．この場合，$S_i = 1$ は i に A 原子があることを表し，$S_i = -1$ は B 原子があることを表す．隣どうしにある原子の種類に応じて 3 種類の相互作用 $J_{\mathrm{AA}}, J_{\mathrm{BB}}, J_{\mathrm{AB}}$ が働くとすると，系のハミルトニアンは

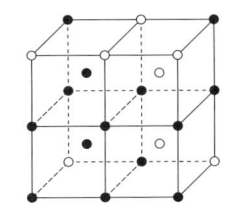

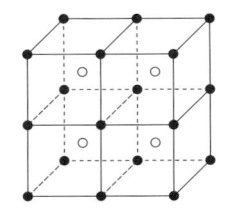

図 **1.11** 2 元合金の構造．黒と白で表された 2 種類の金属原子 A, B が，この例では体心立方格子上の点を占める．左は無秩序状態，右は秩序状態を表す．

$$H = \frac{1}{4}\sum_{\langle ij\rangle} J_{\text{AA}}(1+S_i)(1+S_j) + \frac{1}{4}\sum_{\langle ij\rangle} J_{\text{BB}}(1-S_i)(1-S_j)$$
$$+\frac{1}{4}\sum_{\langle ij\rangle} J_{\text{AB}}\{(1+S_i)(1-S_j)+(1-S_i)(1+S_j)\} \quad (1.5)$$

であるが，これは

$$H = -J\sum_{\langle ij\rangle} S_i S_j - h\sum_i S_i + (\text{定数}) \quad (1.6)$$

と書き換えることができる．ただし $J = -(J_{\text{AA}} + J_{\text{BB}} - 2J_{\text{AB}})/4$, $h \propto (J_{\text{BB}} - J_{\text{AA}})$ である．磁性体の場合は通常，上向きスピン ($S_i = 1$) と下向きスピン ($S_i = -1$) の数の差 (つまり磁化) の値に関する直接的な制約はないが，2元合金では2種類の合金原子の数は一定に保たれるから $\sum_i S_i$ が定数という条件が課される．例えば，A, Bの2種類の原子の数が同一なら，この定数は0である．2元合金の臨界指数の実験値は，3次元Ising模型での理論値とよく一致している．

通常の単純な液体・気体の間の臨界現象は，3次元Ising模型でよく記述される．これは，両者がともに自由度が1成分の系であるためであるが，もう少し直接的に対応関係を付けることもできる．**格子気体** (lattice gas) と呼ばれる模型である．気体や液体の分子は連続的な空間に分布しているが，臨界現象においてはあらゆる長さのゆらぎ (特に長波長のゆらぎ) が重要になるので，空間を離散化して微視的な長さで起きる現象を無視してしまっても本質は失われない．空間を離散化するというのは，分子の位置を格子点 (サイト) 上に限定するということである．そこで，$S_i = 1$ をサイト i に分子がある状態，$S_i = -1$ は分子がない状態とし，分子が格子上で隣り合っているとき相互作用 $-\phi$ が働くとしよう．S_i と S_j の両方がともに1のときだけ相互作用が働くから，系のハミルトニアンは

$$H = -\phi\sum_{\langle ij\rangle} \frac{1}{2}(1+S_i)\cdot\frac{1}{2}(1+S_j) - \mu\sum_i \frac{1}{2}(1+S_i) \quad (1.7)$$

となる．μ は化学ポテンシャルである．この式も，適当な相互作用と外部磁場を持つIsing模型に書き換えることができる．

$$H = -J\sum_{\langle ij\rangle} S_i S_j - h\sum_i S_i \quad (1.8)$$

1-5 Ising 模型とそれに関連した模型

なお，密度を ρ とし，v_0 を単位体積とすると，1格子点あたりの分子数の平均値の関係式

$$\rho v_0 = \frac{1}{2}(1 + \langle S_i \rangle) \tag{1.9}$$

が成立する．これによると，気体の密度と Ising 模型の磁化 $m = \langle S_i \rangle$ が対応していることになる．

一番単純な Ising 模型以外にも，しばしば研究の対象となるいくつかの模型について簡単に触れておこう．スピン変数 S_i が ± 1 の2値のみを取るとき，スピン $\frac{1}{2}$ の Ising 模型と呼ぶことがある．量子力学的なスピンで大きさが $S = \frac{1}{2}$ だと，特定の軸方向の成分の固有値は $\pm\frac{1}{2}$ の2つの値しか取らないためである．スピン $\frac{1}{2}$ の場合を拡張したスピン 1 の Ising 模型では，S_i は $1, 0, -1$ の3つの値を取る．スピン 1 の Ising 模型のハミルトニアンには，交換相互作用と外部磁場以外に，異方性 (どちらを向くかでエネルギーが変わる性質) を表す項が付け加わることがある．

$$H = -J \sum_{\langle ij \rangle} S_i S_j - D \sum_i S_i^2 - h \sum_i S_i \tag{1.10}$$

スピン $\frac{1}{2}$ の場合には D の項は定数であるが，スピン 1 だとそうではない．この項の影響については，後ほど三重臨界点の話で触れる．

Potts 模型 (Potts model) においては，スピン変数 S_i は一般に q 個の状態を取る．それらを $S_i = 1, 2, \cdots, q$ と名付けることにすると，相互作用は2つの Potts スピンが同じ状態であるか否かによる2値を取る．

$$H = -J \sum_{\langle ij \rangle} \delta_{S_i, S_j} - h \sum_i \delta_{S_i, 1} \tag{1.11}$$

ここで δ_{S_i, S_j} は $S_i = S_j$ のとき 1，その他のとき 0 となる Kronecker の記号である．外部磁場は1番目の状態にスピンがあるときだけかかるとしているが，他の取り方 (例えば 2 番目のときだけかかるなど) もあり得る．Potts 模型は $q = 2$ のときには適切な置き換えにより Ising 模型と等価であることが示せる (演習問題 1.1)．Potts 模型は q の値や空間次元に応じて多彩な相転移を示し，重要な研究対象になっている．また状態数 q が 1 の極限の Potts 模型は**浸透** (パーコレーション) (percolation) の問題と深い関連がある (6-3 節)．

スピンが単純なスカラー変数ではなく，2成分以上を持つベクトル $\boldsymbol{S}_i$ の場合もある．

$$H = -J\sum_{\langle ij \rangle} \boldsymbol{S}_i \cdot \boldsymbol{S}_j - \sum_i \boldsymbol{h} \cdot \boldsymbol{S}_i \tag{1.12}$$

スピン変数 $\boldsymbol{S}_i$ が 2 成分 ($\boldsymbol{S}_i = (S_i^x, S_i^y)$) のとき **XY 模型**, 3 成分のとき **Heisenberg 模型** と呼ぶ. いずれも, スピンの大きさ $\boldsymbol{S}^2$ は一定値 (通常は 1) に規格化する. これらは Ising 模型とは成分数が異なり, したがって異なる臨界指数を持つ. 一般に, $\boldsymbol{S}_i$ が n 成分を持つ模型を **n ベクトル模型** という.

本来, スピンは量子力学的な量だから古典変数として扱う近似には正当化が必要である. 臨界現象はきわめて多数の自由度が絡まって起きるという巨視性のため, 量子力学的な不確定性は通常は表に顔を出さず, 古典的な理論が実験ともよい一致を与える. ただし, 極低温で起きる臨界現象のように量子性をきちんと取り入れないといけない場合もある. その場合, 式 (1.12) で $\boldsymbol{S}_i$ を量子力学的な演算子とみなした**量子スピン系** (quantum spin systems) を取り扱わなければならない.

演習問題 1.

1.1 2 状態の Potts 模型が Ising 模型と等価であることを示せ. S_i の 2 つの値 1 と 2 に Ising スピン $\sigma_i = -1, 1$ を対応させ, δ_{S_i, S_j} を $\sigma_i \sigma_j$ を使って表すとよい. 外部磁場についても類似の考え方をする.

2. 平均場理論

 相転移・臨界現象を理論的に解明するには，1章の最後に述べたような模型を統計力学の処方箋に基づいて解析すればよい．これは言うのは簡単だが実行はきわめて困難である．例えば，N 個の Ising スピンからなる Ising 模型では，各スピンが2つの状態を取りうるから全体では 2^N 個の状態が可能である．この数は N とともに極めて急速に増大し，直接的な数え上げで分配関数を厳密に求めようとする試みは不可能となる．例えば，$N=10$ だと $2^N = 1024$ だが，$N = 100, 1000, 10000$ と増えるにしたがって 2^N は $1.27 \times 10^{30}, 1.07 \times 10^{301}, 2.00 \times 10^{3010}$ という値を取るようになる．7章において，巧妙な方法により厳密解が求められる例をいくつか解説するが，ほとんどの場合には近似を用いて現象の本質を解明していく姿勢が必要となる．近似方法として最も基本的なものが平均場理論である．平均場理論にはいろいろなバリエーションがある．本章では分子場理論，Landau 理論，無限レンジ模型，Bethe 近似などについて説明し，これらが本質的には等価であることを示す．さらに三重臨界点の Landau 理論や相関関数の振る舞い，平均場理論の適用限界および動的臨界現象についても議論する．

2-1 平均場理論

 平均場理論 (mean-field theory)(平均場近似 (mean-field approximation)) を Ising 模型について解説しよう．Heisenberg 模型などの他の模型でも，考え方はほとんど同じである．基本的な方針は，図 2.1 に示すように，ひとつのスピンのみに着目し，それと相互作用しているまわりのスピンの自由度は平均値で置き換えてしまうということである．すると自由度は本質的にはひとつだけになり，分配関数の計算に必要な状態の和の数が 2^N から 2 に大幅に縮約されるのである．多数の要素が絡まった問題が，ただひとつの自由度の問題に帰着され，取り扱いが大幅に簡単になる．これは，以下に見るように各要素を表す変数 (スピン) の平均値からのずれ (ゆ

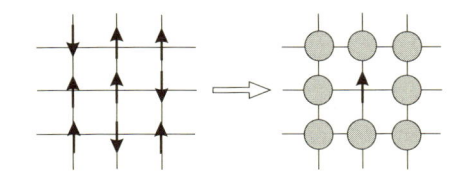

図 2.1 平均場理論では，ひとつのスピン以外の自由度は平均値 (灰色の円で表示) で置き換えてしまう。

らぎ) が小さいとして無視する近似と等価である．後者の見方のほうが近似の本質がよく浮かび上がってすっきりしているので，まずこちらから説明しよう．

Ising 模型のハミルトニアン

$$H = -J\sum_{\langle ij \rangle} S_i S_j - h\sum_i S_i \tag{2.1}$$

の右辺第 1 項で，S_i を平均値 $m = \langle S_i \rangle$ と，そのまわりのゆらぎ $\delta S_i = S_i - \langle S_i \rangle$ に分ける[1]．$S_i = m + \delta S_i$ である．そして，ゆらぎはあまり大きくないとして δS_i の 2 乗の項は無視することにする．大胆な近似だが，2–8 節で示す適用範囲内では定性的に良い結果を出す．このとき，式 (2.1) は

$$\begin{aligned}H &= -J\sum_{\langle ij \rangle}(m + \delta S_i)(m + \delta S_j) - h\sum_i S_i \\ &\approx -Jm^2 N_{\rm B} - Jm\sum_{\langle ij \rangle}(\delta S_i + \delta S_j) - h\sum_i S_i\end{aligned} \tag{2.2}$$

となる．ここで，$N_{\rm B}$ は相互作用しているスピン対の総数 $\sum_{\langle ij \rangle} 1 = N_{\rm B}$ である．図 2.2 のように，すぐ隣どうし (**最近接格子点** (最隣接格子点)(nearest neighbour sites)) の間のみに相互作用がある場合を以下では考えるのだが，その場合には $N_{\rm B}$ は格子上にあるボンドの数になる．

さて，上式の第 2 行目に現れる相互作用対の和においてひとつのサイト i に注目すると，図 2.2 の上下左右のボンドに対応して δS_i は 4 回現れる．そこで一般に，z を**配位数** (結合数)(coordination number)(ひとつのサイ

---

[1] ゆらぎという言葉をいくつかの異なる意味で使っている．前章では，ある程度の広がりを持った空間領域内で，自由度がその領域のまわりと違う値を取ることを意味していた．本節では，ごく局所的なひとつの自由度の平均値からのずれを意味している．

2-1 平均場理論

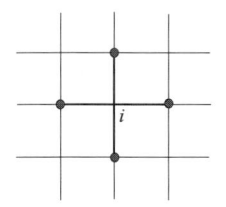

図 2.2 サイト i とその最近接格子点の例。正方格子では，最近接格子点の数 z は 4 である。

トから出ているボンドの総数，正方格子では $z=4$) とすると

$$H = -Jm^2 N_\mathrm{B} - Jmz \sum_i \delta S_i - h \sum_i S_i \tag{2.3}$$

と表すことができる。さらに，δS_i を定義 $\delta S_i = S_i - m$ により元の S_i で書き換えると，

$$\begin{aligned} H &= -Jm^2 N_\mathrm{B} - Jmz \sum_i (S_i - m) - h \sum_i S_i \\ &= N_\mathrm{B} Jm^2 - (Jmz + h) \sum_i S_i \end{aligned} \tag{2.4}$$

と簡略化される。ここで $N_\mathrm{B} = zN/2$ という関係を使っている。例えば正方格子では $N_\mathrm{B} = 2N$ である。

式 (2.4) は，元のハミルトニアン (2.1) において，S_i の相互作用の相手の S_j をその平均値 m で置き換えたもの

$$H \approx \sum_i H_i = -(Jmz + h) \sum_i S_i \tag{2.5}$$

と，定数部分を除いて同じである。図 2.1 の状況である。式 (2.4) では，スピン S_i がまわりのスピンから相互作用を通して受ける影響は，強さ Jmz の外部磁場と同じ形になっている。このような磁場を**有効磁場** (有効場)(effective field) あるいは**分子場** (molecular field) という。注目している自由度以外のまわりの自由度を分子場で置き換えるから，上記の形の平均場理論を**分子場理論** (molecular-field theory) ともいう。

式 (2.4) では異なるスピン間の相互作用が消えているから，各 S_i をそれぞれ独立に取り扱うことができる。多自由度の問題が 1 自由度の問題に帰着され，これですべて答えが出たように思われるかもしれない。しかし，

m は平均値として外から与えた量であり，この値を決めなければ話は終わらない．m の値は，式 (2.5) においては S_i と相互作用しているスピンの平均値 $\langle S_j \rangle$ であるが，系の空間的な一様性 (場所によって性質が違わないこと) により，これは $\langle S_i \rangle$ と一致する必要がある．そこで，S_i の平均値も m であるという式 (**自己無撞着方程式**，あるいは自己無矛盾方程式，セルフ・コンシステント方程式[2]) (self-consistent equation))

$$m = \frac{\sum_{S_1=\pm 1}\sum_{S_2=\pm 1}\cdots\sum_{S_N=\pm 1} S_i \exp(-\beta H)}{\sum_{S_1=\pm 1}\sum_{S_2=\pm 1}\cdots\sum_{S_N=\pm 1} \exp(-\beta H)}$$

$$= \frac{\sum_{S_i=\pm 1} S_i e^{\beta(Jmz+h)S_i}}{\sum_{S_i=\pm 1} e^{\beta(Jmz+h)S_i}} = \tanh \beta(Jmz+h) \qquad (2.6)$$

により m の値が決まる．すべての Ising スピンについて ± 1 の値の和を取るのであるが，S_i 以外の和は分子分母で打ち消し合い，S_i の和のみが答えに効いてくるのである．β は温度の逆数に比例する量 $\beta = 1/k_\mathrm{B}T$ である．簡単のため，Boltzmann 定数 k_B を 1 とする単位を以下使うことにする．必要なら，次元を考慮することにより k_B をあらわに含む形に書き直すことは難しくない．

式 (2.6) は，系を特徴づける物理量 m を外部から与えたパラメータ h や β の関数として決定する方程式であり，**状態方程式** (equation of state) とも呼ばれる．状態方程式 (2.6) を解いて m を求めるには，左辺と右辺を図示するとよい．簡単のため外部磁場はない ($h = 0$) としよう．図 2.3 に示すように，$\beta J z > 1$ なら右辺 $\tanh \beta Jmz$ の原点における傾きが 1 より大きくなり，状態方程式は $m \neq 0$ の解を持つ．臨界点 $T_\mathrm{c} = Jz$ 以下の温度では，**自発磁化** (spontaneous magnetization)(外部磁場が 0 になる極限 $h \to 0$ でも系が持つ磁化) が存在するということである．図 1.3 の (c) で $T < T_\mathrm{c}$ の状況に対応している．h が正から 0 に近づくか負から近づくかに応じて，$m > 0$ か $m < 0$ のどちらの解が実現されるかが決まる．図 1.3(c) では $m > 0$ のみ図示してあるが，$m < 0$ の解も同じ絶対値で存在する．

---

[2] 自己無撞着方程式が正当な日本語表現だろうが，実際はセルフ・コンシステント方程式ということが多い．本書では前者を使う．

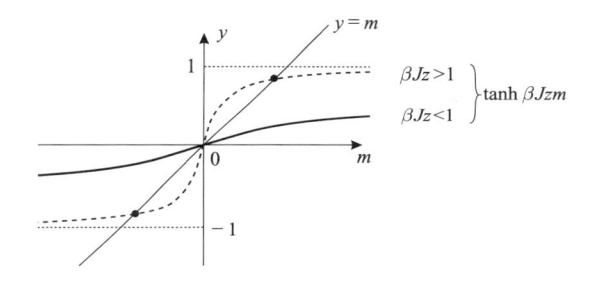

図 2.3 平均場理論の状態方程式の解の求め方。$\beta Jz > 1$ の場合には，$y = m$ と $y = \tanh \beta Jzm$ の交点が $m \neq 0$ のところ (黒丸で表記) にも現れる。

$m \neq 0$ の解は図 1.3(c) に見るように，温度の低下とともに成長する。こうして，図 1.3 の相図が定性的に理解できた。

2-2 平均場理論の臨界指数

次に，平均場理論で臨界指数がどうなるかを調べてみよう。臨界指数 β は式 (1.2) の通り，温度が臨界点に下から $(T < T_c)$ 近づくにつれて磁化 m が 0 になるなり方を記述する。外部磁場 h は 0 である。そこで，m の温度依存性を明らかにするために，状態方程式 (2.6) を $m = 0$ 付近で展開する。$h = 0$ のとき，式 (2.6) の右辺を展開する。

$$m = \beta Jzm - \frac{1}{3}(\beta Jz)^3 m^3 + \cdots \tag{2.7}$$

$m \neq 0$ の解を求めようとしているのだから，上式の両辺を m で割ってさらに m について解くと m の温度依存性がわかり，臨界指数 β が決まる。結果は

$$m = \sqrt{\frac{3(T_c - T)}{T_c}} \tag{2.8}$$

およびこの逆符号である。したがって，臨界指数 β は $\frac{1}{2}$ である。

磁化率 χ の発散を記述する臨界指数 γ は 1 である。臨界点以上の温度 $T > T_c$ では外部磁場 h がごく小さいとき，式 (1.1) に記したように，m と h は同じオーダーで 0 に近づく。そこで，h と m が同じオーダーで十分小

さいとして状態方程式 (2.6) を展開すると
$$m = \beta Jzm + \beta h + \cdots \quad (2.9)$$
これを，$m = \chi h$ の形に書き換えて χ を求めると
$$\chi = \frac{1}{T - T_\mathrm{c}} \quad (2.10)$$
このように，磁化率は温度差の逆数に比例して発散しているから，$T > T_\mathrm{c}$ から見たときの臨界指数は $\gamma = 1$ である。$T < T_\mathrm{c}$ でも，演習問題 2.1 で示すように同じ値になる。よって，式 (1.2) で $\gamma = \gamma'$ である。

比熱の特異性を特徴づける臨界指数 α に関しては，上で計算された m の温度依存性から比熱 C が温度の関数として定まることを利用する。$h = 0$ として，平均場理論のハミルトニアン (2.4)
$$H = N_\mathrm{B} Jm^2 - Jmz \sum_i S_i \quad (2.11)$$
において，臨界点以上 $T > T_\mathrm{c}$ では $m = 0$ だから $H = 0$ となる。エネルギーが 0 だから，比熱は常に 0 である。$T < T_\mathrm{c}$ では m が有限の値でありハミルトニアンも 0 でない。したがって比熱は正の値を取る。それゆえ，図 2.4 のように T_c で比熱には飛びができる。飛びは $\alpha = 0$ とみなせる。というのは，$\alpha = 0$ なら $C \propto |T - T_\mathrm{c}|^0$ だから臨界点付近で比熱が一定値に近づくということであり，臨界点以上でも以下でも確かにそうなっているからである。やはり，$\alpha = \alpha'$ である。

臨界点直上 $T = T_\mathrm{c}$ における磁化の磁場依存性を決定する臨界指数 δ を求めるには，$T = T_\mathrm{c}$ で m と h が小さいとして状態方程式を展開し，m の h 依存性を求めるとよい。h を残したまま状態方程式 (2.6) の右辺を 3 次まで展開すると

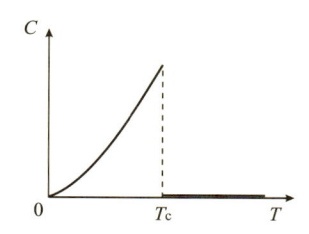

図 **2.4** 平均場理論では比熱に飛びがある。

2-2 平均場理論の臨界指数

$$m \approx \beta_c(Jzm + h) - \frac{\beta_c^3}{3}(Jzm + h)^3 \quad (2.12)$$

β_c は $1/T_c = 1/Jz$ である.これを書き換えて

$$\beta_c h \approx \frac{1}{3}\left\{(\beta_c h)^3 + 3(\beta_c h)^2 m + 3(\beta_c h)m^2 + m^3\right\} \quad (2.13)$$

そこで,定義により $h \approx m^\delta$ とおいて上式両辺の m のべきのみを書くと

$$m^\delta \approx m^{3\delta} + m^{2\delta+1} + m^{\delta+2} + m^3 \quad (2.14)$$

この式の両辺において,m の最低次の次数が合うようにするには $\delta = 3$ と取らなければならない.

以上の結果を表にまとめると次の通りである.

表 2.1

臨界指数	平均場理論の値
α	0
β	$\frac{1}{2}$
γ	1
δ	3

これらの臨界指数の導出過程を見ると,臨界指数の値が系の詳細によらないという普遍性の一端が浮かび上がり興味深い.例えば,$\beta = \frac{1}{2}$ が出てくるからくりを見ると,状態方程式の展開式 (2.7) で,右辺が m の 1 乗と 3 乗からなっていることが効いている.両辺を m で割ることにより,右辺第 2 項においては m が 1 乗と 3 乗の差である 2 乗になり,左辺は m によらなくなる.このために m は温度差の $\frac{1}{2}$ 乗になる.ということは,式 (2.7) の右辺第 2 項の係数 $\frac{1}{3}$ は,臨界指数には何の影響も与えてないことになる.符号がマイナスであるということだけが重要である.さかのぼって,もとの状態方程式 (2.6) で右辺の関数形が tanh でなくても,展開したら係数 1 の 1 乗の項,ついで 3 乗の項が出てくる奇関数であり,さらに引数の増加とともに急激には増加しない (3 乗の係数が負である) 関数なら同じ結果になることがわかる.臨界指数 γ についても,状態方程式の右辺を展開したとき,1 乗の係数が正である限り,奇関数ならどんな関数でも同じ値 $\gamma = 1$ になる.1 乗の係数の値が違うと臨界点の値が違ってくる.臨界点の値は普遍量ではないことが,このことからもわかる.

2-3 Landau 理論

Landau 理論 (Landau theory) も平均場理論の一種である。Ising スピンのような微視的な変数には言及せずに，対称性の考察のみから自由エネルギーを磁化の関数として一般的に書き下し，その最小値が熱平衡状態を実現するという条件を使って現象を解析する。

最初に，外部磁場がない場合を取り上げよう。1 自由度あるいは単位体積あたりの自由エネルギーを f とする。f は磁化の関数であるとする[3]。1 スピンあたりの磁化 m はスピン変数の平均値 $\langle S_i \rangle$ だから，すべてのスピン変数の符号を一斉に反転する ($S_i \to -S_i, \forall i$) と符号を変える ($m \to -m$)。ところがハミルトニアン (2.1) は磁場がない場合，スピン変数の 2 次だから符号を変えない。したがって，自由エネルギーもスピンの全反転に対して不変である。これを**大局的な反転対称性** (global inversion symmetry) という。以上より，磁化 m の関数としての自由エネルギー $f(m)$ は偶関数である。

臨界現象を研究しようとしているのだから，温度は臨界点に近く，磁化 m は十分小さいとしてよい。したがって，自由エネルギーは $m = 0$ のまわりに偶数べきで展開できて，高次の項は無視することが許される。**Landau 展開** (Landau expansion) という。

$$f = f_0 + am^2 + bm^4 \tag{2.15}$$

f_0, a, b は m の関数としては定数だが，温度依存性は持っている。

外部磁場 h を与えたとき (今の場合は $h = 0$) に熱平衡状態として実現するのは，$f(m)$ の最小値である。そこで，式 (2.15) を図示して最小値の位置を考察することにする。まず，b は正でないといけないことがすぐわかる。b が負だと，m がいくらでも大きな値が自由エネルギーの最小値を与え，系が不安定化するからである。$b > 0$ として，a の値に応じて，f は図 2.5 のような m 依存性を示す。まず，$a > 0$ のときには最小値は $m = 0$ だから自発磁化は 0 である (図 2.5(a))。次に a がちょうど 0 だと，Landau

---

[3] 磁性体においては，通常の実験条件の下では系の制御変数は温度 T と磁場 h である。磁化 m は，T と h の関数として自然に決まる。m の値を外から決めたときの $f(m)$ は，T と h の関数としての平衡状態の自由エネルギーではない。後者は，$f(m)$ を m に関して最小化すると得られる。より厳密な議論は，『熱力学』田崎晴明著 (培風館)，10 章を参照のこと。

2-3 Landau 理論

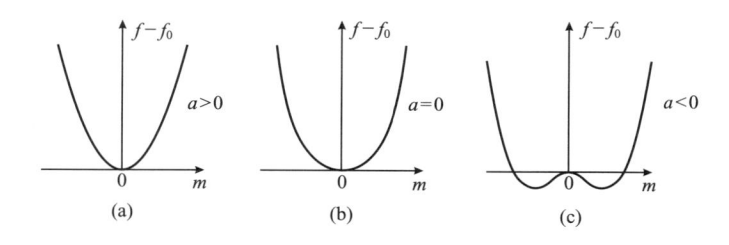

図 2.5 Landau 自由エネルギーの m 依存性。臨界点より上か (a)，直上か (b)，下か (c) によって最小の位置が変化する。

の展開式 (2.15) は 4 次の項から始まるから，原点付近で非常に平らな関数形になるが (図 (b))，自発磁化が 0 であることには変わりない。a が 0 より小さくなると最小値が $m=0$ から少しずれたところに生じ，a の減少とともに絶対値が大きくなる (図 (c))。もとのハミルトニアンや自由エネルギーは反転に対して対称であるが，$a<0$ で熱平衡状態として実現する状態は $m>0$ あるいは $m<0$ のいずれか一方であり，反転対称性を持たない。つまり，スピン変数の全反転 ($S_i \to -S_i, \forall i$) で自由エネルギーは符号を変えないが，実際に実現する状態は符号を変える。これを**自発的な対称性の破れ** (spontaneous symmetry breaking) という。対称性が破れたとき，$m>0$ あるいは $m<0$ のどちらの状態が実際に実現するかは，微小な外部磁場の符号や時間発展の初期条件で決まる。以上の状況は，2-1 節で述べた形の平均場理論と共通である。

さて，$a=0$ を境として f の最小値を与える m が 0 から 0 でない値に変化するのだから，$a=0$ が臨界点 $T=T_c$ に相当すると考えてよい。そこで，$a=kt$ とおくことにする。k は正の定数，t は温度の臨界点からのずれ $t=(T-T_c)/T_c$ である。臨界点以上では $a>0$，以下では $a<0$ である。b の温度依存性は臨界点付近での自由エネルギーの定性的な振る舞いや臨界指数に影響しないので，b は定数とする。

Landau 理論で臨界指数を求めてみよう。臨界指数 β は，低温側 $a<0$ において自由エネルギーを最小化する m の温度依存性で決まる。自由エネルギーを微分して 0 とおくと，

$$\frac{df}{dm} = 2am + 4bm^3 = 0 \tag{2.16}$$

したがって，磁化の熱平衡値 m_0 は

$$m_0 = \sqrt{-\frac{a}{2b}} = \sqrt{\frac{k(T_c - T)}{2bT_c}} \qquad (2.17)$$

よって $\beta = \frac{1}{2}$ である．

臨界指数 α を計算するには，自由エネルギー f の最小値 (熱平衡値) を温度で 2 回微分して比熱を求める．臨界点以下のときは

$$f = f_0 + am_0^2 + bm_0^4 = f_0 - \frac{k^2(T - T_c)^2}{4bT_c^2} \qquad (2.18)$$

より，比熱は定数である．臨界点以上では f は定数 f_0 だから，比熱は 0 になる．これより，臨界指数が $\alpha = 0$ となる．

次いで臨界指数 δ であるが，ちょうど臨界点における磁化の磁場依存性の問題だから，磁場の項 $-hm$ が加わった自由エネルギーの磁化での 1 階微分の式

$$\frac{df}{dm} = 2am + 4bm^3 - h = 0 \qquad (2.19)$$

を使う．$T = T_c$ では $a = 0$ だから $m^3 \propto h$ より $\delta = 3$ となる[4]．

最後に臨界指数 γ を求めるために，式 (2.19) より $\chi = \partial m / \partial h$ を計算すると

$$\chi = \frac{1}{2a + 12bm^2} \qquad (2.20)$$

となる．これより，$T > T_c$ では

$$\chi = \frac{1}{2a} = \frac{T_c}{2k(T - T_c)} \qquad (2.21)$$

より $\gamma = 1$ である．$T < T_c$ では

$$\chi = \frac{1}{2a + 12b(-a/2b)} = \frac{T_c}{4k(T_c - T)} \qquad (2.22)$$

から，同じく $\gamma' = 1$ が得られる．臨界点の上下で γ は等しいが，$|T - T_c|$ の係数 (臨界振幅) は 2 倍になっている．なお，臨界振幅の比は，任意に導入した係数 k や T_c によらない 2 という普遍的な量であることに注目しておこう．

Landau 理論は，磁化 m の符号の反転についての自由エネルギー f の対

---

4) 表記を簡単にするため，混乱をきたさない限り磁化の熱平衡値 (これまで m_0 と書いてきた量) と一般の値を同じ記号 m で表すことにする．

称性のみを使った議論であり，臨界指数は微視的なモデルの詳細によらない。なお，Landau 理論によると臨界指数は空間次元やスピンの成分数 (Ising か XY か Heisenberg かなど) にも依存しない。これは Landau 理論ないし平均場理論の特徴であり，一般には正しくない。

Landau 理論の臨界指数はいずれも平均理論と同じである。Landau 理論はこの意味で平均場理論と等価であるのみならず，2-1 節の平均場理論から Landau の展開式 (2.15) を導くこともできる。これを確かめるために，$h=0$ とした平均場理論のハミルトニアン (2.4) から導かれる m の関数としての自由エネルギー

$$f = \frac{1}{N}\left(N_\mathrm{B} Jm^2 - T\log\sum_{\{S_i=\pm 1\}} e^{\beta Jmz\sum_i S_i}\right)$$
$$= \frac{zJm^2}{2} - T\log(2\cosh(\beta Jmz)) \tag{2.23}$$

を m について 4 次まで展開する。

$$f = -T\log 2 - \frac{Jz(Jz\beta-1)}{2}m^2 + \frac{1}{12}(Jz)^4\beta^3 m^4 \tag{2.24}$$

これは式 (2.15) と同じ形である。特に，2 次の係数が臨界点で 0 になること，および 4 次の係数が正であることが確かめられ，Landau 理論の仮定が平均場理論から検証される。

なお，スピン空間での反転対称性を持たない Potts 模型のような場合には Landau 展開は奇数べきも含み，1 次転移を起こす可能性がある。

2-4 三重臨界点の Landau 理論

Landau 理論では係数 b は正定値と仮定する。しかしながら問題によっては，b の符号が変わる可能性を許したほうがより正しい記述ができるようになる。**三重臨界点** (tricritical point) が典型例である。b の符号が負になる場合，Landau 理論がどう修正されるかを調べてみよう。

b が負で自由エネルギーの Landau 展開 (2.15) が 4 次までで終わっていると，f の最小値を与える磁化の熱平衡値がいくらでも大きな値になり，系の安定性が保証されない。したがって 6 次まで考慮する必要がある。

$$f = \frac{1}{2}am^2 + \frac{1}{4}bm^4 + \frac{1}{6}cm^6 - hm \tag{2.25}$$

微分した際に簡単になるよう，係数に $\frac{1}{2}, \frac{1}{4}, \frac{1}{6}$ をかけてある．安定性より $c > 0$ であるが，a および b は符号は変わり得る．$b > 0$ のときには，$a = kt$ の符号に応じて磁化の熱平衡値が $m = 0$ から $m \neq 0$ に移り変わるという，前節と同じ結果になる．$b = 0$ でも同様であるが，$a = 0$ のときの f の m 依存性が 6 乗から始まるため，臨界指数が変わってくる．これについては後に詳しく述べる．

$b < 0$ は新しい状況であり，少し慎重に解析する必要がある．簡単のため $h = 0$ としよう．b を負の値に，c を正の値に固定して，f の a 依存性を考察する．まず，a が大きい正の値だと f は $m = 0$ に最小値を持つ単純な形になる．温度の低下とともに a が小さくなって $a < b^2/4c (\equiv a_0)$ になると，負の係数を持つ 4 次項の効果が効いてきて，磁化 m が 0 でないところに極小値が生じる（図 2.6(a)）．極小が出現する a の限界値 $a_0 = b^2/4c$ は，極小条件 $\partial f/\partial m = m(a + bm^2 + cm^4) = 0$ が $m \neq 0$ の実数解を持ち始める条件から求められる．$m \neq 0$ の極小解の自由エネルギーは，a が a_0 より少し小さいだけだと，図 2.6(a) のように $m = 0$ での自由エネルギーより高いので，熱平衡状態は $m = 0$ のままである．しかし $m \neq 0$ の解はその付近での局所安定性は持っており，**準安定状態** (metastable state) と呼ばれる．

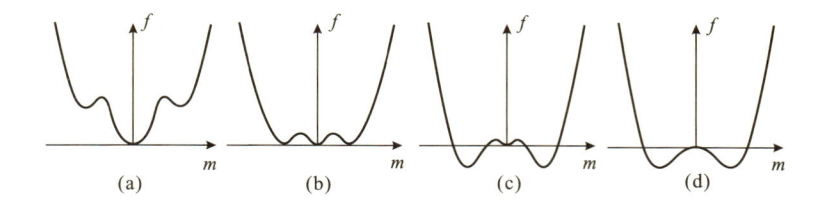

図 2.6 4 次項の係数が負の場合，磁化の 6 次項まで考慮した Landau の自由エネルギーの関数形．(a) $a_1 < a < a_0$, (b) $a = a_1$, (c) $0 < a < a_1$, (d) $a < 0$ を表している．

さらに温度が下がって a が $a_1 = 3b^2/16c$ より小さくなると，$m \neq 0$ の解の自由エネルギーが $m = 0$ の解より低くなる．つまり，$a = a_1$ において熱平衡状態の磁化は $m = 0$ から $m \neq 0$ に不連続に飛ぶ（図 2.6(b)）．1 次転移である．この a_1 の値 $3b^2/16c$ は，$f = 0$ が $m \neq 0$ の解を持ち始

2-4 三重臨界点の Landau 理論

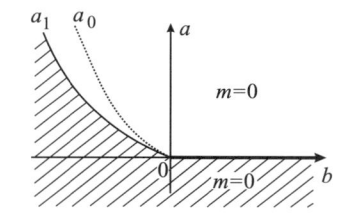

図 2.7 三重臨界点 (原点) を含む相図。斜線部は $m \neq 0$ の強磁性相である。a_0 は準安定状態が出現するところ。原点より右では転移は 2 次, 左では 1 次である。

る条件より求めることができる。詳細は演習問題 2.3 とする。$a < 0$ になると $m = 0$ の解が局所的にも不安定化する (図 2.6(d))。

以上の解析結果を相図にまとめると, 図 2.7 のようになる。$b > 0$ の範囲では $a = 0$ が臨界点であり, $a < 0$ において自発磁化が生じる。$b < 0$ の場合は, $a = a_0$ で準安定状態が出現し, $a = a_1$ で 1 次転移により安定な自発磁化が発生する。$b = 0$ はこれら 2 つの異なる状況の境界であり, 原点 $a = b = 0$ は特殊な点 (三重臨界点) である。

三重臨界点と呼ばれる理由は次の通りである。磁場を入れて上記と同様の解析をすると, 相図が h 軸も含めた 3 次元で描かれる。h 軸を図 2.7 の紙面に垂直に取ると, $b < 0$ の 1 次転移線 $a = a_1$ が $h > 0$ と $h < 0$ の両側に面として広がっていることがわかる。図 2.7 に描かれた $h = 0$ の 1 次転移線はその断面である。h の絶対値がある程度以上大きくなると, この 1 次転移面は 2 次転移の線を境界として消失する。この 2 次転移の線は原点 $a = b = h = 0$ から $h > 0$ および $h < 0$ の両側にのびており, したがって原点には, $b < 0$ の側にあるこれら 2 本の 2 次転移の線と $b > 0$ 側の 2 次転移の線 $(a = h = 0)$ の合計 3 本が集まっている。これが三重臨界点という言葉の由来である。

三重臨界点での臨界指数を求めよう。まず, $b = h = 0$ とした自由エネルギーの m 微分から

$$m^4 = -\frac{a}{c} = \frac{k(T_c - T)}{cT_c} \tag{2.26}$$

が導かれるから, $\beta = \frac{1}{4}$ である。α については, 臨界点以下では $m^4 = -a/c$ より, f の最小値が $f \propto |t|^{3/2}$ であるとわかるから, これを温度で 2 回微

分して $\alpha = 1/2$ が得られる。δ の計算では，通常の臨界点の場合と同様に磁場を入れた Landau 展開の最小条件

$$am + cm^5 - h = 0 \tag{2.27}$$

を使う。この式において，臨界点の条件 $a = 0$ より $m^5 = h/c$ ゆえ $\delta = 5$ となる。最後に γ であるが，式 (2.27) の両辺を h で微分して

$$\chi = \frac{1}{a + 5cm^4} \tag{2.28}$$

より，転移点以上，以下でそれぞれ $\chi = 1/a$ および $\chi = -1/4a$ が導かれる。したがって $\gamma = 1$ であることがわかる。

以上の三重臨界点の臨界指数をまとめると次の表のようになる。

表 2.2

臨界指数	三重臨界点での平均場理論値
α	$\frac{1}{2}$
β	$\frac{1}{4}$
γ	1
δ	5

三重臨界点を持つ問題の例として，スピン 1 の Ising 模型 ($S_i = 1, 0, -1$) がある。ハミルトニアン (1.10) の相互作用部分を 2-1 節と同じ平均場理論で扱い，2-3 節の最後に述べたような展開を m の 6 次まで行う。すると，4 次の係数が Jz と D の兼ね合いで符号を変えうることがわかる。詳細は演習問題 2.4 に譲る。

以上の話の成り立ちから類推すると，4 次ばかりでなく 6 次の項まで係数が 0 になった場合は，8 次の項が効いてきてさらに別の臨界指数を持つ臨界現象が出現することが容易に予想できる。理論的には，このような一連の臨界指数の組を平均場理論で導くことができるが，実験的には，係数が 0 になる項の数が増えるほど状況の特殊性が増し，実現が困難になる。通常の臨界点は $h = 0$ と $T = T_c$ の 2 つの条件で実現されるが，三重臨界点になると磁場と温度に加えて，例えばスピン 1 の Ising 模型だと異方性のパラメータ D も適切な値になっている必要がある。高次になればなるほど実験的に調整するべきパラメータの数が増え，実現することがますます難しくなるのである。

2-5 無限レンジ模型

平均場理論は，現実的な模型に対する近似理論である．ところが，**無限レンジ模型** (infinite-range model) は分配関数の計算が厳密に実行できて，しかも平均場理論と同じ結果が出てくるという興味深い性質を持っている．そこでまずその厳密解を解説し，次いでこの模型で平均場理論が近似でなくなる理由を述べる．

Ising 模型の無限レンジ模型は次のハミルトニアンで定義される．

$$H = -\frac{J}{2N}\sum_{i\neq j} S_i S_j \qquad (2.29)$$

和は i および j のすべての組にわたって取る．$i=1,2,\cdots,N, j=1,2,\cdots,N$ ということである．2重和のため，例えば $(1,2)$ というスピン対が $i=1, j=2$ および $i=2, j=1$ という2度現れるので 2 で割ってある．$i=j$ の項は除いてある．あらゆるスピン対の間に同じ強さの相互作用 J/N があるから，相互作用が無限の遠くまで及んでいるものと解釈できる．これが無限レンジ模型という名前の意味である．きわめて不自然な模型のように見えるかもしれないが，平均場理論が熱力学的極限 $N \to \infty$ で厳密に正しい結果を与える重要な模型であり，平均場理論の正当性の考察や，他の形での平均場理論が構成しにくいときに役に立つ．実際，6 章で解説するように，スピングラスの平均場理論は無限レンジ模型に基づいて展開される．

さて，解を求めるためにまず分配関数の定義を書き下そう．$K = \beta J$ とし，2重和を和の 2 乗で書いて

$$Z = \sum_{\{S_i = \pm 1\}} \exp\left\{\frac{K}{2N}\left(\sum_i S_i\right)^2\right\} \qquad (2.30)$$

厳密には，式 (2.30) は式 (2.29) と $i=j$ の項だけ違っているが，この差は N が大きい極限で $\mathcal{O}(N^{-1})$ の効果しか及ぼさず，以下で述べる結果には影響しない．指数関数の肩に現れる S_i の和が 2 乗されてなければ，各スピンごとに独立な系となり分配関数は容易に求められる．そこで，2 乗のべきを外すために Gauss 積分

$$e^{ax^2/2} = \sqrt{\frac{aN}{2\pi}} \int_{-\infty}^{\infty} dm\, e^{-Nam^2/2 + \sqrt{N}amx} \qquad (2.31)$$

を援用する。この公式を適用すると，分配関数 (2.30) は

$$Z = \sum_{\{S_i=\pm 1\}} \sqrt{\frac{KN}{2\pi}} \int_{-\infty}^{\infty} dm\, e^{-NKm^2/2 + Km\sum_i S_i} \quad (2.32)$$

と表現される。スピン変数についての和は各 S_i ごとに独立なので容易に実行できて，結果は次の通りである。

$$Z = \sqrt{\frac{KN}{2\pi}} \int_{-\infty}^{\infty} dm\, e^{-NKm^2/2 + N\log(2\cosh Km)} \quad (2.33)$$

こうして問題は単一の積分に帰着された。この積分は一般には計算不可能だが，幸いなことに被積分関数の指数関数の肩が N に比例している。そこで，N が十分大きな極限での積分値を知りたいという目的には，**鞍点法** (saddle point method, method of steepest descents) が使える。鞍点法というのは，付録 1. で説明するように，被積分関数がある特定の点で極めて鋭いピークを持つとき，積分値はその点での関数値，すなわち被積分関数の最大値でいくらでも正確に近似できるという処方箋である。今の場合，式 (2.33) の被積分関数は指数関数の肩が，N に m の関数 $g(m) = -Km^2/2 + \log(2\cosh Km)$ をかけた形をしているから，N が大きい極限では $g(m)$ の最大値付近で $e^{Ng(m)}$ はきわめて鋭いピークを持ち，鞍点法が適用できるのである。

こうして，分配関数は

$$Z \approx \sqrt{\frac{KN}{2\pi}} e^{-NKm^2/2 + N\log(2\cosh Km)} \quad (2.34)$$

と評価される。ただし，ここに現れる m は指数関数の肩 $g(m)$ を最大にする値である。対応する 1 スピンあたりの自由エネルギーは

$$\beta f(m) = -g(m) = \frac{Km^2}{2} - \log(2\cosh Km) \quad (2.35)$$

である。式 (2.34) の右辺の因子 $\sqrt{KN/2\pi}$ は，$N \to \infty$ の極限では他の項に比べて無視できる。この結果 (2.35) は，平均場理論の自由エネルギー (2.23) において，J を J/N で，z を N で置き換えたものと一致する[5]。

被積分関数の最大値を与える m は，$f(m)$ を m で微分して 0 とおく極値条件 (鞍点条件) で決定され，$m = \tanh Km$ が得られる。これは平均場理論の状態方程式 (2.6) で $h = 0$ とし，Jz を $J/N \cdot N$ で置き換えたもの

---

5) 無限レンジ模型では結合数 z は自分以外のすべての数 $N - 1 \approx N$ である。

と一致する。したがって積分変数として計算の便宜上導入された m は，実は磁化を表していると解釈できる。実際，式 (2.32) の段階で指数関数の肩を微分した鞍点条件を書くと

$$m = \frac{1}{N} \sum_i S_i \tag{2.36}$$

となって，m が磁化に対応していることが明らかになる[6]。

無限レンジ模型で平均場理論が厳密に正しい結果を与える物理的な理由は次の通りである。無限レンジ模型のハミルトニアンを書き換えると，$i=j$ の項は N が十分大きい極限では無視できるので

$$H = -\frac{J}{2} \sum_i S_i \left(\frac{1}{N} \sum_j S_j \right) \tag{2.37}$$

この最後のカッコ内は，N が十分大きいとき，式 (2.36) に見るように磁化 m とみなせる。それゆえカッコ内を平均値 m で置き換えることができて，問題は独立なスピンの単純な集合に帰着するのである。

無限レンジ模型では，ひとつのスピンが相互作用している相手のスピンの数が非常に大きく，熱力学的極限 $N \to \infty$ では無限大である。一方，d 次元の**超立方格子** (hypercubic lattice)(3 次元の立方格子の任意次元への拡張) では，最近接格子点の数 z は $z = 2d$ である。それゆえ，無限レンジ模型は空間次元が大きい極限における超立方格子上の最近接相互作用系に近いと考えることができる。そこで，無限レンジ模型で実現している平均場の臨界指数は，空間次元 d が十分大きい極限で正確な値であることが期待できる。実際，あとで示すように $d > 4$ なら臨界指数は平均場理論と一致する。空間次元が大きいと相互作用する相手の数が増え，注目しているスピンを特定の方向に向けようとする「力」が増加する。このためゆらぎが相対的に小さくなり，ゆらぎを無視する平均場理論が正しい結果を生み出すのである。

---

[6] 厳密には，式 (2.36) の右辺は確率変数，左辺はその期待値としての定数であり，右辺は期待値と異なる値を取る可能性もある。しかし，N が十分大きな極限では右辺はほとんど確実にその期待値と一致する。

2-6 Bethe近似

平均場近似を改良した方法として，**Bethe近似** (Bethe approximation) がよく使われる。平均場近似では，ひとつのスピンだけに着目してまわりはすべて平均値で置き換えるが，Bethe近似では図2.8のように，最近接格子点までは近似なしに扱い，その先の効果を平均値で置き換える。ハミルトニアンで書けば，平均場近似の式 (2.5) に対応して，

$$H = -J\sum_{i=1}^{z} S_i S_0 - hS_0 - h\sum_{i=1}^{z} S_i - h_1 \sum_{i=1}^{z} S_i \quad (2.38)$$

ここで，S_0 は注目している中心のスピン，z を配位数として $S_1, S_2, \cdots, S_z$ はその最近接スピン，h は一様にかかっている外部磁場，h_1 は最近接スピンのさらに外側の効果を有効磁場として平均的に表現したものである。

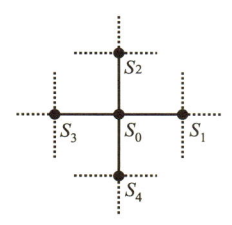

図 2.8 Bethe近似では最近接格子点まで近似なしに扱い，その先の効果は平均値で置き換える。

式 (2.38) に現れる未知量 h_1 を決定すればハミルトニアンは完全に決まり，Bethe近似の範囲で問題は解ける。この量を決定するのは，平均場理論の式 (2.6) と同様に，中心のスピン S_0 の平均値 $\langle S_0 \rangle = m_0$ と周辺のスピン S_i の平均値 $\langle S_i \rangle = m_1$ が同じである ($m_0 = m_1 = m$) という自己無撞着方程式である。i は 1 から z のどれでも同じである。

$$\langle S_0 \rangle = \langle S_i \rangle \quad (2.39)$$

そこでこれらの平均値を計算するために，まず h_1 を未知量としたまま，ハミルトニアン (2.38) の分配関数を計算する。S_0 を 1 に固定したときの分配関数を Z_+，$S_0 = -1$ のときを Z_- とする。このとき，S_1 から S_z までは互いに独立だから容易に和が取れて

2-6 Bethe 近似

$$Z_\pm = e^{\pm\beta h}\left(2\cosh(\pm K + \beta h + \beta h_1)\right)^z \quad (2.40)$$

となる。全分配関数はこれらの和 $Z = Z_+ + Z_-$ である。

m_0 と m_1 は $Z_\pm$ を使って求められる。$S_0 = 1$ になる確率 Z_+/Z と $S_0 = -1$ の確率 Z_-/Z より

$$m_0 = \frac{Z_+ - Z_-}{Z} \quad (2.41)$$

となる。また，式 (2.38) によると，分配関数を βh_1 で微分すると z 個の S_i の和の期待値になるから，

$$m_1 = \frac{\partial \log Z}{z\,\partial(\beta h_1)} = \frac{Z_+ \tanh(K + \beta h + \beta h_1) + Z_- \tanh(-K + \beta h + \beta h_1)}{Z} \quad (2.42)$$

が成立する。式 (2.41) と (2.42) を等しいとおいて少々書き換えると

$$e^{2\beta h_1} = \left(\frac{\cosh(K + \beta h + \beta h_1)}{\cosh(-K + \beta h + \beta h_1)}\right)^{z-1} \quad (2.43)$$

が得られる。これが有効磁場 h_1 を決定する自己無撞着方程式である。

Bethe 近似での転移温度を求めるために，外部磁場なし $h=0$ とした式 (2.43) の対数を取り，右辺を $h_1 = 0$ のまわりに βh_1 の3次までべき展開すると次式が得られる。

$$\frac{2\beta h_1}{z-1} = 2\tanh K \cdot \beta h_1 - \frac{2\sinh K}{3\cosh^3 K}(\beta h_1)^3 + \cdots \quad (2.44)$$

平均場理論と同様に，1次の項の係数が両辺で等しくなったとき相転移が起きる。

$$\tanh K_c = \frac{1}{z-1} \quad (2.45)$$

K_c は J/T_c である。この結果は，配位数 z が十分大きい極限で平均場理論の式 $T_c = zJ$ と一致し，z があまり大きくないときには平均場理論の改良になっている。例えば $z = 4$ の2次元正方格子では，平均場理論，Bethe 近似，厳密解の値を比べると，それぞれ $T_c/J = 4, 2.8854, 2.2692$ である。また1次元 $z = 2$ のときは，平均場理論では $T_c/J = 2$ だが Bethe 近似は厳密な値 $T_c = 0$ を与える。ゆらぎの効果が完全には無視されずある程度取り入れられている結果，このような改良になるのである。

転移温度は平均場理論より良くなるが，臨界指数は変わらない。臨界指数 β について考察するために，m_0 の式 (2.41) の右辺を外部磁場がない場

合について βh_1 で展開すると，1次の項が出る．よって自発磁化は有効磁場 h_1 に比例しており，自発磁化の温度依存性を知るには有効磁場の温度依存性を求めればよい．ところが自己無撞着方程式の展開形 (2.44) においては，βh_1 が平均場理論の相当する式 (2.7) における m と同じ役割を果たしているから，平均場理論のときと同じ議論から βh_1 は $(T_c - T)^{1/2}$ に比例し，したがって臨界指数 β が $\frac{1}{2}$ になることがわかる．

臨界指数 α については，高温側 $T > T_c$ では平均場理論と違って，最近接相互作用が取り入れられているために自発磁化がなくてもエネルギーが有限になる．それゆえ，転移点より高温側では比熱が有限値を取る．これはもちろん実験の傾向と一致している．低温側では平均場理論と同様に有限値を取る．このように，比熱の値自体は平均場理論より改良されるが，比熱が常に有限値であることから $\alpha = 0$ という結論は変更を受けない．演習問題 2.5 で示すように臨界指数 γ と δ も同様である．

2-7 相関関数

平均場理論や Landau 理論はそのままの形で使ったのでは，相関関数の振る舞いを明らかにすることはできない．変数の空間依存性を無視しているからである．平均場理論を拡張して相関関数を求めるにはいくつかの等価なやり方があるが，ここでは Landau 理論の拡張を使って考察してみよう．簡単のため転移温度以上の場合だけを考えることにする．

Landau 理論を拡張して磁化が空間依存性を持つとして，それを $m(\boldsymbol{r})$ で表すことにする．$m(\boldsymbol{r})$ は，位置 $\boldsymbol{r}$ 付近のいくつかのスピンの値の平均値を表すと考えてよい．このとき，相関関数は

$$G(\boldsymbol{r}) = \langle m(\boldsymbol{r}) m(0) \rangle \tag{2.46}$$

と表される．そこで，Landau の自由エネルギー (2.15) を拡張して，次の自由エネルギーを出発点にすることにする．

$$F = \int \left(a\, m(\boldsymbol{r})^2 + b(\nabla m(\boldsymbol{r}))^2 \right) d\boldsymbol{r} \tag{2.47}$$

ここで $a = kt$ は以前と同じく，転移温度からのずれに比例する量である．右辺第2項で b は正の定数，$(\nabla m(\boldsymbol{r}))^2$ は強磁性的相互作用に相当する効果である．というのは，隣接した点で $m(\boldsymbol{r})$ ができるだけ一定になり空間的な変化が小さいほうが自由エネルギーが低くなることより，この項は隣

2-7 相関関数

どうしのスピンが同じ方向を向く傾向を表しているからである．左辺が大文字になっているのは，単位体積あたりの自由エネルギー f を全体積にわたって積分した量をここでは考えているからである．磁化の 4 乗の項がないのは，例えば通常の Landau 理論で磁化率の臨界指数 γ を求めるのに，式 (2.21) に見られるように $T > T_c$ では 2 次の項までで話が済むのと同じで，転移点以上での臨界指数を求めるという目的のためには，4 次の項は必要ないのである．式 (2.47) は，2 次項のみからなっているので **Gauss 模型** (Gaussian model) と呼ばれる．

さて，拡張された自由エネルギー (2.47) に基づいて相関関数を計算するために，この式を Fourier 変換で表現する．Fourier 変換の定義

$$m(\boldsymbol{r}) = \frac{1}{(2\pi)^d} \int d\boldsymbol{q}\, e^{i\boldsymbol{q}\cdot\boldsymbol{r}} \tilde{m}(\boldsymbol{q}), \qquad \tilde{m}(\boldsymbol{q}) = \int d\boldsymbol{r}\, e^{-i\boldsymbol{q}\cdot\boldsymbol{r}} m(\boldsymbol{r}) \tag{2.48}$$

および，デルタ関数の Fourier 表現

$$\frac{1}{(2\pi)^d} \int d\boldsymbol{r}\, e^{i\boldsymbol{q}\cdot\boldsymbol{r}} = \delta(\boldsymbol{q}) \tag{2.49}$$

を使うと，次式が得られる．

$$F = \int \frac{d\boldsymbol{q}}{(2\pi)^d} (kt + bq^2) \tilde{m}(\boldsymbol{q}) \tilde{m}(-\boldsymbol{q}) \tag{2.50}$$

式 (2.50) では自由度が $\boldsymbol{q}$ ごとの和 (積分) になっている．これは異なる $\boldsymbol{q}$ の自由度が互いに独立であることを意味している．このため各種の物理量が比較的容易に計算できる．

相関関数 $G(\boldsymbol{r})$ を Fourier 成分で表現すると

$$G(\boldsymbol{r}) = \langle m(\boldsymbol{r}) m(0) \rangle = \frac{1}{(2\pi)^d} \int d\boldsymbol{q}\, \langle \tilde{m}(\boldsymbol{q}) \tilde{m}(-\boldsymbol{q}) \rangle e^{i\boldsymbol{q}\cdot\boldsymbol{r}} \tag{2.51}$$

$m(\boldsymbol{r})$ が実数であることから，$\tilde{m}(-\boldsymbol{q}) = \tilde{m}(\boldsymbol{q})^*$ が成立する．$*$ は複素共役を表す．よって，$\langle \tilde{m}(\boldsymbol{q}) \tilde{m}(-\boldsymbol{q}) \rangle = \langle |\tilde{m}(\boldsymbol{q})|^2 \rangle \equiv \tilde{G}(\boldsymbol{q})$ を求めればよい．自由エネルギー (2.50) は $\boldsymbol{q}$ ごとに独立な寄与からなる 2 次形式だから，各種の物理量は Gauss 積分により計算できる．積分変数は $\{\tilde{m}(\boldsymbol{q})\}$ である．$\tilde{m}(\boldsymbol{q})$ は複素数だから，積分はその絶対値と位相について行う必要がある．位相は自由エネルギー (2.50) に現れないから位相についての積分はただの定数を与え，絶対値 $|\tilde{m}(\boldsymbol{q})| \equiv y_q$ のみの積分が残る．F は粗視化されたハミルトニアンとみなすことができるので，

$$\tilde{G}(\boldsymbol{q}) = \frac{\int \prod_{\boldsymbol{q}'} d\tilde{m}(\boldsymbol{q}') |\tilde{m}(\boldsymbol{q})|^2 e^{-\beta F}}{\int \prod_{\boldsymbol{q}'} d\tilde{m}(\boldsymbol{q}') e^{-\beta F}} = \frac{\int \prod_{\boldsymbol{q}'} dy_{q'} \, y_q^2 e^{-\beta F}}{\int \prod_{\boldsymbol{q}'} dy_{q'} \, e^{-\beta F}} \quad (2.52)$$

注目している波数 $\boldsymbol{q}$ 以外については積分が分子分母で打ち消し合うことを使うと,$c_q = (kt + bq^2)/(2\pi)^d$ として

$$\tilde{G}(\boldsymbol{q}) = \frac{\int dy_q \, y_q^2 \exp(-\beta c_q y_q^2)}{\int dy_q \exp(-\beta c_q y_q^2)} = \frac{1}{2\beta c_q} = \frac{(2\pi)^d T}{2(kt + bq^2)} \quad (2.53)$$

が得られる。したがって,もとの相関関数は式 (2.53) の Fourier 変換として

$$G(\boldsymbol{r}) = \frac{T}{2} \int d\boldsymbol{q} \, e^{i\boldsymbol{q}\cdot\boldsymbol{r}} \frac{1}{kt + bq^2} \quad (2.54)$$

という積分で表される。この積分はきちんと評価ができ (演習問題 2.6 参照),t が正 $(T > T_c)$ で r が十分大きいときの r 依存性が **Ornstein-Zernike の公式** (Ornstein-Zernike formula) で与えられる。

$$G(\boldsymbol{r}) \propto r^{-(d-1)/2} e^{-r/\xi} \quad (2.55)$$

これは,式 (1.2) の形と一致している。ξ は次の式で与えられ,臨界指数が $\nu = \frac{1}{2}$ であることがわかる。

$$\xi = \sqrt{\frac{b}{kt}} \quad (2.56)$$

臨界点直上 $t = 0$ では,式 (2.54) において $\boldsymbol{q}$ を $1/r$ 倍すると r 依存性はすべて積分の外に出せて

$$G(\boldsymbol{r}) \propto r^{-d+2} \quad (2.57)$$

が導かれる。臨界指数 η の定義 (1.2) より,$\eta = 0$ であることがわかる。

相関関数に関連した臨界指数の平均場理論値を表にまとめておこう。

表 2.3

臨界指数	平均場理論値
ν	$\frac{1}{2}$
η	0

2-8 適用限界

平均場理論が矛盾なく適用できるためには，平均値のまわりのゆらぎの効果が無視できることが必要である．そこで，低温側 $T < T_c$ において磁化のゆらぎが平均値と比較して小さいための条件を導いてみる．

ゆらぎの大きさの目安として，相関距離までの長さにおける磁化の分散の累積を採用しよう．次式で定義される量を，対応する平均値と比較するのである．

$$\sigma_m^2 \equiv \int_0^\xi \langle (S_r - \langle S_r \rangle)(S_0 - \langle S_0 \rangle) \rangle \, d\boldsymbol{r} = \int_0^\xi \left(\langle S_r S_0 \rangle - \langle S_r \rangle \langle S_0 \rangle \right) d\boldsymbol{r} \tag{2.58}$$

付録2. で示すように，上式の積分の範囲が全空間に広がっていれば，この量は磁化率 χ に温度 T をかけたものに他ならない．実際には，上式の被積分関数は r が相関距離 ξ を超えると急速に減衰して積分にほとんど寄与しなくなるから，積分範囲を上式のように ξ 以下に限定しても本質的に同じ結果を与える．これと比較するべき量は，同じ空間範囲における磁化の2乗の累積である．

$$\int_0^\xi \langle S_r \rangle \langle S_0 \rangle \, d\boldsymbol{r} \propto m^2 \xi^d \tag{2.59}$$

ゆらぎ $\sigma_m^2 = T\chi$ がこの量に比べて十分小さければ，平均場理論は矛盾をきたさない．

$$T\chi \ll m^2 \xi^d \tag{2.60}$$

この条件を，**Ginzburg** の基準 (Ginzburg criterion) という．χ, m, ξ を臨界指数を使って表すと

$$T(T_c - T)^{-\gamma'} \ll (T_c - T)^{2\beta}(T_c - T)^{-\nu' d} \tag{2.61}$$

よって平均場理論が矛盾なく成立するための必要条件は，

$$\gamma' < \nu' d - 2\beta \tag{2.62}$$

である．平均場の値 $\gamma' = 1$, $\beta = \nu' = \frac{1}{2}$ を入れると，$d > 4$ が導かれる．

同じ内容は，次のような考察でも導くことができる．式 (2.58) の σ_m^2 において，被積分関数は相関関数 $G(r)$ である．$G(r)$ は r が相関距離 ξ ぐらいまではほぼ一定の値を取るが，r が ξ を超えると急速に減衰する．そこで，$G(r)$ を相関距離における値 $G(\xi)$ で代表させて積分の値を見積もると，

$$\sigma_m^2 \propto G(\xi)\xi^d \tag{2.63}$$

としてよいだろう．よって，平均場理論が矛盾しないための条件として，式 (2.60) の代わりに $G(\xi)\xi^d \ll m^2\xi^d$，つまり $G(\xi) \ll m^2$ が得られる．ところで，あとで示すように臨界点付近では $G(\xi) \propto \xi^{2-d}$ なので，条件 $G(\xi) \ll m^2$ は

$$(d-2)\nu' > 2\beta \tag{2.64}$$

を意味する．平均場の臨界指数を入れると，$d > 4$ と結論される．

$G(\xi)$ が ξ^{2-d} に比例することを示すために，式 (2.54) において $t = \xi^{-2}$，$r = \xi$ とおくと

$$G(\xi) \propto \int d\boldsymbol{q}\, e^{iq\xi} \frac{\xi^2}{k + b(q\xi)^2} \tag{2.65}$$

である．さらに積分変数を $1/\xi$ 倍することにより，これは

$$G(\xi) = \xi^{2-d} \times (\xi \text{によらない量}) \tag{2.66}$$

の形に書き換えられる．

こうして，$d > 4$ のとき平均場理論は信頼できることが明らかになった．この境界の次元 $d_{\mathrm{uc}} = 4$ を**上部臨界次元** (upper critical dimension) という．以上の議論は，平均場理論を使ってその枠内で矛盾がないかどうかを調べたものだったが，4 次元以上では実際に平均場の臨界指数が正しいことが示されている．これに関連した話題に 4-3 節で少し触れる．2-5 節の最後で，次元が無限大の極限で無限レンジ模型 (したがって平均場理論) が正しくなるという話をしたが，実際には臨界指数の値に関する限り，平均場理論は $d > 4$ ですでに完全に信頼できるのである．これは驚くべきことである．というのは，2-1 節で説明したように平均場では ± 1 の 2 値を取る変数 S_i を平均値 m とゆらぎ δS_i に分けて，後者を小さいとみなして高次項を無視するのであるが，単純に考えると平均値 m よりゆらぎ ($\delta S_i = S_i - m$ の 2 つの値の差の 2) が明らかに大きいからである．

現実の世界は 3 次元であり平均場理論で臨界現象を正しく理解することは，普通はできない．しかし直接 3 次元の問題を解析することは非常に困難であり，4 次元からの摂動的な展開などにより手がかりを得ようとすることがよくある．平均場理論はこのような方法の基盤を与えるのである．平均場理論がどのくらい正確に現実を反映しているかの目安を与えるために，臨界指数の値をいくつかの系について表にしておく (表 2.4)．3 次元 Ising

表 2.4

臨界指数	平均場	3次元 Ising	2次元 Ising	実験
α	0	0.110 ± 0.002	0 (log)	--
β	$\frac{1}{2}$	0.3267 ± 0.0010	$\frac{1}{8}$	0.305 ± 0.005
γ	1	1.237 ± 0.002	$\frac{7}{4}$	1.25 ± 0.02
δ	3	4.786 ± 0.014	15	--
ν	$\frac{1}{2}$	0.6301 ± 0.0008	1	0.647 ± 0.022
η	0	0.037 ± 0.003	$\frac{1}{4}$	0.077 ± 0.067

模型の値は数値シミュレーション，2次元 Ising 模型は厳密解，実験は 2 元合金の β 真ちゅうである[7]。

上部臨界次元の値は問題の種類によっては 4 と異なる場合がある。三重臨界点では $\beta = \frac{1}{4}$，$\gamma = 1$，$\nu = \frac{1}{2}$ ゆえ，式 (2.62) によると $d > 3$ で平均場理論が正しい。上部臨界次元は 3 である。

平均場理論は次元によらず（1 次元でさえも）有限温度での相転移があることを結論するが，実際には次元が下がるほどゆらぎが大きくなって秩序状態は壊れやすくなり，ある次元以下では $T_c = 0$ である。$T_c > 0$ から $T_c = 0$ に移行する次元 d_{lc} を**下部臨界次元** (lower critical dimension) という。Ising 模型では $d_{lc} = 1$，XY 模型や Heisenberg 模型では $d_{lc} = 2$ である。これらについては後の章で詳述する。

2-9 動的臨界現象

臨界点付近では熱平衡状態だけでなく，時間に依存する非平衡状態での物理量も異常な振る舞いを示す。**動的臨界現象** (dynamical critical phenomena) である。本節では，動的臨界現象を平均場理論の立場から解説する。

---

[7] シミュレーションおよび実験の数字はそれぞれ次の文献による。H. W. J. Blöte 他, J. Phys. A**28** (1995) 6289; J. Als-Nielsen and O. W. Dietrich, Phys. Rev. **153** (1967) 711, 717. Blöte 他の論文には，各種の物質の実験値との詳細な比較表が掲載されている。

2-9-1 1自由度系

動的臨界現象の平均場理論を展開する準備として，自由度がひとつだけの簡単な系がエネルギー散逸を伴った運動をする場合を考察してみよう。Brown 運動の模型である。

速度 v を持つ粒子が，係数 Γ の摩擦力とランダムな力 $\zeta(t)$ を受けて運動しているときの運動方程式は

$$\frac{dv(t)}{dt} = -\Gamma v(t) + \zeta(t) \tag{2.67}$$

である。粒子の質量は 1 に規格化した。巨視的な時間スケールでは，異なる時間におけるランダムな力の間には相関が薄いと考えられるから，$\zeta(t)$ は次の分散を持つ平均値 0 の Gauss 変数であるとする。

$$\langle \zeta(t)\zeta(t') \rangle = 2D\delta(t-t') \tag{2.68}$$

式 (2.67) は直接解くことができる。

$$v(t) = v(0)e^{-\Gamma t} + \int_0^t e^{-\Gamma(t-t_1)}\zeta(t_1)dt_1 \tag{2.69}$$

初期状態から十分時間が経過して系が平衡状態に到達したとすると，右辺の第 1 項は無視でき，第 2 項のランダムな力のみによって粒子が運動を続ける。このとき，速度の 2 乗の平均値を求めると

$$\langle v^2(t) \rangle = \int_0^t dt_1 dt_2 \, e^{-\Gamma(2t-t_1-t_2)}\langle \zeta(t_1)\zeta(t_2) \rangle$$

$$= \frac{D}{\Gamma}(1-e^{-2\Gamma t}) \to \frac{D}{\Gamma} \tag{2.70}$$

平衡状態では等分配則が成立するから，上式の左辺は T に等しい。したがって関係式

$$D = \Gamma T \tag{2.71}$$

が導かれる。**Einstein の関係式** (Einstein relation) である。

さて，運動方程式 (2.67) を時間に関して Fourier 変換してみよう。

$$v(t) = \frac{1}{2\pi}\int_{-\infty}^{\infty} d\omega \, e^{-i\omega t}\tilde{v}(\omega) \tag{2.72}$$

より

$$-i\omega\tilde{v}(\omega) = -\Gamma\tilde{v}(\omega) + \tilde{\zeta}(\omega) \tag{2.73}$$

この式の解は

$$\tilde{v}(\omega) = \frac{\tilde{\zeta}(\omega)}{\Gamma - i\omega} \equiv \tilde{G}(\omega)\tilde{\zeta}(\omega) \tag{2.74}$$

である。外力 $\tilde{\zeta}(\omega)$ を与えると，それに比例して系の変数 $\tilde{v}(\omega)$ が決まってくるという形をしている。系が外力に応答するということから，比例係数 $\tilde{G}(\omega)$ を**応答関数** (response function) という[8]。

もうひとつ重要な量は相関関数

$$\langle v(t+t_0)v(t_0)\rangle \equiv C(t) \tag{2.75}$$

あるいはその Fourier 変換

$$\langle \tilde{v}(\omega)\tilde{v}(\omega')\rangle = 2\pi\delta(\omega+\omega')\tilde{C}(\omega) \tag{2.76}$$

である。これに式 (2.74) を代入して，式 (2.68) の Fourier 表示

$$\langle \tilde{\zeta}(\omega)\tilde{\zeta}(\omega')\rangle = 4\pi D\delta(\omega+\omega') \tag{2.77}$$

を使うとわかるように，関係式

$$\tilde{C}(\omega) = 2D\tilde{G}(\omega)\tilde{G}(-\omega) = \frac{2\Gamma T}{\omega}\operatorname{Im}\tilde{G}(\omega) \tag{2.78}$$

が成立する。平衡状態における変数のゆらぎを表す相関関数と，外力のために平衡状態から少しずれた系の様子を表す応答関数を結びつけるこの式は，**揺動散逸定理** (fluctuation-dissipation theorem) と呼ばれており，1 自由度系のみならず一般に広く成立することが知られている。

2-9-2　Gauss 模型

多自由度系の動的臨界現象に関する平均場理論 (**van Hove 理論** (van Hove theory)) は，前節の 1 自由度系の話を Gauss 模型に拡張して定式化される。運動方程式 (2.67) は，質量 1 の自由粒子のハミルトニアン $H = v^2/2$ を使うと

$$\frac{dv}{dt} = -\Gamma\frac{\partial H}{\partial v} + \zeta(t) \tag{2.79}$$

と書くことができる。この式は，粒子の運動がエネルギー (ハミルトニアン) が減少する方向に受ける力と，ランダムな力の 2 種類の効果で決定されることを示している。そこで多自由度系においても，時間依存性を持つ

---

[8] 本来はランダムでない外力の影響で系の変数がどう変化するかで応答関数が定義される。式 (2.74) を導く議論では $\tilde{\zeta}$ がランダムだということは使ってないことに注意。

局所磁化 $m(\boldsymbol{r},t)$ が方程式

$$\frac{\partial m(\boldsymbol{r},t)}{\partial t} = -\varGamma \cdot \frac{\delta F}{\delta m(\boldsymbol{r},t)} + \zeta(\boldsymbol{r},t) \tag{2.80}$$

にしたがって時間発展するとしよう。F は自由エネルギー，$\zeta(\boldsymbol{r},t)$ は次式を満たすランダムな Gauss 変数である。

$$\langle \zeta(\boldsymbol{r},t)\zeta(\boldsymbol{r}',t') \rangle = 2T\varGamma(\boldsymbol{r}-\boldsymbol{r}')\delta(t-t') \tag{2.81}$$

もちろん，式 (2.80) は Schrödinger 方程式のような微視的な方程式から演繹的に導出されたものではないが，巨視的な変数の時間変化を現象論的に記述する際にはしばしば用いられて成功を収めている。式 (2.80) は **TDGL** (Time-Dependent Ginzburg-Landau) **方程式** (TDGL equation) と呼ばれる。

式 (2.81) に示したように $\varGamma$ は一般には空間の関数であり，式 (2.80) の右辺の $\varGamma$ を含む項は次の量を略記したものである。

$$-\int \varGamma(\boldsymbol{r}-\boldsymbol{r}')\frac{\delta F}{\delta m(\boldsymbol{r}',t)} d\boldsymbol{r}' \tag{2.82}$$

空間位置 $\boldsymbol{r}'$ における自由エネルギーの傾きが，$\varGamma(\boldsymbol{r}-\boldsymbol{r}')$ を通して $\boldsymbol{r}$ での運動に影響するのである。

動的臨界現象の平均場理論は，F として Gauss 模型を使って展開される。自由エネルギーの式 (2.47) に現れる空間微分を部分積分して得られる

$$F = \int \left(am(\boldsymbol{r},t)^2 - bm(\boldsymbol{r},t)\nabla^2 m(\boldsymbol{r},t) \right) d\boldsymbol{r} \tag{2.83}$$

を変分すると

$$\frac{\delta F}{\delta m(\boldsymbol{r}',t)} = 2am(\boldsymbol{r}',t) - 2b\nabla^2 m(\boldsymbol{r}',t) \tag{2.84}$$

これより，式 (2.80) を空間について Fourier 変換した表現

$$\frac{\partial \tilde{m}(\boldsymbol{q},t)}{\partial t} = -(2a+2bq^2)\tilde{\varGamma}(\boldsymbol{q})\tilde{m}(\boldsymbol{q},t) + \tilde{\zeta}(\boldsymbol{q}) \tag{2.85}$$

が導かれる。この式は 1 自由度系の式 (2.67) と同じ形をしており，そこでの $\varGamma$ を $(2a+2bq^2)\tilde{\varGamma}(\boldsymbol{q})$ で置き換えれば，前節の議論がほぼそのまま適用できる。

$\tilde{m}(\boldsymbol{q},t)$ のランダム変数 $\tilde{\zeta}$ についての平均値は次式を満たす。

$$\frac{\partial \langle \tilde{m}(\boldsymbol{q},t) \rangle}{\partial t} = -(2a+2bq^2)\tilde{\varGamma}(\boldsymbol{q})\langle \tilde{m}(\boldsymbol{q},t) \rangle \tag{2.86}$$

2-9 動的臨界現象

よって，$\langle \tilde{m}(\bm{q},t) \rangle$ は

$$\tau_q = \frac{1}{(2a + 2bq^2)\tilde{\Gamma}(\bm{q})} \tag{2.87}$$

を**緩和時間** (relaxation time) として，e^{-t/τ_q} に比例して急速に減衰する．もし $\tilde{\Gamma}(\bm{q})$ が $\bm{q} \to 0$ で有限値をもつなら，長波長極限での緩和時間は

$$\tau_0 = \frac{1}{2a\tilde{\Gamma}(0)} \propto (T - T_c)^{-1} \tag{2.88}$$

となり，臨界点付近で $T - T_c$ の逆数で発散する．臨界点近くでは大きなゆらぎが次々に生じ，平衡状態への緩和が遅くなる**臨界緩和現象** (critical slowing down) が起きるのである．緩和時間の発散を，相関距離のべきで表した

$$\tau_0 \propto \xi^z \tag{2.89}$$

のべき z を**動的臨界指数** (dynamical critical exponent) という．$\tilde{\Gamma}(0) > 0$ の場合の動的臨界指数の平均場理論値は，$\nu = 1/2$ より $z = 2$ である．

2元合金などのように，全系にわたる秩序パラメータの和 (すなわち空間 Fourier 成分の 0 波数極限) $\tilde{m}(q = 0, t)$ が保存量なら

$$\frac{\partial \tilde{m}(0,t)}{\partial t} = 0 \tag{2.90}$$

である．このとき，式 (2.86) より $\tilde{\Gamma}(\bm{q})$ は $\bm{q} \to 0$ で 0 に近づく．また反転対称性 $\Gamma(\bm{r}) = \Gamma(-\bm{r})$ より，$\tilde{\Gamma}(\bm{q})$ は $\bm{q}$ の偶関数であり，$|\bm{q}| = q$ が小さくなる極限 (大きな空間スケールの極限) では $\tilde{\Gamma}(\bm{q}) \approx \gamma q^2$ という振る舞いをする．すると緩和時間について，$a \propto (T - T_c) \propto \xi^{-2}$ より

$$\tau_q = \frac{1}{(2a + 2bq^2)\gamma q^2} = \frac{\xi^4}{\gamma(c(\xi q)^2 + 2b(\xi q)^4)} \tag{2.91}$$

が成り立つ．c は定数である．ξq が小さいが 0 でない定数であるような空間領域 (ξ より大きいが有限の長さのところ) に注目する限り，τ_q は分子の ξ^4 に比例し，この意味において $z = 4$ である．これまでの結果を表 2.5 にまとめておく．

平均場理論を超えた取り扱いをする際には，いくつか考慮するべき点がある．まず，Gauss 模型では無視していた $m(\bm{r},t)^4$ の項の効果を慎重に評価しなければならない．これは平衡状態の場合と同じである．非平衡系特有の問題としては，(1) フォノンなどのスピン以外の自由度の緩和がスピ

表 2.5

臨界指数	平均場理論値
z	2 (非保存系)
z	4 (保存系)

ン自由度の緩和に比べて場合によっては必ずしも速くなくて，前者をスピンと同等に取り扱う必要がある可能性や，(2) 連続スピン系における歳差運動のようなエネルギー散逸を伴わない運動の影響などの問題がある．本節で展開した動的臨界現象の平均場理論の適用限界の評価は，これら個々の状況に応じて行う必要がある．

演習問題 2.

2.1 平均場理論で $T < T_c$ における磁化率の臨界指数 γ' を計算し，高温側の γ と同じ値 $\gamma' = 1$ であることを示せ．まず，状態方程式 (2.6) の両辺を h で微分する．磁化率が $\chi = \partial m/\partial h$ $(h \to 0)$ であることと，臨界点付近では磁化 m はほとんど 0 であることを使う．

2.2 平均場理論において，高温側から臨界点に近づいたときの臨界振幅と低温側からの臨界振幅の比が，系の詳細によらない普遍性を持っていることを磁化率について示せ．分子場理論の形の平均場理論だけでなく，Landau 理論でも同様のことを示せ．

2.3 2-4 節の三重臨界点の議論において，1 次転移が出現する a の値 $a_1 = 3b^2/16c$ を求めよ．

2.4 ハミルトニアン (1.10) で $h = 0$ とおいたものに平均場理論を適用して自由エネルギーを求め，m の 6 次まで展開せよ．D が負のときには 4 次の係数の符号が変わる場合があることを示せ．4 次の係数の符号が変わるところで 6 次の係数は正であることを示せ．展開の計算はかなり長くなるので，数式処理ソフトを用いるとよい．

2.5 Bethe 近似での臨界指数 γ と δ を求めよ．前者は $T > T_c$ の場合だけでよい．自己無撞着方程式の右辺の展開形 (2.44) を，外部磁場 h を含む形で 1 次まで書いてみよ．3 次の項は，高温側の γ には効いてこないので不要．それが平均場理論の相当する式 (2.9) と同じ形をしていることから，平均場理論の議論を適用して γ を求めるとよい．δ についても平均場理論を多少修正することにより計算できる．

2.6 相関関数の計算に必要な積分 (2.54) を実行しよう．一般に

演習問題 2.

$$g(\boldsymbol{r}) = \int dk_1 \cdots dk_d \frac{e^{i(k_1 r_1 + \cdots + k_d r_d)}}{k_1^2 + \cdots + k_d^2 + a^2} \quad (2.92)$$

を求めればよい。

(a) 関係式

$$\frac{1}{b} = \int_0^\infty du\, e^{-bu} \quad (2.93)$$

を使って被積分関数の分母を指数関数の肩にあげ，k_i $(i=1,\cdots,d)$ ごとに積分を分離せよ。

(b) 各 k_i の積分を実行し，次の形を導け。

$$g(\boldsymbol{r}) = \pi^{d/2} \int_0^\infty du\, u^{-d/2} \exp\left(-a^2 u - \frac{r^2}{4u}\right) \quad (2.94)$$

(c) 上記積分は第 2 種の変形 Bessel 関数で表される。この関数の漸近展開を使って，a を有限に保って r が大きい極限を取ったときの $g(\boldsymbol{r})$ の振る舞いを調べよ。

2.7 Heisenberg 模型について平均場理論を展開しよう。ハミルトニアンは

$$H = -J \sum_{\langle ij \rangle} \boldsymbol{S}_i \cdot \boldsymbol{S}_j - h \sum_i S_i^z \quad (2.95)$$

と書かれる。ここで，$\boldsymbol{S}_i$ は 3 成分 S_i^x, S_i^y, S_i^z を持つ大きさが 1 の古典的なベクトルである。外部磁場は z 方向にかかっているので，磁化 $\boldsymbol{m} = \langle \boldsymbol{S}_i \rangle$ も z 方向のみの成分を持つことに注意する。Ising 模型と同様にして，式 (2.4) に相当するハミルトニアンを導け。それから得られる分配関数の対数微分により，式 (2.6) に相当する磁化が満たすべき自己無撞着方程式を導け。臨界点および臨界指数 β を計算し，後者が Ising 模型と一致することを示せ。

3. くりこみ群とスケーリング

　相転移や臨界現象の研究の第一歩は平均場理論での解析である．平均場理論は，物理現象の大まかな枠組みを抽出して，物理量の振る舞いに関する定性的な描像を提示する．しかしながら，ゆらぎが本質的な役割を果たす状況で何が起きるかを定量的な信頼性をもって明らかにするには，平均場理論を超えた取り扱いが必要である．実際，前章の最後のほうで示したように，現実世界である 4 次元以下では平均場理論の内部での整合性が取れなくなり，臨界指数が平均場理論の値と食い違ってくる．本章では，ゆらぎを取り入れて臨界現象を系統的に解析する強力な手段であるくりこみ群やスケーリングの基本的な考え方を解説する．実際の模型についてくりこみ群の計算を実行する方法については次章で述べる．

3-1　スケール変換と固定点

　ゆらぎの効果を系統的に取り入れるため，空間を見る尺度を次第に変えていったとき物理量がどう変化して見えるかを調べることによって臨界点付近での系の性質を明らかにしようというのが，くりこみ群の基本的な発想である．そのためにまず，微視的な自由度の部分消去と空間の尺度の変化 (**スケール変換** (scaling)) に伴う物理量の変化の法則を考察しよう．

　ハミルトニアンは温度で割った形で Boltzmann 因子に入ってくるから，標記を簡単にするため，本章と次章では特に断らない限り温度で割って無次元化したハミルトニアン H/T を改めて H と書くことにする．具体的な例として，実空間[1]でスピンの和をいくつかおきに実行する**実空間くりこみ群** (real-space renormalization group) から話を始めるとわかりやすいだろう．

---

[1]　運動量空間と対比して，現実の空間を実空間と呼ぶ．

3-1 スケール変換と固定点

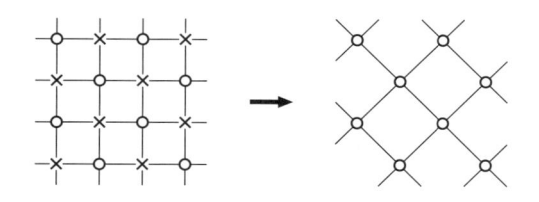

図 3.1 実空間くりこみ群の例。×の自由度について先に和を取ると、○の自由度だけが相互作用している系に変換される。

　図 3.1 の左に示すように、正方格子上に配置されたスピンの自由度が最近接点どうしで相互作用しているとする。強磁性的 Ising 模型と考えてもよいが、必ずしもそれに限らなくてもよい。分配関数の計算においてすべての自由度について和を一度に取るのはきわめて難しいので、まず一部の自由度について先に和を取る。図 3.1 では×の部分の和を取ると○だけが残り、ななめに見るとやはり正方格子上で○の自由度の間に相互作用がある系に変換されている。この操作を式で表すと次のようになる。

$$Z_N(H) = \sum_{\{S_\circ\}} \sum_{\{S_\times\}} e^{-H} = \sum_{\{S_\circ\}} e^{-H'} \equiv Z_{N'}(H') \quad (3.1)$$

2 番目の等号で×の自由度についての和を実行している。N と H はもとの系の自由度の数とハミルトニアン、N' と H' は和を取ったあとに残った系の自由度の数とハミルトニアンである。新たなハミルトニアン H' は $-\log \sum_{\{S_\times\}} e^{-H}$ で定義される。和を取ったあと空間のスケールを変え、格子点の間の間隔をもとと同じ 1 に規格化する。空間のスケール変換の因子を b とすると、この例では $b = \sqrt{2}$ になっている。ひとつおきに和を取り、さらにスケールを変えるということは、短いスケールでの変数の変動 (ゆらぎ) を消去して少しずつ長いスケールでのゆらぎの効果を浮き彫りにすることであり、第 1 章のブロック・スピン変換による数値的なくりこみ群と本質的には類似の操作である。以上の操作を繰り返し行うことにより、臨界点付近での系の性質が解明される。重要なポイントは、容易に行える一回の変換の解析だけにより、それを多数回繰り返したときの漸近的な振る舞いとしての臨界現象が明らかにできるという巧妙な仕組みにある。

　一回の操作 (くりこみ) で物理量がどのように書き換えられるかという法則が、くりこみ群の基盤を形成する。まず、式 (3.1) の通り分配関数は不

変であることが要請される。
$$Z_{N'}(H') = Z_N(H) \tag{3.2}$$
もとのハミルトニアンからくりこまれたハミルトニアンへの変換を R と書こう。
$$H' = R(H) \tag{3.3}$$
この R は一般に複雑な非線形変換である．1 自由度あたりの長さのスケールは $1/b$ 倍され波数は b 倍されると同時に，自由度の総数は b^{-d} 倍される．
$$r' = b^{-1}r, \quad q' = bq, \quad N' = b^{-d}N \tag{3.4}$$
1 自由度あたりの自由エネルギーは，分配関数の不変性 (3.2) と自由度の変化 (3.4) より
$$f(H') = b^d f(H) \tag{3.5}$$
という変換を受ける．ここでも温度の因子は f に含ませて，βf を単に f と書いてある．

ところで，一般に長さのスケールが $1/b$ 倍されたときに，物理量 A が b の何乗倍されるか
$$A' = b^x A \tag{3.6}$$
を表す指数 x を，A のスケーリング次元 (scaling dimension) という．式 (3.4) によれば，長さのスケーリング次元は -1，波数は 1，体積ないしサイト総数は $-d$ である．式 (3.2) により，全系の自由エネルギー $\beta F = -\log Z$ のスケーリング次元は 0 だが，1 自由度あたりの自由エネルギーは，式 (3.5) によりスケーリング次元 d を持つ．スピン自由度の大きさもスケーリング次元を持つ．一般的に
$$S'(\bm{r}') = c(b)^{-1} S(\bm{r}) \tag{3.7}$$
と書いておこう．$\bm{r}$ および $\bm{r}'$ は同じ空間点のくりこみ前後の位置座標ベクトルである．これに伴って相関関数も次の通り変化する．
$$G(\bm{r}', H') = c(b)^{-2} G(\bm{r}, H) \tag{3.8}$$

さて，もとの H がちょうど臨界点にあるなら非常に長波長のゆらぎが発達しているから，空間スケールをどんどん粗視化していっても系はほとんど同一に見えるはずである．すなわち，くりこみ操作を繰り返していくと固定点 H^* に行き着く．固定点は次式で定義される．
$$H^* = R(H^*) \tag{3.9}$$
臨界点と固定点は密接な関係にあるが，別の概念である．もとのハミルト

ニアン H で記述される系が臨界点にあるとき，H 自身が変換 R の固定点なのではなく，臨界点にある系の H にくりこみ操作を繰り返していくと，固定点 H^* に行き着くのである．式で書けば，ちょうど臨界点にあるハミルトニアン H_c について

$$H^* = \lim_{n\to\infty} R^n(H_c) \tag{3.10}$$

が成立する．

3-2 パラメータ空間と変換則

くりこみ操作に対するハミルトニアンの変化の法則を，より具体的に定式化しよう．以下は Ising 模型の形で式を書くが，より一般的に成立する議論である．ハミルトニアンはパラメータと演算子(スピン変数)の和で書かれている[2]．例えば

$$H = -K \sum_{\langle ij \rangle} S_i S_j - h \sum_i S_i \tag{3.11}$$

においてはパラメータは K と h である．ここでも，温度の逆数 β はハミルトニアンに含ませてある．さて，くりこみの操作をすると，一般に変換前にはなかった演算子が現れる．前節の図 3.1 の実空間くりこみ群の例を取れば，$h = 0$ として

$$H' = -K' \sum_{\langle ij \rangle} S_i S_j - K'' \sum_A S_i S_j - K^{(3)} \sum_B S_i S_j S_k S_l + \cdots \tag{3.12}$$

という形になるのである(演習問題 3.1 参照)．ここで，A は次近接方向(単位正方形の対角線方向)の相互作用，B は単位正方形のまわりの 4 つのスピンの相互作用を表す．演習問題 3.1 で確かめるように，最近接格子点どうしの相互作用だけがある系で部分和を取ると，上式の $K', K'', K^{(3)}$ の項が現れる．この後者の系にもう一度くりこみ操作を施すと，さらに複雑な相互作用が現れる．この作業を繰り返していくと，次々に多種多様の相互作用が現れてきて，一見手に負えなくなるように見える．しかし次に示すように，あらゆる相互作用の形の可能性をはじめから網羅して一般的に表現し，その相互作用の組に対する変換則を考察することにより，臨界現象

---

[2] くりこみ群の理論では，場の理論にならって微視的な自由度を表す量を演算子と呼ぶことがある．

に対して深い洞察が得られるのである。

式 (3.12) の $-K', -K'', -K^{(3)}, \cdots$ に相当する一般には無限個のパラメータの組を $\boldsymbol{u}$ というベクトルで表し, S_iS_j (右辺第 1 項), S_iS_j (右辺第 2 項), $S_iS_jS_kS_l$ (右辺第 3 項) などに相当するスピン変数の組を $\boldsymbol{O}$ というベクトルで表すならば, 式 (3.12) はこれらのベクトルの内積 $\boldsymbol{u}\cdot\boldsymbol{O}$ とみなすことができる。そこで, 一回のくりこみ前後のハミルトニアンを次のような形で書くことにする。

$$H = \boldsymbol{u}\cdot\boldsymbol{O}, \qquad H' = \boldsymbol{u}'\cdot\boldsymbol{O}' \qquad (3.13)$$

スピン変数の組 $\boldsymbol{O}$ や $\boldsymbol{O}'$ については性質が初めからよくわかっている。くりこみの操作によりパラメータの組 $\boldsymbol{u}$ の変換則が明らかになる点が本質的である。つまり, くりこみの操作は $\boldsymbol{u}$ から $\boldsymbol{u}'$ への変換と見ることができるのである。式 (3.3) と同じ記号を流用して

$$\boldsymbol{u}' = R(\boldsymbol{u}) \qquad (3.14)$$

と書くことにする。これは一回のくりこみに対するパラメータの変化の式であり, R は特異性を含まない。この変換を繰り返したときの漸近的なパラメータの振る舞いから, 臨界指数が以下に示すような方法で決定されるのである。物理量の特異性の存在は変換の繰り返しが無限に行われることに起因し, R 自身の特異性を反映するのではない。

臨界点付近の物理量の特異性を調べるのが目的だから, 臨界点から少しずらせてみてくりこみ群の変換式 (3.14) がどう振る舞うかを見るとよい。これは, パラメータが固定点から少しずれたときの系の振る舞いを見ることに対応している。そこで, くりこみ操作の前と後のパラメータを固定点 $\boldsymbol{u}^*$ からのずれを使って次のように書こう。

$$\boldsymbol{u} = \boldsymbol{u}^* + \delta\boldsymbol{u}, \quad \boldsymbol{u}' = \boldsymbol{u}^* + \delta\boldsymbol{u}' \qquad (3.15)$$

くりこみ変換 $\boldsymbol{u}' = R(\boldsymbol{u})$ は一般に非線形変換であるが, 固定点付近にのみ関心があるからそのまわりで展開して 1 次まで取ることにする。R は特異性を持たないから展開が可能である。こうして線形化されたくりこみ群の操作を

$$\delta\boldsymbol{u}' = T(\boldsymbol{u}^*)\delta\boldsymbol{u} \qquad (3.16)$$

と表そう。この線形変換 T の固有値と固有ベクトルが臨界現象を特徴づけるのである。T は長さのスケールの変化 b の関数である。

b を与えたときの T の固有値は, 次のように b のべきで書くことができる。

$$\lambda_i(b) = b^{y_i} \tag{3.17}$$

b のべきになる理由は次の通りである．スケール b_1 と b_2 の 2 つの変換を続けて行うのと一度に $b_1 b_2$ の変換を行うのとは同じことであるが，後者の変換の固有値 $\lambda_i(b_1 b_2)$ は，T の線形性から，前者の変換の固有値の積 $\lambda_i(b_1)\lambda_i(b_2)$ と一致する．まず，b_1 の変換で $\lambda_i(b_1)$ が固有ベクトルにかかり，次いで b_2 で $\lambda_i(b_2)$ がかかるのである．こうして得られる関係式 $\lambda_i(b_1 b_2) = \lambda_i(b_1)\lambda_i(b_2)$ を満たすのは b のべき関数のみである．

さて，$\delta \boldsymbol{u}$ と $\delta \boldsymbol{u}'$ を T の固有ベクトルの組 $\{\boldsymbol{\phi}_i\}$ で展開してみよう．

$$\boldsymbol{u} = \boldsymbol{u}^* + \sum_i g_i \boldsymbol{\phi}_i, \ \ \boldsymbol{u}' = \boldsymbol{u}^* + \sum_i g_i' \boldsymbol{\phi}_i \tag{3.18}$$

ここで g_i' と g_i の間には $g_i' = b^{y_i} g_i$ という関係がある．$g_1, g_2, \cdots$ は固定点付近のパラメータ空間 $\boldsymbol{u}$ の性質を特徴づける重要な量であり，**スケーリング場** (scaling field) と呼ばれる．こうして，くりこみ群による系の記述は，固定点とそのまわりの線形変換の固有値の指数 $y_1, y_2, \cdots$ およびスケーリング場 $g_1, g_2, \cdots$ に凝縮された．

3-3 固定点付近の流れと普遍性

線形変換 T の固有値に現れるべき y_i の値は，くりこみ群による固定点付近でのパラメータの流れの様子を特徴づける重要な量である．y_i が正なら固有値 b^{y_i} が 1 より大きいから，くりこみの操作をするたびにスケーリング場 g_i は b^{y_i} 倍ずつ増幅され，パラメータは固定点から遠ざかる．y_i が負のときには固定点に収束する．したがって，固定点に収束するためには $y_i > 0$ の固有値に対応する g_i がちょうど 0 でなければならない．g_i の値の調整が系の性質に決定的な影響を及ぼすという意味で，$y_i > 0$ に対応するスケーリング場 g_i を**有意な変数** (relevant variable) と呼ぶ．これに対して $y_i < 0$ のスケーリング場 g_i はどのような値を最初に取っていても，くりこむごとに急速に 0 に収束するから，系の性質に本質的な影響を及ぼさない．この意味で $y_i < 0$ のスケーリング場を**有意でない変数** (irrelevant variable) と呼ぶ．$y_i = 0$ だと両者の境界にあるので，**中立変数** (marginal variable) という[3]。

図3.2は $y_i > 0$ かつ $y_j < 0$ の場合のくりこみの流れの概念図である。$y_j < 0$ ゆえ, 水平に引いた $g_i = 0$ の線に沿っては g_j は固定点 $\mathrm{F}(g_i = g_j = 0)$ に向かって収束するが, $g_i \neq 0$ だと, $y_i > 0$ より, g_i は急速に固定点の値 0 から外れる。この場合でも g_j はやはり 0 に近づく。

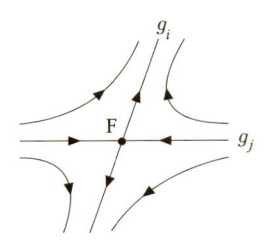

図 3.2 $y_i > 0$ かつ $y_j < 0$ のときの固定点 F 付近でのパラメータの流れ。F では $g_i = g_j = 0$ である。

強磁性体で臨界現象を観測するには, 図 1.3 に示したように, 2 つのパラメータ T と h をちょうど臨界点の値 $T = T_\mathrm{c}$ および $h = 0$ に調整する必要がある。これらが臨界点の値から少しでもずれると, 1-4 節で述べたように, くりこみ操作により系は急速に臨界点から遠ざかっていく。それゆえ, 通常の臨界現象においては有意な変数が T と h に相当する 2 つあると考えられる。これらに相当するスケーリング場を g_1 および g_2 とすれば, $y_1 > 0$, $y_2 > 0$ である。残りの $y_3, y_4, \cdots$ は負である。スケーリング場はくりこみ群の操作を表す関数 $R(\cdot)$ から導かれるから, g_i は系の変数 T, h の解析的な関数である。よって, 固定点の近傍では g_1 は $t = (T - T_\mathrm{c})/T_\mathrm{c}$ に比例し, g_2 は h に比例する。こうした状況においては, 温度と磁場以外に相当する量 $g_3, g_4, \cdots$ をどう取っても臨界現象の本質 (臨界指数など) に

---

3) Relevant, irrelevant, marginal に相当する日本語は本書ではそれぞれ, 有意, 有意でない, 中立としたが, 一般に定着した訳語ではない。書物によっては「有効な項, 非有効な項」,「意義がある項, 意義のない項」,「寄与項, 非寄与項」などの表現が使われている。現実には, たいていの場合英語のまま使われているのが実情である。しかし, カタカナ表記は意味に関する情報を持たず, 初めてくりこみ群を学ぶ人にはわかりにくいし, 用語はできるだけ日本語で統一したいので「有意, 有意でない, 中立」ということにする。

は影響を与えない。温度と磁場の値以外の系の詳細は臨界現象には無関係ということである。これがくりこみ群の立場から見た普遍性である。

以後，g_1, y_1 を g_t, y_t と書き，g_2, y_2 を g_h, y_h と書くことにする。

スケーリング場や変数の有意性についてより理解を深めるために，$h = 0$ の場合のくりこみの流れを相互作用の空間で例示したのが図 3.3 である。

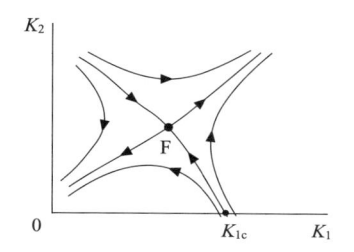

図 **3.3** 外部磁場がないときの相互作用空間でのくりこみによるパラメータの流れの概念図。K_1 は最近接相互作用，K_2 は次近接相互作用の強さ。

くりこみのたびに多種多様な相互作用が現れるが，最近接相互作用を温度で割ったパラメータ K_1 と次近接相互作用を温度で割った K_2 の 2 次元空間に射影した図である。くりこまれるごとに，2 つのパラメータが変化する。最初は最近接相互作用しかなくても ($K_2 = 0$)，すぐに次近接相互作用が現れる ($K_2 > 0$)。$h = 0$ のとき系の臨界点での性質に影響を与える有意なスケーリング変数は g_t だけだから，固定点 F($g_t = g_h = g_3 = \cdots = 0$) に吸い込まれる方向はひとつだけである。固定点から遠ざかる方向が g_t 軸に相当し，近づく方向が g_3 あるいはそれ以後の g_i である。これから明らかなように，スケーリング場 g_t はくりこみを実行する前の最初のハミルトニアン ($K_2 = 0$) に現れるパラメータそのもの ($K_1 - K_{1c}$) とは必ずしも一致しないが，固定点からのずれを表す g_t ともとのハミルトニアンでのパラメータ値の臨界点からのずれ ($K_1 - K_{1c}$) は，固定点に十分近い範囲では比例関係にある。もちろん，いずれも $t = (T - T_c)/T_c$ に比例している。

図 3.2 や図 3.3 において，くりこみによって固定点 F に流れ込む点の集合を**臨界面** (critical surface) という。図 3.3 でわかるように，転移点 (臨界点) は臨界面の上にあるが固定点とは必ずしも一致しない。

3-4 スケーリング則

次の課題は,線形化された変換の固有値の正のべき y_t, y_h と臨界指数を関係づける作業である。これはくりこみ群理論の核心であるが,驚くほど単純で美しい構造をしている。くりこみ変換に対する自由エネルギーの変化の解析が中心的な論点である。

式 (3.5) および 3-2 節の議論によると,自由エネルギーはくりこみ群の操作によって次のように変化する。

$$f(g_t, g_h, g_3, \cdots) = b^{-d} f(g'_t, g'_h, g'_3, \cdots) \tag{3.19}$$

g_t は温度の臨界点からのずれ t に比例し g_h は磁場 h に比例する量である。次の章の 4-1-3 節で例示するように,厳密にいうと式 (3.19) の右辺には特異性を持たない項を加えなければならない。

$$f(g_t, g_h, g_3, \cdots) = b^{-d} f(g'_t, g'_h, g'_3, \cdots) + w(g_t, g_h, g_3, \cdots) \tag{3.20}$$

しかし,最後の項 w は臨界点や臨界指数を決定するという目的には積極的な役割を果たさないので,本書では特異性を持つ項の変換則 (3.19) に話を限って理論を展開する。

g_3 以下は有意でないとして無視し,また g_t, g_h と t, h との比例定数も積極的な役割を果たさないので,あらわには書かないことにする。くりこみを n 回繰り返したとき上式は

$$f(t, h) = b^{-nd} f(b^{ny_t} t, b^{ny_h} h) \tag{3.21}$$

となる。くりこみの回数 n を適切に選ぶと,右辺の第 1 の引数が 1 になるよう ($b^{ny_t} t = 1$) にできる[4]。物理的には,くりこみを繰り返して臨界点から十分遠くに ($|t| \ll 1$ でない領域に) 系の有効温度を変化させることに相当する。1 章の図 1.5, 1.9 の (d) あたりである。このとき,$b^n = t^{-1/y_t}$ を式 (3.21) の右辺に代入することにより

$$f(t, h) = t^{d/y_t} f(1, h t^{-y_h/y_t}) \equiv t^{d/y_t} \Psi(h t^{-y_h/y_t}) \tag{3.22}$$

という重要な関係式であるスケーリング則 (scaling law) が得られる。自由エネルギーは温度と磁場の関数であるが,臨界現象を調べるという目的のためには,実質的には一変数関数で表現できるという結果である。$\Psi(\cdot)$

---

[4] $T < T_c$ では $b^{ny_t} |t| = 1$ とする。表記を簡単にするために,本書ではしばしば $T < T_c$ でも $|t|$ の代わりに t と書く。この場合,次の式 (3.22) の第 2 式の第 1 引数は 1 の代わりに -1 である。

3-4 スケーリング則

をスケーリング関数 (scaling function) という。

スケーリング則を使うと，固有値の指数 y_t および y_h と臨界指数を結びつけることができる。まず比熱の臨界指数 α を求めるために，式 (3.22) において $h = 0$ とした上で温度 t で 2 回微分する。

$$C(t,0) \propto \frac{\partial^2 f(t,0)}{\partial t^2} \propto t^{d/y_t - 2} \tag{3.23}$$

これが $t^{-\alpha}$ に比例するはずだから，$\alpha = 2 - d/y_t$ を得る。スケーリング場 $g_t \propto t$ が固定点付近でくりこみ変換によってどう増幅されるかを表す指数 y_t が，比熱の特異性の指数 α を決定するのである。臨界指数 β については，自発磁化を求めるために式 (3.22) を h で 1 回微分して $h = 0$ とおく。

$$m(t,0) \propto \left.\frac{\partial f(t,h)}{\partial h}\right|_{h=0} \propto t^{(d-y_h)/y_t} \tag{3.24}$$

よって $\beta = (d - y_h)/y_t$ である。臨界指数 γ についてもほぼ同様で，式 (3.22) を h で 2 回微分したあとで $h = 0$ とおくと磁化率 χ が得られることを利用する。

$$\chi(t,0) \propto \left.\frac{\partial^2 f(t,h)}{\partial h^2}\right|_{h=0} \propto t^{(d-2y_h)/y_t} \tag{3.25}$$

より $\gamma = (2y_h - d)/y_t$ となる。臨界指数 δ を求めるには，式 (3.21) で $t = 0$ とおいて h で 1 回微分する。

$$m(0,h) \propto \frac{\partial f(0,h)}{\partial h} = b^{-nd+ny_h} f_2(0, b^{ny_h} h) \tag{3.26}$$

f_2 は f の第 2 引数による微分である。n を $b^{ny_h} h = 1$ を満たすように選ぶと，右辺の h 依存性は $h^{(d-y_h)/y_h}$ となり $\delta = y_h/(d - y_h)$ が結論される。以上の結果をまとめておこう。

$$\boxed{\alpha = 2 - \frac{d}{y_t}, \quad \beta = \frac{d - y_h}{y_t}, \quad \gamma = \frac{2y_h - d}{y_t}, \quad \delta = \frac{y_h}{d - y_h}} \tag{3.27}$$

上の議論で使った $b^n = t^{-1/y_t}$ あるいは $b^n = h^{-1/y_h}$ なる関係からわかるように，臨界点 $t = 0, h = 0$ に近づいていくときの物理量の特異性を見るというのは，くりこみの回数 n を増やしてどんどん粗視化を進めていくということに対応している。1 章で直観的に述べた事柄の定式化である。

スケーリング則 (3.22) において，スケーリング関数 $\Psi(x)$ の $x \approx 0$ および $x \to \infty$ での振る舞いは，次のような議論から決定できる。$h = 0$ のと

きには $f(t,0) \approx t^{2-\alpha}$ となるはずだから，$d/y_t = 2-\alpha$ より $\Psi(0)$ は 0 でない定数だと考えられる．また，$t \to 0$ では $f(t,h)$ は h のみの関数になるはずだから，式 (3.22) の右辺の t^{d/y_t} を打ち消すべく

$$\Psi(ht^{-y_h/y_t}) \approx (ht^{-y_h/y_t})^{d/y_h} = h^{d/y_h}t^{-d/y_t} \tag{3.28}$$

という振る舞いをするとしなければならない．つまり，$x \gg 1$ で $\Psi(x) \approx x^{d/y_h}$ となるのである．ついでながら，後者の $t \to 0$ の場合，

$$f(0,h) \approx h^{d/y_h} \tag{3.29}$$

より，$m \approx h^{d/y_h - 1}$ ゆえ $\delta = y_h/(d - y_h)$ が再導出される．

固有値のべきと臨界指数を結びつける式が得られたので，固定点付近でくりこみ群の変換を線形化してその固有値を計算することにより臨界指数がわかるという枠組みが完成した．ところで，有意な固有値は通常 2 つだけだから，それらから導かれる 4 つの臨界指数 $\alpha, \beta, \gamma, \delta$ も独立ではない．任意の 2 つがわかれば残り 2 つも自動的にわかる．上の表の関係から y_t と y_h を消去してこの事実をより簡明に表現したのが，**スケーリング関係式** (scaling relation) である．例えば，次の関係が成立する．

$$\boxed{\alpha + 2\beta + \gamma = 2, \quad \gamma = \beta(\delta - 1)} \tag{3.30}$$

平均場理論および三重臨界点の平均場理論の臨界指数は，スケーリング関係式を満たしている．なお，式 (3.30) の第 1 の式で，臨界指数 α, γ を低温側から臨界点に近づいたときの値 α_-, γ_- に限定して[5]，さらに等式を不等式にしたもの

$$\alpha_- + 2\beta + \gamma_- \geq 2 \tag{3.31}$$

は，**Rushbrooke の不等式** (Rushbrooke's inequality) として知られている．付録 3. で示すように，Rushbrooke の不等式は，熱力学的な議論を使って厳密に証明できる．

---

[5] β はもともと低温側でしか定義されてない．なお，低温側から近づいたときの臨界指数と高温側からの臨界指数は一般に等しいと考えられているが，このことがきちんと証明されているのは限られた場合だけである．8 章でも少し触れる．

3-5 相関関数のスケーリング則

前節では,自由エネルギーのスケーリング則から臨界指数 $\alpha, \beta, \gamma, \delta$ を y_t と y_h で表現した。相関関数に関連した臨界指数 ν および η の y_t, y_h 依存性を明らかにするには,相関関数のスケーリング則を導く必要がある。外部磁場 h は 0 であるとし,前節と同様にスケーリング場 g_t を温度の臨界点からのずれ t と同一視する。相関関数 $\langle S(0)S(\boldsymbol{r})\rangle - \langle S(0)\rangle\langle S(\boldsymbol{r})\rangle$ を距離と温度の関数として $G(r,t)$ と書く。$G(r,t)$ は相対ベクトル $\boldsymbol{r}$ の向きにはよらず絶対値 $r=|\boldsymbol{r}|$ にのみ依存するとする。

スピン変数 S の変換則 (3.7) から,一回のくりこみの変換によって G には $c(b)^2$ の因子がかかる。

$$G(r,t) = c(b)^2 G(b^{-1}r, b^{y_t}t) \tag{3.32}$$

一方,式 (3.21) で $n=1$ としたものを h で微分して,さらに $h=0$ とおいて得られる自発磁化 m のスケーリング則

$$m(t) = b^{-d+y_h} m(b^{y_t}t) \tag{3.33}$$

を式 (3.32) と同様の形

$$m(t) = c(b) m(b^{y_t}t) \tag{3.34}$$

に書くと,$c = b^{-d+y_h}$ であることがわかる。そこで式 (3.34) を

$$m(b^{y_t}t) = b^{d-y_h} m(t) \tag{3.35}$$

と書き直せば,スピン変数のスケーリング次元が $d - y_h$ であることがわかる。

したがって式 (3.32) の別の表現として次式を得る。

$$G(r,t) = b^{-2d+2y_h} G(b^{-1}r, b^{y_t}t) \tag{3.36}$$

くりこみを n 回繰り返すと,上式の b を b^n で置き換えた関係になる。$t \neq 0$ のとき,前節と同様に $b^{ny_t}t = 1$ を満たすように n を選ぶことにより,相関関数のスケーリング則に到達する。

$$G(r,t) = t^{2(d-y_h)/y_t} \Phi(rt^{1/y_t}) \qquad (T \neq T_c) \tag{3.37}$$

t を小さいが有限の値に固定して r を大きくしていった極限では,相関関数は r の関数として $e^{-r/\xi}$ のように指数減衰する。相関距離 ξ は $t^{-\nu}$ に比例して発散するから,$e^{-r/\xi}$ の肩の r/ξ は rt^ν の定数倍である。これと式 (3.37) を比較すると,どちらにおいても距離 r は単独で現れるのではなく,

温度のべきとの積 rt^ν あるいは rt^{1/y_t} として現れていることがわかる。これらが同じ関数を表すためには，$1/y_t$ と ν が一致している必要がある。こうして $\nu = 1/y_t$ が結論される。

臨界指数 η は，臨界点直上での相関関数の減衰のべき $r^{-d+2-\eta}$ を決める量である。式 (3.36) で $t = 0$ でおき，$b = r$ とすると

$$G(r, 0) \propto r^{-2d+2y_h} \quad (T = T_c) \tag{3.38}$$

となり，したがって $\eta = d - 2y_h + 2$ である。まとめると

$$\boxed{\nu = \frac{1}{y_t}, \quad \eta = d - 2y_h + 2} \tag{3.39}$$

これより次のスケーリング関係式が得られる。

$$\boxed{\alpha = 2 - d\nu, \quad \beta = \frac{\nu(d - 2 + \eta)}{2}, \quad \gamma = \nu(2 - \eta), \quad \delta = \frac{d + 2 - \eta}{d - 2 + \eta}} \tag{3.40}$$

これらは，$\alpha, \beta, \gamma, \delta$ で表される自由エネルギーの特異性と，ν や η で表される相関関数の特異性を結びつける式であり，**ハイパー・スケーリング** (hyperscaling) と呼ばれている。前節で導いた通常のスケーリング関係式 (3.30) と違って，場合によっては満たされないことがある。例えば式 (3.40) の第 1 式は平均場理論の臨界指数を入れてみるとわかるように，4 次元以上 ($d > 4$) では破れている。次章で解説するように，有意でないが危険な変数と呼ばれる変数が，自由エネルギーのスケーリング則と相関関数のスケーリング則に異なる影響を及ぼす場合に，ハイパー・スケーリングが破れる可能性がある。

3-6 平均場理論とスケーリング則

スケーリング則をくりこみ群の立場から導いて固有値のべきと臨界指数を結びつけてきたが，議論がやや抽象的でわかりにくいかもしれない。そこで，計算が具体的に実行できる平均場理論をスケーリング則やスケーリング関数の立場から見直してみて，スケーリング関数の具体形について洞察を得ることにする。

Landau の自由エネルギーの最小条件から得られる m と h の関係式 (状

3-6 平均場理論とスケーリング則

態方程式)

$$2am + 4bm^3 = h \tag{3.41}$$

を磁化について解く。上式の両辺を $t^{3/2}$ で割ると，$a = kt$ より

$$\frac{m}{\sqrt{t}} + c_1\left(\frac{m}{\sqrt{t}}\right)^3 = c_2 \cdot \frac{h}{t^{3/2}} \tag{3.42}$$

という形になる。これは $m/\sqrt{t}$ の 3 次方程式であり，解は

$$m = \sqrt{t}\, g\left(\frac{h}{t^{3/2}}\right) \tag{3.43}$$

と表される。一方，前節までの一般論によると，式 (3.22) を h で微分すると磁化のスケーリング則

$$m = t^\beta \Psi'(ht^{-\beta\delta}) \tag{3.44}$$

が得られる。ここで，$\beta = (d - y_h)/y_t$, $\delta = y_h/(d - y_h)$ を使った。これら 2 つの式 (3.43), (3.44) は，平均場理論の臨界指数 $\beta = \frac{1}{2}, \delta = 3$ により一致する。よって，平均場理論は磁化に関するスケーリング則を満たし，スケーリング関数 $\Psi'(\cdot)$ は 3 次の代数方程式 (3.42) の解になっている。

磁化率についても確かめてみよう。Landau 理論の磁化率の表式 (2.20) に上の磁化についての平均場理論の式 (3.43) を代入すると

$$\chi = \frac{1}{t(c_3 + c_4 g^2(ht^{-3/2}))} \tag{3.45}$$

という形が得られる。一方，スケーリングの一般論によると，自由エネルギーのスケーリング則 (3.22) を h で 2 回微分すると

$$\chi = t^{-\gamma}\Psi''(ht^{-\beta\delta}) \tag{3.46}$$

が得られる。式 (3.45) と (3.46) は，$\gamma = 1, \beta = \frac{1}{2}, \delta = 3$ により同一とみなすことができる。

Landau 理論は，温度や磁化で微分する前の自由エネルギーについてのスケーリング則も満たしていることが確かめられる (演習問題 3.2)。以上のように，自由エネルギーとその導関数については，平均場理論 (Landau 理論) はスケーリング則と矛盾しない。

3-7 スケーリング次元

臨界点直上では，2体相関関数は式 (3.38) のようにスケーリング次元 $x_h \equiv d - y_h$ の2倍のべきで減衰する。

$$G(r, 0) \propto r^{-2x_h} \tag{3.47}$$

臨界点直上におけるべき的な振る舞いは，一般の演算子でも見られる性質である。例えば，局所エネルギーについて考えてみよう。一般に，自由エネルギーを温度で微分すると内部エネルギー E になるが，最近接格子点のみの相互作用を持つ強磁性的 Ising 模型では内部エネルギー E は，最近接点でのスピンの積（局所エネルギー演算子）$E_{\mathrm{nn}}(\boldsymbol{x}) \equiv S(\boldsymbol{x})S(\boldsymbol{x}+\boldsymbol{\delta})$ の熱平均値に比例する。$\boldsymbol{\delta}$ は最近接格子点へのベクトルである。したがって，自由エネルギーの変換式 (3.21) で $n=1$ としたものを t で微分すると，局所エネルギーのスケーリングの式が得られる。

$$\langle E_{\mathrm{nn}} \rangle(t) = b^{-d+y_t} \langle E_{\mathrm{nn}} \rangle(b^{y_t} t) \tag{3.48}$$

これより，局所エネルギー演算子のスケーリング次元が $x_t = d - y_t$ であることがわかる。これを使って，通常のスピン相関関数のときの議論と全く同様にして，臨界点直上において次のような局所エネルギーの相関関数の漸近形を導くことができる。

$$G_E(r) \equiv \langle E_{\mathrm{nn}}(\boldsymbol{x}) E_{\mathrm{nn}}(\boldsymbol{x}+\boldsymbol{r}) \rangle \propto r^{-2x_t} \tag{3.49}$$

もっと一般に，演算子 ψ_i がスケーリング場 g_i に対応してべき y_i を持つときに，ψ_i のスケーリング次元は $x_i = d - y_i$ である。これを理解するために，自由エネルギーの g_i 依存性をあらわに取り入れたスケーリング則

$$f(t, h, g_i) = b^{-d} f(b^{y_t} t, b^{y_h} h, b^{y_i} g_i) \tag{3.50}$$

を g_i で微分する。エネルギーが自由エネルギーの温度微分であるという意味で温度 t に対応し，同様に磁化が磁場 h に対応するように，ψ_i の期待値が g_i に対応しているのだから

$$\bar{\psi}_i \equiv \langle \psi_i \rangle = \frac{\partial f}{\partial g_i} \tag{3.51}$$

よって

$$\bar{\psi}_i(t, h, g_i) = b^{-d+y_i} \bar{\psi}_i(b^{y_t} t, b^{y_h} h, b^{y_i} g_i) \tag{3.52}$$

が得られる。これは $x_i = d - y_i$ であること示している。さらに，臨界点直上において相関関数は次の漸近形にしたがってべき減衰する。

$$\langle \psi_i(\boldsymbol{x})\psi_j(\boldsymbol{x}+\boldsymbol{r})\rangle \propto r^{-x_i-x_j} \tag{3.53}$$

以上の議論は g_i や g_j が有意でない変数であっても成立する。

スケーリング次元を使うと，臨界指数を関連付けるスケーリング関係式を次元解析により導くことができる。臨界点付近での物理量の特異性は，相関距離の発散 $\xi \propto t^{-\nu}$ によって引き起こされるとしよう。系の持つ特徴的な長さのスケールである相関距離が臨界点で発散することが，すべての物理量の特異性の起源だとする，もっともらしい仮定である。このとき，長さの次元を持つ唯一かつ基本的な物理量として ξ を使うことにより，次元解析を通じてスケーリング関係式が導出される。例えば，3-1 節で述べたように，1 自由度あたりの自由エネルギー f はスケーリング次元 d を持ち，長さの基準となる相関距離 ξ は長さと同じスケーリング次元 -1 を持つ。このことより，f と ξ が次のような関係を持つことがわかる。

$$f \propto \xi^{-d} \propto t^{\nu d} \tag{3.54}$$

これより，ハイパー・スケーリング $2-\alpha = d\nu$ が導かれる。なお，式 (3.54) は，自由エネルギーにおいて特異性が一番強い項が ξ^{-d} に比例するという意味である。自由エネルギー全体がそのまま ξ^{-d} に比例するわけではない。

3-8 スケーリング則によるデータ解析

スケーリング則は，実験や数値計算のデータから臨界指数を推定する際に重要な役割を果たす。まず，実験において，臨界点付近で磁化 m を測定したデータから臨界指数 β や δ を推定する道筋を説明しよう。単純に考えれば，磁場が非常に弱いときの磁化の温度依存性のプロットから，臨界指数を定義の直接的な適用 $m \approx |t|^\beta$ で決められるように思われるが，スケーリング則を利用するとより系統的に高い信頼性をもって決めることができるのである。

磁化のスケーリング則 (3.44) を書き換えて

$$t^{-\beta}m(t,h) = \Psi'(ht^{-\beta\delta}) \tag{3.55}$$

としよう。これによると，臨界指数 β および δ がわかっている場合に，横軸を $ht^{-\beta\delta}$ とし縦軸を $t^{-\beta}m(t,h)$ としてデータをプロットすると，様々な h,t について同一の曲線が描かれる。すなわち，h の値をひとつ決めて t をスキャンしたときの $t^{-\beta}m(t,h)$ の値をまず描く。次に，別の h の値に

対して同様のプロットをする。スケーリング則がなければ，一般には，最初の h に対するプロットと 2 番目の h に対するプロットは別の曲線を描くが，スケーリング則 (3.55) のために，h の値自体が異なっていても $ht^{-\beta\delta}$ が同じなら $t^{-\beta}m(t,h)$ は同じ値となり，共通の曲線上に乗るのである。h を変えてこのようなプロットをいろいろ繰り返す。実際には β と δ の正確な値はわかってないので，これらの推定値を入れてプロットをし，単一のきれいな曲線が得られるように β, δ を調整するという手順を踏む。

次に，数値計算から臨界指数を推定する方法について磁化率の例で述べよう。臨界現象は巨視的な系の物理現象であり，臨界点付近における物理量の特異性は，理論的には系の大きさが無限大になった極限でのみ生じる。しかし数値計算は実際には有限の大きさの系についてしか実行できない。有限系のデータから無限系の特性を特徴づける臨界指数を推定しなければならない。スケーリング則を利用した**有限サイズスケーリング** (finite-size scaling) がこの目的を達成するために信頼のおける方法として確立している。

一辺の長さが L の超立方格子の上で定義された系においてくりこみを実行するとどうなるかを考えてみよう。系が臨界点にある条件は，温度と磁場が臨界値 $t = h = 0$ に設定されていることであるが，これは無限に大きい系 $L \to \infty$ の極限である。言い換えれば，t と h に加えて L^{-1} を 0 に調整しないと臨界現象は実現しないという意味で，L^{-1} は有意な変数である。そこで，L^{-1} も自由エネルギーの引数にあらわに書いたくりこみの式を採用する。

$$f(t, h, L^{-1}) = b^{-d} f(b^{y_t} t, b^{y_h} h, bL^{-1}) \tag{3.56}$$

L^{-1} がべき $y_L = 1$ を持つ有意な変数であることが見てとれる。例として磁化率の有限サイズスケーリングを説明するために，式 (3.56) を磁場で 2 回微分して $h = 0$ とおくと次式が得られる。

$$\chi(t, 0, L^{-1}) = b^{2y_h - d} f_2(b^{y_t} t, 0, bL^{-1}) \tag{3.57}$$

f_2 は f を第 2 引数で 2 回微分した関数である。$b = L$ と選ぶと，適当な関数 $\tilde{\Psi}(\cdot)$ を使って次式が導かれる。

$$\chi(t, 0, L^{-1}) = L^{2-\eta} \tilde{\Psi}(tL^{1/\nu}) \tag{3.58}$$

ここで $2y_h - d = 2 - \eta$ を使った。

この式を用いた数値計算のデータ解析方法は，上述の実験データ解析と同じである。まず，L をひとつの値に固定して t を動かして得られたデー

タを，縦軸を $L^{\eta-2}\chi$ とし横軸を $tL^{1/\nu}$ としてプロットする。別の L に対して同様のプロットをする。もし η と ν の値が正しければこれらのプロットは同一の曲線上に乗る。図 3.4 に例を示す。実際は，η と ν の推定値を調整して同一の曲線に一番よく乗ると思われる値を臨界指数の値として採用する。現実には，さらに T_c の値も推定しながら作業を進めなければならない。

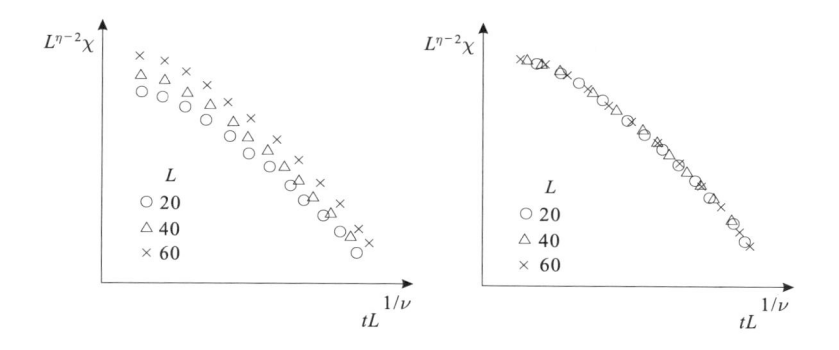

図 3.4 有限サイズスケーリングによる数値計算データ解析の例。臨界指数や転移点の推定値が正しくないと，左のように L によってデータがずれる。正しく推定すると，右のように L によらず一定の曲線を描く。

有限サイズスケーリングに関連して 2 つ注意点を述べておこう。磁化率は無限系 $L \to \infty$ では臨界点で発散するが，有限系では有限値に留まる。式 (3.58) によると，有限系の磁化率の温度の関数としてのピーク位置は，スケーリング関数 $\tilde{\Psi}(x)$ のピーク位置であるが，それが無限系の臨界点 $t = 0$ つまり $x = 0$ で起きる保証はない。$\tilde{\Psi}(x)$ のピークが $x = c$ にあるとすれば，温度 T を横軸にして磁化率のデータをプロットしたときのピーク位置は $t = cL^{-1/\nu}$ である。無限系のピーク位置 $t = 0$ と $cL^{-1/\nu}$ だけずれていることを意味している。このため，$1/\nu$ を**シフト指数** (shift exponent) と呼ぶことがある。これが第 1 の注意点である。もうひとつは，ピーク位置における磁化率の大きさが $L^{2-\eta}$ に比例することである。ピーク位置における磁化率の計算値から，臨界指数の値 $2 - \eta$ が推定できる。

3-9 クロスオーバー

これまでは，有意な変数が g_t と g_h の2つある系の話であった．臨界現象を実現するのに2つの変数を適当な値に調整する必要がある場合である．しかし，例えば2-4節の三重臨界点のように，より多くの変数の調整が求められる場合もある．2つ以上有意な変数がある系の振る舞いについて，異なる臨界現象間の**クロスオーバー** (crossover) の観点から解説しよう．

臨界点付近で有意な変数が2つあるいはそれ以上の個数あるとしよう．例えば，Heisenberg 模型に一軸的な異方性が加わった系

$$H = -J \sum_{\langle ij \rangle} \boldsymbol{S}_i \cdot \boldsymbol{S}_j - D \sum_i (S_i^z)^2 \tag{3.59}$$

においては，D がちょうど0だと Heisenberg 模型の臨界現象が観測されるが，D が0でないと違ってくる．$D > 0$ だと，各 $(S_i^z)^2$ ができるだけ大きな値を取るほうが，式 (3.59) の右辺第2項の異方性エネルギーが低い．特に $D \to \infty$ の極限では $S_i^z = \pm 1$ の Ising 模型に帰着する．ただし $(\boldsymbol{S}_i)^2 = 1$ に規格化されているとする．D が有限でも正である限り，臨界指数は Ising 模型と同じになる．図 3.5 に示すように，くりこみ操作を繰り返すごとに D の効果が増幅され，パラメータの流れが Ising 模型と同一の臨界指数を持つ固定点 (図のI) に向かうのである．$D < 0$ の場合は，S_i^z ができるだけ0に近いほうが安定だから，スピン変数は XY 面内に制

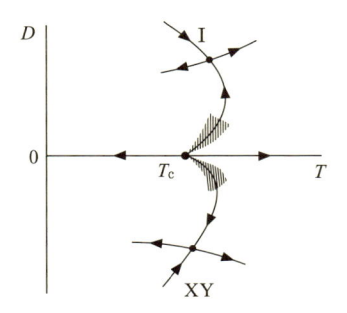

図 **3.5** 異方性を持つ Heisenberg 模型のくりこみの流れ図．$D = 0$ の軸上にある Heisenberg 模型の固定点は，t および D の2つの方向にともに不安定である．

約される傾向にあり，XY 模型と同じ臨界指数を持つ固定点 (図の XY) が $D<0$ での臨界現象を支配する。以上の議論および図 3.5 からわかる通り，Heisenberg 模型の臨界点に対応する固定点は $t \propto T-T_c$ および D という2つの有意な変数を持つ。もちろんこれ以外にも，磁場が有意である。

$D>0$ の場合には系の性質は Ising 模型の臨界点を記述する固定点 I に強く依存するし，$D<0$ の場合には XY 模型の臨界点に対応する固定点 XY に左右される。しかし実際には，$|D|$ が小さい場合は t が相当小さくて図 3.5 の斜線部に入ってないと，Ising 模型や XY 模型の臨界現象は見えてこない。この様子を定量的に解析しよう。

Heisenberg 模型の固定点付近での自由エネルギーのスケーリング則を次のように書いてみる。磁場は 0 とする。

$$f(t,D) = b^{-d} f(b^{y_t} t, b^{y_D} D) \tag{3.60}$$

変数は 2 つとも有意であるから $y_t > 0, y_D > 0$ である。b の任意性を活用して $b^{y_t} t = 1$ と選ぶと，

$$f(t,D) = t^{d/y_t} f(1, D t^{-y_D/y_t}) \equiv t^{2-\alpha_0} \Psi(D t^{-\phi}) \tag{3.61}$$

Heisenberg 模型の比熱の臨界指数を α_0 と書いた。2 つの有意な変数の指数の比 $\phi = y_D/y_t$ は，異方性 D に関する**クロスオーバー指数** (crossover exponent) と呼ばれる。もし厳密に $D=0$ なら，Heisenberg 模型の通常の臨界的な振る舞い

$$f(t,0) = t^{2-\alpha_0} \Psi(0) \tag{3.62}$$

が観測される。D がちょうど 0 でなくても $|Dt^{-\phi}|$ が 1 より十分小さいなら $\Psi(Dt^{-\phi})$ はほぼ $\Psi(0)$ に等しいと考えられるから，上の式 (3.62) が良い近似になるであろう。つまり，D を小さな値に固定したとき $|Dt^{-\phi}| \ll 1$ が満たされる温度範囲 (t が 0 にあまり近くないところ) では，比熱の異常は $t^{-\alpha_0}$ であるように見える (図 3.6)。ところが t がそれより小さくなる ($|t| < |D|^{1/\phi}$) と関数 $\Psi(x)$ の x が大きいときの振る舞いによって $f(t,D)$ の形が決定されるようになる。$D>0$ なら比熱の発散は Ising 模型の臨界指数にしたがうし，$D<0$ なら XY 的になる。これが臨界領域のクロスオーバーである (図 3.6)。

クロスオーバー指数 ϕ は，クロスオーバーが起きるパラメータ値 $Dt^{-\phi} \approx 1$ を決定する。通常，温度に対応するべき y_t が異方性のべき y_D より小さく $\phi > 1$ であり，図 3.5 は $\phi > 1$ として描いてある。このように，理想的な

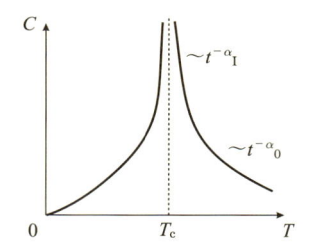

図 3.6 $D > 0$ の系の比熱の発散のクロスオーバー。臨界点から少し離れたところとごく近いところで, 臨界指数が異なって見える。α_0 は Heisenberg 模型, α_I は Ising 模型の臨界指数。

状況 $D = 0$ から少しずれると, 臨界点付近の狭い温度領域 $|Dt^{-\phi}| \gg 1$ においてはその効果が効いてきて臨界指数が変化するが, その領域外ではもとの系の臨界指数が観測される。

さらに, D が 0 に近いところでの臨界点を結んだ線 (相境界)$t = t_\mathrm{c}(D)$ の形状もクロスオーバー指数で記述できる。t が $t_\mathrm{c}(D)$ に非常に近いとき (図 3.5 の斜線内), 系は Ising 模型と同様の振る舞いをする。

$$f(t, D) \propto (t - t_\mathrm{c}(D))^{2-\alpha_\mathrm{I}} \tag{3.63}$$

α_I は Ising 模型の比熱の指数である。この形が式 (3.61) と両立するには, 後者において $\Psi(Dt^{-\phi})$ が $t \approx t_\mathrm{c}(D)$ のとき式 (3.63) のような振る舞いをすることが必要である。便宜上, $\Psi(Dt^{-\phi})$ の引数を $(Dt^{-\phi})^{-1/\phi} = tD^{-1/\phi}$ で書き換えた関数を Φ としよう。

$$f(t, D) = t^{2-\alpha_0}\Phi(tD^{-1/\phi}) \tag{3.64}$$

Φ の t 依存性は常に $D^{-1/\phi}$ との積として現れる。よって, c を定数として

$$\Phi(tD^{-1/\phi}) \propto (tD^{-1/\phi} - c)^{2-\alpha_\mathrm{I}} \propto (t - cD^{1/\phi})^{2-\alpha_\mathrm{I}} \tag{3.65}$$

と推定される。これを式 (3.63) と比較して

$$t_\mathrm{c}(D) = cD^{1/\phi} \tag{3.66}$$

という結論を得る。したがって, D が小さいときの臨界点は $D^{1/\phi}$ に比例して変化する。

クロスオーバーは, 異方性 D でなくても任意の 2 つの有意な変数の間で起きる。例えば, 磁場 h と温度 t についてもクロスオーバーが観測される。上述の議論で D を h で置き換えると, クロスオーバー指数は $\phi = y_h/y_t$ と

なる。平均場理論では $\phi = \frac{3}{2}$ である。磁場がかかっていても $|ht^{-\phi}| \ll 1$ が満たされる温度範囲では，$h = 0$ の臨界現象が観測されると考えてよい。なお，異方性と違って磁場がかかると臨界現象は消失するから，式 (3.66) に相当する臨界線は存在しない。

有限サイズスケーリングもクロスオーバーの一種と見ることができる。式 (3.58) によると，スケーリング関数 $\tilde{\Psi}(\cdot)$ が引数 $tL^{1/\nu}$ が十分大きいときに $\tilde{\Psi}(tL^{1/\nu}) \approx (tL^{1/\nu})^{(\eta-2)\nu}$ と振る舞うとすれば，右辺の L 依存性が消えて無限系 $L \to \infty$ の臨界現象 $\chi \approx t^{(\eta-2)\nu} = t^{-\gamma}$ が観測される。$tL^{1/\nu}$ が大きくないと有限サイズ効果が効いてきて，$\chi(t, 0, L^{-1})$ の振る舞いに L 依存性が残る。$\xi \propto t^{-\nu}$ より，有限サイズ効果が効かない条件 $tL^{1/\nu} \gg 1$ は $L \gg \xi$ となり，系の大きさが相関距離より十分大きければ無限系を見ているとみなせるというもっともな結論になる。有限系から無限系へのクロスオーバー指数は $\phi = \nu$ である (演習問題 3.5)。異方性の場合にクロスオーバーが起きる領域の条件は $|Dt^{-\phi}| \approx 1$ だが，これに相当する有限サイズのクロスオーバー領域は $|L^{-1}t^{-\nu}| \approx 1$，すなわち $L \approx \xi$ という上と同等の結果になる。

3-10 動的スケーリング則

非平衡状態の物理量についてもスケーリングの考え方を適用することができる。その準備として，平衡状態の相関関数のスケーリングの式 (3.36) を空間について Fourier 変換して表示しておく。

$$\langle \tilde{S}(\boldsymbol{q})\tilde{S}(-\boldsymbol{q})\rangle = b^{2-\eta}\langle \tilde{S}(b\boldsymbol{q})\tilde{S}(-b\boldsymbol{q})\rangle \tag{3.67}$$

ここで，式 (3.36) の右辺では引数 r に b^{-1} がかかっているために，Fourier 変換すると左辺に比べて b^d が余分にかかることと，関係式 $2y_h - d = 2 - \eta$ を使った。また，$T - T_c$ に比例するスケーリング場の項は，記号 t が時間と紛らわしこともあり省略した。式 (3.67) に時間 t への依存性を入れて動的相関関数に拡張すると，t のスケーリング次元を $-z$ として

$$\langle \tilde{S}(\boldsymbol{q}, t)\tilde{S}(-\boldsymbol{q}, 0)\rangle = b^{2-\eta}\langle \tilde{S}(b\boldsymbol{q}, b^{-z}t)\tilde{S}(-b\boldsymbol{q}, 0)\rangle \tag{3.68}$$

となる。左辺を時間について Fourier 変換したものを 2-9 節に合わせて $\tilde{C}(\boldsymbol{q}, \omega)$ と書けば，

$$\tilde{C}(\boldsymbol{q}, \omega) = b^{2-\eta+z}\tilde{C}(b\boldsymbol{q}, b^z\omega) \tag{3.69}$$

ここでも，式 (3.68) の右辺の Fourier 変換に際して，t に b^{-z} がかかっているために式 (3.69) の右辺には b^z が余分にかかっている。

さて，揺動散逸定理 (2.78) によると，応答関数は ω の分だけ動的相関関数とスケーリングに関する変換則が違ってくる[6]。よって，応答関数は次の関係式を満たす。

$$\tilde{G}(\boldsymbol{q},\omega) = b^{2-\eta}\tilde{G}(b\boldsymbol{q},b^z\omega) \tag{3.70}$$

特に $b=\xi$ と選ぶと，上式右辺であらわには書かれてない変数 $b^{y_t}(T-T_c)$ が定数になり，**動的スケーリング則** (dynamical scaling law)

$$\tilde{G}(\boldsymbol{q},\omega) = \xi^{2-\eta}\Phi(\xi\boldsymbol{q},\xi^z\omega) \tag{3.71}$$

を得る。式 (3.71) によると，系の特徴的な時間スケール (緩和時間)τ_q は

$$\tau_q = \xi^z g(\xi q) \tag{3.72}$$

という形で与えられるものと思われる。動的臨界現象の平均場理論の式 (2.87), (2.91) は確かにこの形をしており，動的臨界指数は前者で $z=2$，後者で $z=4$ であることが再確認される。

臨界点直上においては，式 (3.70) で $b=q^{-1}$ とおくことにより

$$\tilde{G}(\boldsymbol{q},\omega) = q^{\eta-2}\Phi(q^{-z}\omega) \tag{3.73}$$

なる関係が成立することがわかる。緩和時間は $\tau_q \propto q^{-z}$ である。

演習問題 3.

3.1 図 3.1 の実空間くりこみ群の変換を実行せよ。くりこみ前の左の図は，最近接相互作用を持つ強磁性的 Ising 模型を表すとする。×印のスピンすべてについて和を取るのだが，×どうしは直接相互作用をしてないのでひとつの×だけに着目して計算すれば十分である。×のスピンを S_0 とし，まわりの4つの○スピンを S_1, S_2, S_3, S_4 とすると (図 3.7)

$$\sum_{S_0=\pm 1} \exp\left\{ KS_0(S_1+S_2+S_3+S_4) \right\} \tag{3.74}$$

を $S_1,\cdots,S_4$ の関数として表すという問題になる。これが式 (3.12) の形を持つことを示せ。

3.2 Landau の自由エネルギーがスケーリング則 (3.22) の形に書けることを示せ。

---

[6] 式 (2.78) が 1 自由度系以外で成立することは示してないが，物理量の次元解析に関しては，1 自由度系において導かれた結果は十分一般的である。

演習問題 3.   71

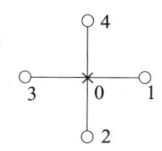

```
              ○ 4
              |
    ○ ─── × ─── ○
    3     0     1
              |
              ○ 2
```

図 3.7 S_0 が 4 つの最近接格子点のスピンと相互作用している。

3.3 格子点上に配置されたスピンが相互作用する系において，**格子定数** (lattice constant)(格子点の間隔)a は有意でない変数であることを示せ。このことから，格子定数をどう取っても臨界現象には影響しないことがわかる。特に，連続な場 $a \to 0$ の極限を取っても同じである。

3.4 1 次相転移をくりこみ群の立場から見てみよう。強磁性的 Ising 模型は，$T < T_c$ において T を固定して h を変化させると，$h=0$ で 1 次転移をする。$h>0$ ならスピンが上にそろい磁化が正 $(m>0)$ であり，$h<0$ なら下向きで $m<0$ である (図 1.3 左)。1-4 節で説明したように，$h=0$ の Ising 模型をくりこんでいったとき $T < T_c$ なら $T=0$ に次第に近づくから，$T=0, h=0$ は安定な固定点である。1 次転移の性質を支配するこの固定点を**不連続固定点** (discontinuity fixed point) という。不連続固定点での磁場 h のくりこみのべき y は，空間次元と同じ $y=d$ であることを示せ。1 次転移では，臨界現象に特有の相関距離が無限に伸びてゆらぎが発散する状態は起きない。したがってスピン相関関数はべき減衰しない。これを使ってスケーリング次元を求めてみるとよい。

3.5 有限サイズ効果をクロスオーバーの立場から見たとき，有限系から無限系へのクロスオーバー指数は $\phi = \nu$ であることを示せ。

3.6 分子場理論の状態方程式 $m = \tanh \beta(Jmz + h)$ はスケーリング則を満たす形に書けるか。もし書けないとするとその物理的な理由は何か。

4. くりこみ群の実際

 前章ではくりこみ群の一般的な枠組みを説明した．固定点のまわりで線形化されたくりこみ群変換の固有値から臨界指数が求まること，臨界点付近で自由エネルギーやその導関数がスケーリング則を満たすこと，そのスケーリング則がデータ解析に役立つことなどを示した．それでは，固定点や固有値はどのようにして求めるのだろうか．本章では，その具体的な計算例について解説する．前章で構成した一般論は見通しの良いきれいな理論だったが，実際に固定点や固有値を求める作業になると，ごく少数の例外を除いて大胆な近似を導入する必要がある．また，正確さを期そうとすると相当量の計算が要求される．本章で説明するのはいくつかの基本的・典型的な例であり，読者がこれから直面するかもしれない個々の問題に直接適用できる一般的な処方箋では必ずしもない．それでも，よく知られた例について学んでおくことはくりこみ群全体についての理解を深めると同時に，未解決の問題に取り組む際のヒントを与えることになるであろう．

4-1　1次元 Ising 模型

 7章で示すように，1次元 Ising 模型はくりこみ群を使わなくても直接解くことができる．しかし同時に，くりこみ群の考え方に沿った計算を厳密に実行できる数少ない例であり，また，直接解いた結果との比較が可能であるという点においてもまず取り組んでみる価値が十分にある．

4-1-1　くりこみ群の式

 1次元 Ising 模型のハミルトニアンにおいてくりこみ群の考え方を忠実に実現するべく，ひとつおきにスピン自由度の和を実行してみる．実空間くりこみ群の最も簡単な例である．出発点のハミルトニアンは

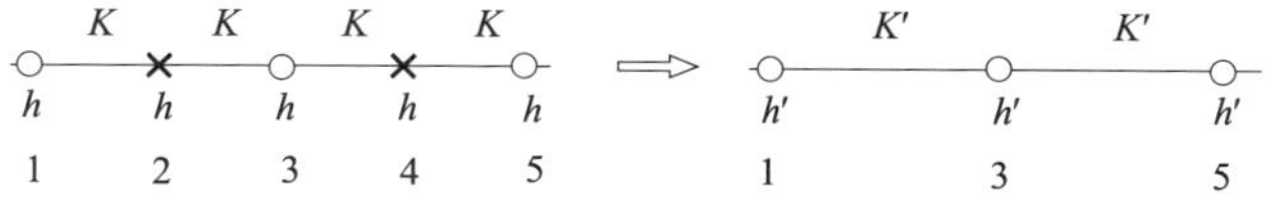

4-1　1次元 Ising 模型

図 4.1 ひとつおきにスピンの和を取り，実空間くりこみを実行する。

$$H = -K \sum_i S_i S_{i+1} - h \sum_i S_i \tag{4.1}$$

である．前章と同様に，温度の逆数 $1/T$ はハミルトニアンに含まれているとする．スケール $b=2$ の変換をするため，図4.1のように，番号 i が偶数のスピンについて先に和をとる．例えば，S_2 に関しては

$$\sum_{S_2=\pm 1} \exp\{KS_2(S_1+S_3)+hS_2\} = e^{K(S_1+S_3)+h}+e^{-K(S_1+S_3)-h} \tag{4.2}$$

であるが，これは S_1 と S_3 の関数として

$$A \exp\{K' S_1 S_3 + h_1 (S_1 + S_3)\} \tag{4.3}$$

なる形に書くことができる．理由は次の通りである．式 (4.2) は S_1 と S_3 の関数だから，式 (4.3) の形にすると，指数関数の肩は $g(S_1, S_3)$ と表せる．この $g(S_1, S_3)$ を S_1 と S_3 で展開すると，$S_1^2 = S_3^2 = 1$ より，$S_1, S_3, S_1 S_3$ より高次の項 (例えば $S_1^2, S_1 S_3^2$ など) は出てこないのである．

K' と h_1 を具体的に求めるのはあと回しにして，同様の操作をすべての偶数番号サイトで行うと，次のような結果になる．

$$\sum_{S_2, S_4, \cdots} e^{-H} = \tilde{A} \exp\{K'(S_1 S_3 + S_3 S_5 + \cdots) + (h+2h_1)(S_1 + S_3 + \cdots)\} \tag{4.4}$$

$\tilde{A}$ は式 (4.3) に現れる A の積である．上式の $(S_1+S_3+\cdots)$ の係数 $h+2h_1$ がくりこまれた磁場 h' である．K', h' と K, h の関係を具体的に求め，固定点とそのまわりの線形変換の固有値を求めればよい．

K' と h' を求めるためには，式 (4.2) と (4.3) を等しいとおいた両辺で，S_1 と S_3 のすべての組み合せ ($S_1 = \pm 1, S_3 = \pm 1$) の 4 本の式を書く．$(S_1=1, S_3=-1)$ と $(S_1=-1, S_3=1)$ は同じ式を与えるから，実質 3 本の式であり，これらの両辺を互いに割ったりかけたりすることにより，3 つの未知数 K', h', A を K と h の関数として求めることができる．実際の計算は演習問題 4.1 とし，結果を書くと

$$e^{4K'} = \frac{\cosh(2K+h)\cosh(2K-h)}{\cosh^2 h} \quad (4.5)$$

$$e^{2h'} = \frac{e^{2h}\cosh(2K+h)}{\cosh(2K-h)} \quad (4.6)$$

$$A^4 = 16\cosh^2 h \cosh(2K+h)\cosh(2K-h) \quad (4.7)$$

である。これが 1 次元 Ising 模型のスケール $b=2$ でのくりこみ群の式である。

4-1-2　固定点と固有値

式 (4.5) と (4.6) の固定点を探し，そのまわりで線形化された変換の固有値を求めればよい。臨界点が絶対零度 ($K \to \infty$) である 1 次元系の特性をあらかじめ考慮して，変数を K と h から $x = e^{-4K}$，$y = e^{-2h}$ と書き換えておくと便利である。式 (4.5) と (4.6) は x と y によって次のように表される。

$$x' = \frac{x(1+y)^2}{(x+y)(1+xy)}, \qquad y' = \frac{y(x+y)}{1+xy} \quad (4.8)$$

この変換によって x,y が $(x,y) \to (x',y') \to (x'',y'') \to \cdots$ と移り変わる様子を描いたのが図 4.2 である。固定点は次の 3 つある。

(i)　$x=1$ で y は任意。これは高温極限 ($K=0$) であり物理的に興味のある固定点ではない。

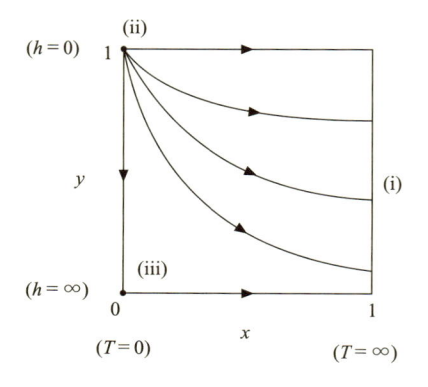

図 4.2　1 次元 Ising 模型でのくりこみの流れ。

(ii) $x = 0, y = 1$, つまり $T = 0, h = 0$。これは臨界点である。図 4.2 の座標を通常の変数で描いた相図 4.3 に示すように，1 次元 Ising 模型では秩序相が $T = 0, h = 0$ の 1 点に限られている。図 4.2 によると，固定点 (ii) のまわりのわずかなパラメータのずれに対してくりこみ群の流れは不安定である。この事実は T と h がともに有意な変数であることを意味している。

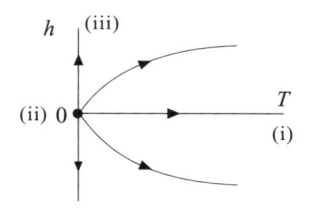

図 **4.3** 図 4.2 を通常の座標で描いた図。

(iii) 最後に $x = 0, y = 0$，すなわち $T = 0, h = \infty$ という固定点もある。これも (i) と同様，物理的に興味深い点ではない。

そこで，固定点 (ii) のまわりで式 (4.8) を線形化して固有値を求めよう。$x \approx 0$, $y \approx 1$ として線形化された式は，$\epsilon = 1 - y$ として

$$x' \approx 4x, \quad \epsilon' = 2\epsilon \tag{4.9}$$

となる。固有値は明らかに $\lambda_t = 4$, $\lambda_h = 2$ である。変換のスケールが $b = 2$ であるから，$y_t = 2$ および $y_h = 1$ が得られる。これより，臨界指数 $\alpha = \frac{3}{2}$, $\beta = 0$, $\gamma = \frac{1}{2}$, $\delta \to \infty$, $\nu = \frac{1}{2}$, $\eta = 1$ が導かれる。臨界点が絶対零度なので，β は意味を持たない。また，$T = 0$ では $h(>0)$ の値によらず $m = 1$ であるが，これは $m \propto h^{1/\delta}$ で $\delta \to \infty$ として理解できる。同様に，距離によらず $G(r) = 1$ であることから，$G(r) \propto r^{-d+2-\eta}$ で $d = 1$, $\eta = 1$ と整合性を持っている。なお，スピン変数のスケーリング次元は，$d = y_h = 1$ より $x_h = d - y_h = 0$ である。$G(r) = 1 \approx r^{-2x_h}$ が成立するとすれば，$x_h = 0$ はつじつまが合っている。スピン変数がスケール変換を受けないというのは，臨界点でいきなり $m \neq 0$ になる 1 次元 Ising 模型の特殊性である。

4-1-3 物理量の特異性

$T>0$ での物理量の振る舞いを調べるために，変数 x,y をもとの表示に戻してみる。磁化率については，$\gamma=\frac{1}{2}$ より

$$\chi \propto x^{-\gamma} = (e^{-4K})^{-1/2} = e^{2K} \tag{4.10}$$

これは，直接求めた厳密解と一致する (7-1-1 節参照)。一方，比熱は

$$C \propto x^{-\alpha} = (e^{-4K})^{-3/2} = e^{6K} \tag{4.11}$$

という発散を示す。これは，$T \to 0$ で e^{-2K} に比例して 0 に近づく厳密解 (7-1-1 節) と異なる結果である。食い違いの原因は，前章での議論において，自由エネルギーをスケーリング場 t で微分して比熱を求めた議論 $C \propto \partial^2 f/\partial t^2$ をそのまま $t \to x$ と置き換えて適用したところにある。$x = e^{-4K}$ が本節のスケーリング場であるが，比熱は x ではなく t での 2 階微分だから $\partial^2 f/\partial x^2$ に $x^2 = e^{-8K}$ の補正を付けねばならない。式 (4.11) の e^{6K} とあわせると，正しい温度依存性 $C \propto e^{-2K}$ が導かれる。

一般のスケール因子 b の場合についても同様の結果が成立する。b 個に 1 個のスピンを残すように部分和を取るとしよう。簡単のため，外部磁場はない $(h=0)$ とする。くりこみ変換は，$u = \tanh K$ を変数として書けば

$$u' = u^b \tag{4.12}$$

となる (演習問題 4.2)。$T=0$ つまり $u=1$ が確かに固定点になっている。$T>0$ では $u<1$ であり，任意の b でくりこみ変換を繰り返すことにより u がいくらでも小さくなる。よって予想通り，固定点 $u=1$(図 4.2, 4.3 の (ii)) は不安定である。さらに，相関距離は

$$\xi(u') = \frac{1}{b}\xi(u) \tag{4.13}$$

と変換される。$u' = u^b$ より $\xi(u^b) = \xi(u)/b$ であるが，この関数方程式を満たす関数は対数の逆数である。

$$\xi(u) = \frac{\text{const}}{|\log u|} = \frac{\text{const}}{|\log \tanh K|} \tag{4.14}$$

こうして相関距離の温度依存性が明らかになった。この形は厳密解 (7-1-1 節) と一致する。低温の極限 $K \to \infty$ では，$\tanh K \approx 1 - 2e^{-2K}$ より，相関関数は指数的に発散する。

$$\xi \approx \text{const} \cdot e^{2K} \tag{4.15}$$

このように，1次元 Ising 模型ではくりこみ群の操作が近似なしに実行できる。

臨界点に近づくにつれて通常は物理量が $T-T_c$ のべきで発散するが，下部臨界次元では指数発散に置き換わることがよくある。強磁性的 Ising 模型の下部臨界次元は1であり，本節で導いた相関距離や磁化率の指数発散はこの事実を反映している。5章で扱う2次元 XY 模型も同様の理由で指数関数的な異常を示す。

なお，1回のくりこみより分配関数には式 (4.4) の因子 $\tilde{A}(K,h)$ がかかる。くりこみを繰り返すと，パラメータ K,h の変化を反映した因子が次々とかかっていって $\tilde{A}(K,h)\tilde{A}(K',h')\cdots$ を与える。多数回の繰り返しによりすべてのスピン変数の和を取ったあとにはこの因子の積のみが残り，系全体の分配関数 (あるいはその対数としての自由エネルギー) を与える。1次元 Ising 模型に限らず，くりこみ変換における定数項は臨界指数などには影響しないが，自由エネルギーの値そのものを議論する際には考慮しなければならない。

4-2　2次元以上での実空間くりこみ群

空間次元が2以上になると，スピン変数の部分和を実行するたびに多種多様な相互作用が現れ，有限個のパラメータで実空間でのくりこみ群を記述することができなくなる。何らかの形で近似を導入することが必須であるが，実空間のくりこみ群では系統的に近似の精度を上げて，次第に信頼性の高い結果に近づいていくための一般的な処方箋はない。問題に応じて直観に訴えて近似を工夫するのである。いくつかの例を紹介しよう。

4-2-1　ブロック・スピン変換

1-4節で示した数値シミュレーションを利用したくりこみ群 (図 1.5, 1.8, 1.9) に対応する解析的な計算方法として，三角格子上で3つのスピンを多数決でまとめるブロック・スピン変換がある。図 4.4 で示すように，3つずつのスピンの組を三角格子上に配置し，$b=\sqrt{3}$ のスケール変換をして新たな三角格子を組むのである。

組になる3つのスピンを $\sigma_1, \sigma_2, \sigma_3$ で表し，これらの多数決 (和の符号) で決まるブロック・スピンを S とする。

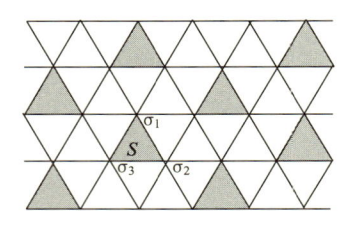

図 **4.4** 塗りつぶした三角形の角にある 3 つずつの Ising スピン $\sigma_1, \sigma_2, \sigma_3$ を組にして，それらの符号の多数決で新たなスピン (ブロック・スピン)S を，塗りつぶした位置に定義する。

$$S = \text{sgn}(\sigma_1 + \sigma_2 + \sigma_3) \tag{4.16}$$

S を与えたときのブロック内の相互作用を $H_0(S,\sigma)$，ブロック間の相互作用を $V(S,\sigma)$ とする。ブロック・スピンの間に生じる相互作用のハミルトニアン (くりこまれたハミルトニアン)$H'(S)$ は，定義により次のように表現される。

$$e^{-H'(S)} = \sum_\sigma e^{-H_0(S,\sigma)} e^{-V(S,\sigma)} = \sum_\sigma e^{-H_0(S,\sigma)} \langle e^{-V(S,\sigma)} \rangle_0 \tag{4.17}$$

ここで $\langle \cdots \rangle_0$ は，$e^{-H_0(S,\sigma)}$ の重みによる期待値である。

$$\langle e^{-V(S,\sigma)} \rangle_0 = \frac{\sum_\sigma e^{-H_0(S,\sigma)} e^{-V(S,\sigma)}}{\sum_\sigma e^{-H_0(S,\sigma)}} \tag{4.18}$$

式 (4.16) を使ってくりこみ群の変換式 (4.17) を計算したいのであるが，多数の σ が絡まっていて実際には実行が困難である。そこで，ブロックの間の相互作用は小さいと仮定して，期待値 (4.18) において V の 1 次の項だけ取り入れることにする。キュミュラント展開 (付録 4.) の 1 次を取ると，

$$\langle e^{-V(S,\sigma)} \rangle_0 \approx e^{-\langle V \rangle_0} \tag{4.19}$$

図 4.5 の番号付けを使えば，図 4.5 の 2 つのブロック間の相互作用について

$$\langle V \rangle_0 = -K \langle \sigma_{11} \rangle_0 S_1 \cdot \langle \sigma_{21} \rangle_0 S_2 - K \langle \sigma_{13} \rangle_0 S_1 \cdot \langle \sigma_{21} \rangle_0 S_2$$
$$= -2K \langle \sigma_{11} \rangle_0 \langle \sigma_{21} \rangle_0 S_1 S_2 \tag{4.20}$$

となることがわかる。ここで，$\langle \sigma_{11} \rangle_0, \langle \sigma_{13} \rangle_0$ は $S_1 = 1$ と固定したときの期待値，$\langle \sigma_{21} \rangle_0$ は $S_2 = 1$ と固定したときの期待値である。一般の S_1, S_2 に対しては，後述の通りそれぞれ S_1 あるいは S_2 がかかることを使った。式 (4.20) に現れる期待値はブロック内だけで閉じた量であり，計算が可能

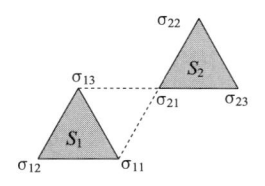

図 4.5 ブロック間の相互作用を 1 次摂動で取り入れるとき，スピン σ_{11}, σ_{13} と σ_{21} の間の相互作用が，新たなブロック・スピン S_1, S_2 の間の相互作用を決める．

である．V についての 1 次で切ってしまうことの計算上のメリットがここにある．

$\langle \sigma_{11} \rangle_0$ を求めよう．$S_1 = 1$ とすれば，許される $\sigma_{11}, \sigma_{12}, \sigma_{13}$ の配位としては，すべて 1，あるいは 3 つの σ スピンのうちひとつだけが -1 であるから，

$$\langle \sigma_{11} \rangle_0 = \frac{e^{3K} + 2e^{-K} - e^{-K}}{e^{3K} + 3e^{-K}} \tag{4.21}$$

$S_1 = -1$ だとちょうど逆符号になる．これが，式 (4.20) で $\langle \sigma_{11} \rangle_0$ および $\langle \sigma_{13} \rangle_0$ に S_1 がかかっている理由である．ブロック 2 についても同様である．

こうして式 (4.20) の形の相互作用が導かれて，ブロック間の相互作用の強さ K' は

$$K' = 2K \langle \sigma_{11} \rangle_0 \langle \sigma_{21} \rangle_0 = \frac{2K(e^{3K} + e^{-K})^2}{(e^{3K} + 3e^{-K})^2} \tag{4.22}$$

となる．これがくりこみの式である．固定点は $K^* = 0.336$ であり，三角格子上の Ising 模型の厳密解 $K_c(= 1/T_c) = 0.275$ に近くもないがそれほど遠くもない．固定点のまわりにくりこみ群の式 (4.22) を線形化し，固有値を求めて臨界指数を計算すると $\nu = 1.13$ が得られる (演習問題 4.4)．これは，厳密解 $\nu = 1$ にかなり近い．近似の荒さと厳密解を導く手間 (7-5 節) に比べた計算の手軽さから考えると，まずまずの結果だといえよう．

4-2-2 部 分 和

それでは，正方格子において図 3.1 のように，素朴にひとつおきの部分和を取る方法はどうだろうか．部分和の計算自体は，演習問題 3.1 の課題

である。その結果によると，最初は強さ K の最近接相互作用のみの系でも，部分和を取ったあとは，新たな最近接相互作用 K' に加えて，次近接相互作用 K'' と単位四角形を囲む 4 つのスピンが相互作用する 4 体相互作用 $K^{(3)}$ が生じる．実際に部分和を計算して得られる新たな相互作用の強さは，次の通りである．外部磁場は 0 である．

$$K' = \frac{1}{4}\log\cosh 4K \tag{4.23}$$

$$K'' = \frac{1}{8}\log\cosh 4K \tag{4.24}$$

$$K^{(3)} = \frac{1}{8}\log\cosh 4K - \frac{1}{2}\log\cosh 2K \tag{4.25}$$

これら 3 種の相互作用がある系を出発点にして，さらにもう一度部分和を取る計算は実際には非常に困難だし，できたとしてもより複雑な相互作用が生じてしまう．そこで大胆な近似として，最近接相互作用のみを残し，次近接相互作用と 4 体相互作用を無視してみよう．つまり，式 (4.23) を最近接相互作用についてのくりこみ群の式とみなして，固定点とそのまわりの固有値を調べるのである．式 (4.24) と (4.25) は単純に無視してしまう．直観的には，最近接相互作用が一番重要であり，磁場が 0 の場合には有意な変数はひとつだけだから，最近接以外の相互作用以外を無視してもあまり重大な影響はないだろうというのが言い訳になる．

さて，これでうまくいくかというと，残念ながら固定点が $K = 0$ と $K \to \infty$ だけであることがすぐわかる．2 次元 Ising 模型での有限温度相転移の存在と矛盾してしまう．近似が粗すぎるのである．そこで，4 体相互作用だけを無視して最近接および次近接の 2 種類の相互作用があるとしてみると，計算がひどく複雑になり，さらに何らかの近似を使わない限り答えに行き着かない．これらの相互作用が小さいとして最低次の項だけを残し，高次項を無視すれば計算可能になる．計算の詳細を紹介することが概念上および応用上重要だとは思われないので，結果だけを述べるにとどめる．この近似によると臨界点は $K_c = 0.333$，臨界指数が $\nu = 0.64$ となり，厳密解の $K_c = 0.441, \nu = 1$ からひどく遠くはないが，あまり良いともいいにくい結果である．

4-2-3 Migdal-Kadanoff 近似

もうひとつ，実空間くりこみでしばしば使われる手軽な近似として，**Migdal-Kadanoff 近似** (**Migdal-Kadanoff のくりこみ法**) (Migdal-Kadanoff renormalization group, MKRG) を紹介しておこう．上述のように，1次元以外では部分和を取る操作が厳密に実行できないことが実空間くりこみの困難の原因である．そこで，図 4.6 に $b=2$ で例示するように，相互作用の一部分を意図的に無視してしまう．それによって起きる問題を少しでも緩和するため，残った相互作用の強さを $b(=2)$ 倍する．こうすれば，図 4.6 の真ん中の図で×印のスピンについての和は 1 次元の問題と同じようにして厳密に計算できる．残った●印のスピンの間には最近接相互作用しかない．つまり，相互作用 K が K' にくりこまれただけで相互作用の形は同じに保たれるから，くり返しくりこみ群操作を実行して固定点を求めることができる．

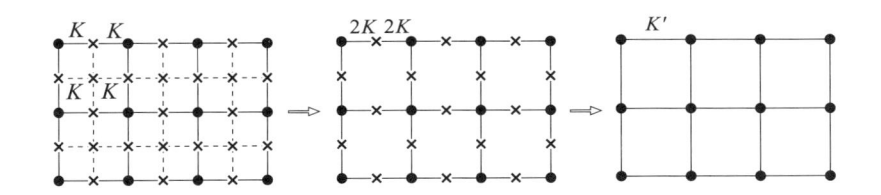

図 4.6 $b=2$ の MKRG の操作．左の図の点線の相互作用を無視し，残りを 2 倍する．次に×のスピンの和を取る．

$b=2$ の場合について具体的に計算を述べよう．まず，図 4.6 の真ん中の図で残った相互作用は 2 倍され $2K$ になっている．このとき，×印のスピンについての部分和は，1 次元の問題と同様にして直ちに実行できて，式 (4.12) の通り $\tanh 2K$ が 2 乗される．結果として生じるスピン間の相互作用の強さを K' とすると

$$\tanh K' = (\tanh 2K)^2 \tag{4.26}$$

$u = \tanh K, u' = \tanh K'$ とすれば，この式は

$$u' = \left(\frac{2u}{1+u^2}\right)^2 \tag{4.27}$$

となる．固定点 u_0 は $u_0 = 0.296$，つまり $T_c = 3.28$ である．正方格子

上の Ising 模型だから厳密解がわかっていて (7-5 節) $T_c = 2.269$ であり，あまり良い結果とはいえない．次に臨界指数を求めるために，固定点付近 $(u - u_0 = \epsilon \ll 1)$ でくりこみ変換 (4.27) を線形化する．

$$u_0 + \epsilon' = \left(\frac{2(u_0 + \epsilon)}{1 + (u_0 + \epsilon)^2}\right)^2 \tag{4.28}$$

より

$$\epsilon' = \frac{8u_0(1 - u_0^2)}{(1 + u_0^2)^3}\epsilon = 2^{y_t}\epsilon \tag{4.29}$$

となる．これより，臨界指数が $y_t = 0.747$，すなわち $\nu = 1.338$ となる．正しい値は $\nu = 1$ である．

一般の b だと，式 (4.26) に相当して

$$\tanh K' = (\tanh bK)^b \tag{4.30}$$

がくりこみの式である．理論的には，転移点の位置や臨界指数はスケール因子 b によらないはずであるが，近似をすると b に依存した結果が出てくる．MKRG では，b が 1 に近いほど無視する相互作用の数が少なくなり，近似の精度が上がると考えられる．そこで，式 (4.30) で $b = 1 + \epsilon$ とおいて微小量 ϵ の 1 次だけを取ることにすると，K のくりこみの式として

$$K' = K - \epsilon\beta(K), \quad -\beta(K) = K + \cosh K \sinh K \log(\tanh K) \tag{4.31}$$

が得られる．$db = \epsilon$ として，上式を微分方程式の形に書いて

$$\frac{dK}{db} = -\beta(K) \tag{4.32}$$

と表したとき，右辺の $\beta(K)$ をくりこみ群の**ベータ関数** (beta function) という．MKRG に限らず，一般のくりこみ群で使われる言葉である．図 4.7 に示すように，ベータ関数の零点 $\beta(K) = 0$ が固定点であり，それより右側の K が大きいところでは K はくりこみにより増大し，小さいところでは減少する．驚くべきことに，式 (4.31) による固定点 $K^* = 0.4407$ は，数字だけでなく式の上でも臨界点の厳密解と一致する (7-5-5 節，8-1 節)．

臨界指数も調べてみよう．式 (4.27)–(4.29) からわかるとおり，くりこみ変換の固有値 b^y は，くりこみの式の固定点での微係数である．今の場合，$-\beta(K)\epsilon$ の固定点での微係数である．$-\beta'(K^*)\epsilon$ が $b^y = (1 + \epsilon)^y \approx 1 + \epsilon y$ の ϵy に相当しているから，

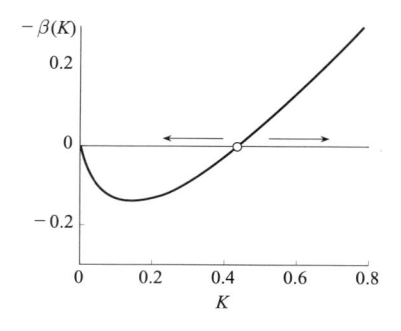

図 4.7 正方格子における無限小 MKRG のベータ関数。白丸が固定点。

$$y = -\left.\frac{d\beta}{dK}\right|_{K^*} = 0.7535 \tag{4.33}$$

つまり，$\nu = 1/y = 1.327$ である．無限小変換の MKRG は正方格子の転移点は厳密に導くが，臨界指数はそうはなってない．

一般に，実空間くりこみ群の問題点は，採用した近似がどれだけうまく本質的な効果を取り入れているかがほとんどの場合，あらかじめあまり明らかでないことである．つまり，答えを見るまでそれがどのくらい信頼できるかがわからない．これは根本的な欠陥であると考えることもできる．答えがわかってない問題に適用した場合に実空間くりこみで得られた結果は，一応の目安以上の積極的な意義付けをすることはいくつかの例外を除いて，一般には難しい．しかし，ほかに取り扱いの方法がない問題に対しては，一応の目安であれともかくも答えが出るやり方があるということは重要である．

4-3 Gauss 固定点と 4 次元からの展開

ブロック・スピン変換の精度は，空間次元が高くなると下がってくる．例えば，2 次元正方格子で奇数個のスピンの多数決によりひとつのブロックを作るため 3×3 個をまとめるとする．この操作に対応して 3 次元では 3^3 個，一般に d 次元の超立方格子では 3^d 個のスピンをまとめてブロック・スピンとし，それらの和の符号 (± 1) で代表させたとしよう．和の値の取る範囲 $(-3^d, -3^d+2, \cdots, 3^d)$ は d とともに広くなるから，ブロック・ス

ピンに ± 1 を割り当てる近似は d が大きいほど無理が大きくなる。そこで Landau 理論にならってスピンの値を連続化し、さらに空間変数も連続化した模型が重要な役割を果たす。本節では連続模型の 4 次元近傍での性質を議論する。

4-3-1　Gauss 固定点

スピン変数および空間を連続化した模型として、2-7 節の式 (2.47) に 4 次の項を加えた

$$H = \int d\boldsymbol{r} \left\{ (\nabla S(\boldsymbol{r}))^2 + tS(\boldsymbol{r})^2 + uS(\boldsymbol{r})^4 - hS(\boldsymbol{r}) \right\} \quad (4.34)$$

がよく使われる。ϕ^4 模型 (ϕ^4 model) あるいは **Landau-Ginzburg-Wilson 模型** (Landau-Ginzburg-Wilson model) と呼ばれる[1]。スケール b のくりこみ変換を施したとき得られるハミルトニアンを

$$H' = \int d\boldsymbol{r}' \left\{ (\nabla' S'(\boldsymbol{r}'))^2 + t'S'(\boldsymbol{r}')^2 + u'S'(\boldsymbol{r}')^4 - h'S'(\boldsymbol{r}') \right\} \quad (4.35)$$

としよう。くりこみ変換に対する不変性の要請よりくる、式 (4.35) と式 (4.34) の同一性のもたらす帰結を検討する。各変数の変換則は次の通り。

$$\boldsymbol{r}' = b^{-1}\boldsymbol{r}, \ \nabla' = b\nabla, \ S' = b^{d-y_h}S, \ t' = b^{y_t}t, \ u' = b^{y_u}u, \ h' = b^{y_h}h \quad (4.36)$$

ハミルトニアン (4.35) の右辺第 1 項を式 (4.36) によりもとの変数で書き直す。そのときに得る因子は $b^{-d+2+2d-2y_h}$ であるから、スケール不変性の要請より $2+d-2y_h = 0$、すなわち $y_h = d/2+1$ が得られる。同様に、第 2 項および第 3 項の不変性より $y_t = 2$、$y_u = 4-d$ が導かれる。第 4 項は自動的に不変になっている。したがって、各パラメータのくりこみ変換の式は

$$t' = b^2 t, \ u' = b^{4-d}u, \ h' = b^{d/2+1}h \quad (4.37)$$

となる。これより、4 次の項は $d > 4$ では有意でないことがわかる。そこで $d > 4$ においては、u を無視した Gauss 模型で議論することが許される。

---

[1]　2 章の $F, m(\boldsymbol{r})$ と本節の $H, S(\boldsymbol{r})$ は同じ量である。2 章では、単純な Landau 理論の拡張としてとらえたので F や m を使った。本節では、スピン変数の連続化を念頭においているので H や S と書いている。気持ちだけの問題である。

4-3 Gauss 固定点と4次元からの展開

くりこみの式 (4.37) で $u=0$ とおいたとき, **Gauss 固定点** (Gaussian fixed point) が $t=h=0$ にあり, この固定点のまわりの変換の固有値 $y_t=2$, $y_h=d/2+1$ より導かれる臨界指数は

$$\alpha = 2 - \frac{d}{2}, \quad \beta = \frac{d-2}{4}, \quad \gamma = 1, \quad \delta = \frac{d+2}{d-2}, \quad \nu = \frac{1}{2}, \quad \eta = 0 \tag{4.38}$$

となる. これらのうち, γ, ν, η は平均場理論の値と一致するが, α, β, δ は $d=4$ の場合のみ平均場理論と一致する. 実際は, 4 次元以上では Gauss 固定点が平均場理論と同一の臨界現象を正しく記述する. Gauss 固定点での臨界指数のうち, d を含んだもの (α, β, δ) が一般には正しくない理由は次の通りである.

磁化 m についてのスケーリング則 (3.35) を, 4 次元以上では有意でない変数 u も含めて書くと

$$m(t,u) = b^{1-d/2} m(b^2 t, u b^{4-d}) \tag{4.39}$$

である. b の任意性を使って, $b=t^{-1/2}$ とおいて上の式の右辺の第 1 引数を定数化する.

$$m(t,u) = t^{(d-2)/4} m(1, u t^{(d-4)/2}) \tag{4.40}$$

ここで, 4 次元以上では u は有意でないから単純に 0 とおいて無視すると

$$m(t,0) = t^{(d-2)/4} m(1,0) \propto t^{(d-2)/4} \tag{4.41}$$

これは式 (4.38) の β と同じである. 実は, $m(1,u)$ は $u \to 0$ で $u^{-1/2}$ のように振る舞うので, $m(1,0)$ を定数とする上の議論が成立しないのである. これを検証しよう.

空間的に一様な秩序パラメータ $S(\boldsymbol{r})=m$ を持つ Landau 理論の自由エネルギーの最小化条件 $2tm + 4um^3 = 0$ より, $m \propto u^{-1/2}$ が導かれる. そこで, 式 (4.40) において u が小さいときの振る舞いを

$$m(1, u t^{(d-4)/2}) \propto \left(u t^{(d-4)/2} \right)^{-1/2} \tag{4.42}$$

として取り入れると,

$$m(t,u) \propto t^{(d-2)/4} u^{-1/2} t^{-(d-4)/4} = u^{-1/2} t^{1/2} \tag{4.43}$$

これより, 正しい値 $\beta = \frac{1}{2}$ が得られる. 同様の議論から, $\alpha = 0, \delta = 3$ が確かめられる (演習問題 4.5). このような理由で, $d > 4$ のとき u を**有意でないが危険な変数** (dangerous irrelevant variable) という. この例では,

有意でないが危険な変数が自由エネルギー(およびその導関数)のスケーリング則に影響を及ぼすが,相関関数には影響しない.このために,両者の臨界指数をつなぐハイパー・スケーリング ($\alpha = 2 - d\nu$ など) が破れているのである.通常は,有意でない変数を 0 とおいて無視する議論が信頼できる結果を与える.

$m(1, u)$ の $u \to 0$ での漸近形 $u^{-1/2}$ は,上で述べたように Landau 理論を使うと導かれるが,平均場の臨界指数 $\beta = \frac{1}{2}$ になることを検証するのに Landau 理論を使うのは公正なやり方ではないという見方もできる.そこで,Landau 理論を援用しないで磁化が $u \to 0$ で $u^{-1/2}$ のように振る舞うことを示しておこう.磁化はスピン変数 $S(\boldsymbol{x})$ の期待値だから,$h = 0$ の ϕ^4 模型では

$$m = \frac{\int \prod_{\boldsymbol{y}} dS(\boldsymbol{y})\, S(\boldsymbol{x}) \exp\left(-\int dz \left\{tS(\boldsymbol{z})^2 + (\nabla S)^2 + uS(\boldsymbol{z})^4\right\}\right)}{\int \prod_{\boldsymbol{y}} dS(\boldsymbol{y}) \exp\left(-\int dz \left\{tS(\boldsymbol{z})^2 + (\nabla S)^2 + uS(\boldsymbol{z})^4\right\}\right)} \quad (4.44)$$

と表される.ここで,スピン変数は積分変数だから $S \to u^{-1/2} S$ と変換してもよいことを使うと,上式は

$$m = u^{-1/2} \cdot \frac{\int \prod_{\boldsymbol{y}} dS(\boldsymbol{y})\, S(\boldsymbol{x}) \exp\left(-\frac{1}{u}\int dz \left\{tS(\boldsymbol{z})^2 + (\nabla S)^2 + S(\boldsymbol{z})^4\right\}\right)}{\int \prod_{\boldsymbol{y}} dS(\boldsymbol{y}) \exp\left(-\frac{1}{u}\int dz \left\{tS(\boldsymbol{z})^2 + (\nabla S)^2 + S(\boldsymbol{z})^4\right\}\right)} \quad (4.45)$$

となる.指数関数の肩が u^{-1} に比例しているから,$u \to 0$ での漸近形は鞍点法により求められる.まず,指数関数の極値は分子分母で同じ形になるはずだから,完全に打ち消し合う.さらに,指数関数の肩にある積分記号以後には u は入らないから,鞍点方程式は変数 S だけで書け,u に依存しない.それゆえ鞍点での S の値も u にはよらない.したがって,分子の $S(\boldsymbol{x})$ に鞍点値を入れたものも u によらない.結論として,$u \to 0$ での m の漸近形に,式 (4.45) の $u^{-1/2}$ 以後の積分の比の部分は u に依存しない形の寄与しかせず,$m \propto u^{-1/2}$ であることがわかる.

4-3-2　4次元からの展開

　4次元以下では4次項が有意であり，Gauss固定点以外の固定点を探してそのまわりのくりこみの流れを調べなければならない．4次元からのずれを $\epsilon = 4 - d$ とおいて，臨界指数を ϵ で展開する ϵ 展開 (ϵ expansion) として知られている手法である．

　4次の項が有意のとき，ϕ^4 模型のパラメータ t と u のくりこみの式は $t \neq 0, u \neq 0$ なる固定点を持つ．Gauss固定点付近の式 (4.37) とは少し異なったくりこみの式になるが，空間次元が4に近いときには u の効果はあまり大きくないと考えられるから，u についての展開が有用である．4次項の展開の計算はかなり込み入った技術的な話になり本書の範囲を超えるので参考書に譲り，結果だけを書くことにする．外部磁場がない場合に，u についての最低次の補正を式 (4.37) に付け加えたくりこみの式は

$$t' = b^2(t + 6ku - 12kut \cdot \log b) \tag{4.46}$$

$$u' = b^\epsilon(u - 36ku^2 \cdot \log b) \tag{4.47}$$

ここで k は正の定数である．非Gauss固定点を求めるために，式 (4.47) で $u' = u = u^* = \mathcal{O}(\epsilon)$, $b^\epsilon = 1 + \epsilon \log b$ とすると

$$u^* = u^*(1 + \epsilon \log b)(1 - 36ku^* \log b) \approx u^*(1 + \epsilon \log b - 36ku^* \log b) \tag{4.48}$$

より，$u^* = \epsilon/36k$ が得られる．式 (4.46) においても，$t' = t = \mathcal{O}(\epsilon)$ として ϵ の最低次のみ残すと，$t^* = cu^*$ として $c = 6kb^2/(1-b^2)$ より，$b \gg 1$ のとき $t^* = -6ku^* = -\epsilon/6$ であることが明らかになる．

　固有値を求めるために，式 (4.47) において $u' = u^* + \delta u'$, $u = u^* + \delta u$ として δu の1次まで残すと，$u^* = \epsilon/36k$ を使って

$$\delta u' = (1 + \epsilon \log b)(\delta u - 72ku^* \delta u \log b) \approx b^{-\epsilon}\delta u \tag{4.49}$$

となり，このスケーリング場は有意でないことがわかる．次に，t の固定点からのずれについて式 (4.46) を線形化する．δu は有意でないので落とすと，

$$\delta t' = b^2(\delta t - 12ku^* \log b \, \delta t) \approx b^{2-\epsilon/3}\delta t \tag{4.50}$$

これより，$y_t = 2 - \epsilon/3$ が結論される．

　$t^* = -\epsilon/6$, $u^* = \epsilon/36k$ より，$d < 4$ ではGauss固定点が不安定化して $t^* < 0$, $u^* > 0$ に非Gauss固定点が発生する．この様子を t, u 平面での

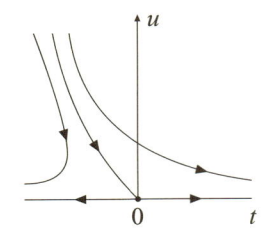

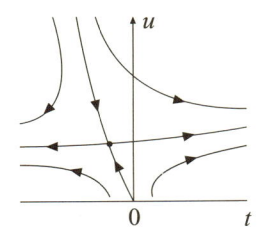

図 4.8 $d > 4$ を表す左の図では Gauss 固定点 $t = u = 0$ に吸い込まれる集合 (臨界面) がある。その面 (実際は線) 上では，どこから出発しても同じ Gauss 固定点に到着し，臨界指数は同一の平均場値である。これが普遍性のくりこみ群での表現である。$d < 4$ では右のようになり，非 Gauss 固定点が臨界面上のすべての点を吸い込む。いずれの場合も外部磁場は 0 としてあり，有意な変数は温度に相当するひとつだけである。

流れとして図 4.8 に描いてある。磁場の固有値の指数 y_h も同様の展開により求められ，ϵ の 1 次までで $y_h = 3 - \epsilon/2$ となる。このようにして，臨界指数の ϵ 展開が 1 次まで決まる。例えば，$\nu = 1/2 + \epsilon/12$, $\eta = \mathcal{O}(\epsilon^2)$ である。

以上の議論はスピンの成分数が 1 の Ising 模型についてであるが，2 成分以上の場合 (XY 模型や Heisenberg 模型) にも同様の理論が展開されており，4 次元以下での臨界指数の平均場の値からのずれが ϵ の関数として計算されている。

こうして，臨界指数の平均場での値からのずれが $\epsilon = 4 - d$ での展開として求められた。実はこの展開はべき展開ではなく，収束半径が 0 の漸近展開であることがわかっている。付録 1. に解説した漸近展開の性質より，収束半径が 0 であっても適切な次数で切れば，ϵ が小さいときにはよい近似値を与えることが期待される。実際以下に示すように，ϵ の 2 次まで同様の計算を行った結果で $\epsilon = 1$ とした値と，3 次元系について高温展開や数値シミュレーションなどの方法で直接求めた結果を比較するとかなりよく一致している。

ϵ^2 までの展開結果をスピンの成分数 n の関数として α, β, γ について式 (4.51) にまとめておこう。他の臨界指数は，これらからスケーリング関係式を使って算出できる。例えば，$n = 1$ の Ising 模型において γ を ϵ の 1

$$\boxed{\begin{aligned}\alpha &= -\frac{n-4}{2(n+8)}\epsilon - \frac{(n+2)^2(n+28)}{4(n+8)^3}\epsilon^2 \\ \beta &= \frac{1}{2} - \frac{3}{2(n+8)}\epsilon + \frac{(n+2)(2n+1)}{2(n+8)^3}\epsilon^2 \\ \gamma &= 1 + \frac{n+2}{2(n+8)}\epsilon + \frac{(n+2)(n^2+22n+52)}{4(n+8)^3}\epsilon^2\end{aligned}} \qquad (4.51)$$

次で切って $\epsilon=1$ とおいたときの値と，2次まで取って $\epsilon=1$ としたときの値を比べると，1.167 および 1.244 である．3次元 Ising 模型に対して数値計算などで得られている値は $\gamma=1.240$ であり，2次までの近似とかなりよく符合している．ただし，より高次まで ϵ 展開をすると結果はかえって悪くなる．漸近展開の性質をよく見極めながら使う必要性を示唆している．

演習問題 4.

4.1 1次元 Ising 模型のくりこみの式 (4.5)–(4.7) を導け．

4.2 1次元の磁場のない Ising 模型における，スケール因子 b のくりこみの式 (4.12) を導け．

4.3 1次元 Ising 模型のくりこみ群によると，比熱の発散には補正因子 e^{-8K} を付けないと厳密解と一致しない．しかし磁化率は補正因子なしに厳密解と一致する．後者の理由を，前者と対比させて述べよ．

4.4 三角格子でのブロック・スピン変換によるくりこみの式 (4.22) の固定点とそのまわりの固有値を求め，臨界指数 ν が 1.13 になることを確かめよ．

4.5 Gauss 固定点付近で有意でないが危険な変数の効果を取り入れると，臨界指数 δ が平均場理論の値である 3 になることを示せ．

4.6 ϕ^4 模型に 6 次の項 $vS(\boldsymbol{r})^6$ を入れたとする．この項は，4 次元以上で 4 次の項以上に有意でない (より急速に 0 になる) ことを示せ．

5. Kosterlitz-Thouless 転移

　空間の次元が低くなると次第にゆらぎが大きくなり，低温の秩序相が不安定になってくる。Ising 模型のような離散自由度の系では 1 次元で，XY 模型や Heisenberg 模型など連続自由度の系では 2 次元以下において有限温度では長距離秩序は存在できない。特に XY 模型は，2 次元において長距離秩序の生成を伴わない独特の相転移が起きることが知られている。磁性体のみならず，超流動薄膜などの相転移を記述する興味深い理論を紹介しよう。

5-1　Peierls の議論

　平均場理論は 4 次元以上で通常の臨界現象を正しく記述する。次元が下がってくると，あるスピンとそのまわりとの相互作用の効果がだんだん弱くなり，一定の次元以下では有限温度で長距離秩序が存在できなくなる。この限界の次元が下部臨界次元 d_{lc} である。離散自由度を持つ Ising 模型のような場合は $d_{\mathrm{lc}} = 1$，連続自由度の XY 模型や Heisenberg 模型では $d_{\mathrm{lc}} = 2$ である。本節では Ising 模型で 1 次元と 2 次元の違いを浮き上がらせる理論を紹介し，続いて次の節以後で XY 模型における長距離秩序の存在条件を検討する。

　まず，1 次元 Ising 模型で長距離秩序が有限温度で存在しない理由を，模型を直接解くのではなく，エネルギーとエントロピーの比較から直観的に考察することにしよう。長さ L の 1 次元鎖上の Ising 模型で，左端のスピンを上向きに固定してみる。右端は自由端とする。この場合，すべてのスピンが上を向いた状態が絶対零度で実現する基底状態である。温度が 0 から有限値に上昇すると基底状態以外の状態も実現し，ところどころ反転したスピンが出現する (図 5.1 左)。隣どうしのスピンが平行の場合そのエ

5-1 Peierls の議論

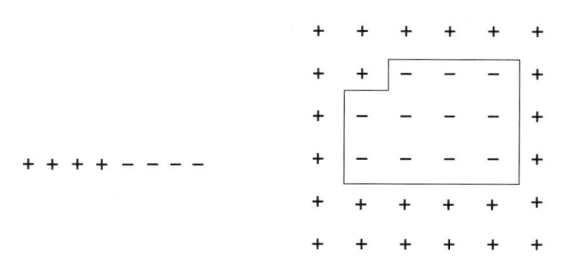

図 **5.1** 左は 1 次元，右は 2 次元での反転したスピンの配位。

ネルギーは $-J$ だが，反平行だと J だから，1 カ所の反転に要するエネルギーは $+2J$ である．反転できる場所の数は L であるから反転のエントロピーは $\log L$，よって反転に伴う自由エネルギーの変化は

$$\Delta F = 2J - T \log L \tag{5.1}$$

である．したがって，十分大きな系 ($L \gg 1$) で有限温度 ($T > 0$) だと，反転した状態を作ることによって自由エネルギーが低下するので，全部上向きにそろった状態はわずかな熱ゆらぎによってたちまち破壊される．こうして，エネルギーとエントロピーの比較による簡単な議論から，1 次元では有限温度で長距離秩序が存在しないという結論が導かれる．

同様の話を 2 次元に適用してみよう．すべてのスピンが上を向いた境界条件を持つ Ising 模型で，周囲の長さ l の反転スピンの島ができたとする (図 5.1 右)．この島を作るのに要するエネルギーは $2Jl$ である．次に，エントロピーを求めるために島の作り方の数を数える必要がある．これは，同じボンドを一度しか通らずに l 歩進んでもとの位置に戻ってくる歩き方の数である．あるサイトから次のサイトに進むにあたっては，今来たばかりの方向以外の 3 つの方向が可能だから，l 歩進むとき許される経路の数はおよそ 3^l である[1]．したがってエントロピーは $\log 3^l$ であるから，島を作るための自由エネルギーのコストは

$$\Delta F = 2Jl - Tl \log 3 = l(2J - T \log 3) \tag{5.2}$$

である．温度が $T_c \equiv 2J/\log 3 = 1.8J$ より小さければ，反転したスピンの島を作ると自由エネルギーが上昇してしまう ($\Delta F > 0$) から長距離秩序は

---

1) この簡単な見積りでは，2 歩以上前に通過した経路を再び通らないという条件は取り入れられてない．この効果を取り入れると，経路数は 3 より小さい数の l 乗になるが，以下の議論に本質的な影響は及ぼさない．

壊れないが，高温 $T > T_c$ なら壊れることがわかる。こうして 2 次元 Ising 模型では，$T_c = 1.8J$ 付近で相転移をすることが示唆された。この転移点の値は 7, 8 章で導く厳密解 ($\approx 2.269J$) にかなり近い。以上は **Peierls の議論** (Peierls argument) と呼ばれている。有限温度相転移の存在の厳密な証明ではないが，エネルギーとエントロピーのバランスで長距離秩序の有無が左右されるという，相転移の本質をうまくとらえた明快な物理的描像を与える興味深い議論である。この考え方をより精密に発展させて，2 次元以上の Ising 模型における相転移の存在を数学的に証明することもできる。

5-2　XY 模型の下部臨界次元

Ising 模型と比較して，XY 模型や Heisenberg 模型のような連続自由度の系では長距離秩序が壊れやすく，2 次元でも有限温度では長距離秩序が存在しない。連続自由度を持つ系では秩序がいわば柔らかいので，より温度の影響を受けやすいことは直観的に理解できるだろう。2 次元が下部臨界次元であることをもう少し詳しく調べて示してみよう。

具体的に話を進めるため，XY 模型を取り扱うことにする。ハミルトニアンは

$$H = -J \sum_{\langle ij \rangle} \cos(\phi_i - \phi_j) \tag{5.3}$$

で与えられる。非常に温度が低くて，最近接スピンの方向がほとんど同じであるとしよう。このとき，上式の cos の中の角度差 $\phi_i - \phi_j$ が非常に小さいから，展開して 2 次までで十分良い近似になっていると考えられる。また，長距離にわたる系の振る舞いに興味があるので，格子点が離散的に配置されている効果は無視できる。そこで，空間変数も連続化して Fourier 変換で表示すると，以下の表式が得られる。

$$H \approx -J \sum_{\langle ij \rangle} \left(1 - \frac{1}{2}(\phi_i - \phi_j)^2\right) \approx \frac{J}{2} \int d\boldsymbol{r} (\nabla \phi)^2 = \frac{J}{2} \int \frac{d\boldsymbol{q}}{(2\pi)^d} q^2 \tilde{\phi}_{\boldsymbol{q}} \tilde{\phi}_{-\boldsymbol{q}} \tag{5.4}$$

定数項は役割を果たさないので，無視してある。このような近似を，**スピン波近似** (spin wave approximation) という。

5-2 XY 模型の下部臨界次元

スピン波近似で系の振る舞いがよく記述される低温において，どのようなスピン配位が安定かを調べるために，ハミルトニアン (5.4) を特定のサイトのスピン変数 $\phi(\boldsymbol{r})$ で変分して 0 とおくと ($\delta H/\delta\phi(\boldsymbol{r}) = 0$)，$\phi$ は Laplace 方程式を満たすことがわかる．

$$\nabla^2 \phi = 0 \tag{5.5}$$

Laplace 方程式を解くために，境界条件として左端 ($x = 0$) で $\phi = 0$，右端 ($x = L$) で $\phi = \phi_0$ としてみる．x 軸に沿ってひねってみるのである．すると解は $\phi = x\phi_0/L$ となり，一様に角度が変化している状態がもっとも安定であることがわかる (図 5.2)．このとき，ハミルトニアンの値は，$\nabla\phi = (\phi_0/L, 0, 0)$ を式 (5.4) の途中の表式に代入して

$$H = \frac{J}{2} L^{d-2} \phi_0^2 \tag{5.6}$$

であるから，2 次元より大きいときには $L \to \infty$ とともにエネルギーはいくらでも大きくなる．x 軸方向の境界の状態を両端で有限角度だけひねるのに，いくらでも大きなエネルギーがいるのだから，系の状態は堅い (両端のひねりに対して強く抵抗する) と考えてよい．左の端の角度がある値を取るという情報が，遠く隔たった右の端まで伝わっているのである．これは長距離秩序が存在することを意味している．一方，2 次元以下ならひねりのエネルギーは L がどんどん大きくなっても発散しないから，境界条件の影響が系の内部まで及ばないものと考えられる．よって長距離にわたる秩序状態は存在してない．こうして，XY 模型で 2 次元を境にして長距離秩序が安定かどうかが変化することが明らかになった．

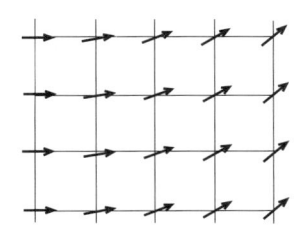

図 **5.2** x 方向の両端の境界条件を固定したときの安定なスピン配位．

以上の議論は境界条件の変化に対する鋭敏性の考察であり，温度の効果は入ってない．そこで，有限温度で相関関数を求めて同様の結論を導くことにより，その正当性を確認することにする．ハミルトニアン (5.4) を使って，遠く離れた場所にある 2 つのスピンの相対的な角度が距離と共にどうゆらいでいくかを求めるのである．相対的な角度のゆらぎは，Fourier 変換で表現すると

$$\langle (\phi(\bm{r}) - \phi(0))^2 \rangle = \int \frac{d\bm{q}_1 d\bm{q}_2}{(2\pi)^{2d}} (e^{i\bm{q}_1 \cdot \bm{r}} - 1)(e^{i\bm{q}_2 \cdot \bm{r}} - 1) \langle \tilde{\phi}_{\bm{q}_1} \tilde{\phi}_{\bm{q}_2} \rangle \tag{5.7}$$

最後に現れた角度の Fourier 変換の期待値を，前に求めたハミルトニアンの Fourier 表示 (5.4) を使って計算する．式 (5.4) は $\tilde{\phi}_{\bm{q}}$ についての 2 次形式の和だから，期待値の計算は Gauss 積分により実行できて，

$$\langle \tilde{\phi}_{\bm{q}_1} \tilde{\phi}_{\bm{q}_2} \rangle = \frac{T(2\pi)^d}{q_1^2 J} \delta(\bm{q}_1 + \bm{q}_2) \tag{5.8}$$

が得られる．よって

$$\langle (\phi(\bm{r}) - \phi(0))^2 \rangle = \frac{T}{J} \int \frac{|e^{i\bm{q} \cdot \bm{r}} - 1|^2}{q^2} \frac{d\bm{q}}{(2\pi)^d} \propto \frac{T}{J} \int_{r^{-1}}^{a^{-1}} q^{d-3} dq \tag{5.9}$$

ここで，波数の絶対値の上限 (第一 Brillouin 域の境界) は格子定数の逆数 a^{-1} に比例することを使った．積分の下限が距離の逆数 r^{-1} になっているのは，$q < r^{-1}$ のときには $|\bm{q} \cdot \bm{r}|$ が小さく，$e^{i\bm{q} \cdot \bm{r}} \approx 1$ とみなすことにすれば中間の式の被積分関数がほとんど 0 になるからである[2]．$d > 2$ の場合，式 (5.9) の最後の積分の値は

$$\frac{T}{J(d-2)}(a^{2-d} - r^{2-d}) \tag{5.10}$$

である．$2 - d < 0$ より，式 (5.10) は r が大きくなっても有限の値に収束するから，遠くのスピン間の角度差のゆらぎは有限値に留まり，長距離秩序は保たれることになる．ところがちょうど 2 次元の場合には上の積分 (5.9) は $\log r$ の項を生じ，距離と共に角度差はいくらでも大きなゆらぎにさらされて，不定になることがわかる．$T > 0$ である限り，距離が十分離れた極限 $r \to \infty$ で $\phi(\bm{r})$ と $\phi(0)$ は無関係になるのである．こうして，2 次元

---

[2] 積分をもっと厳密に評価することも可能だが，2 次元が境界の次元になるという結論は変わらない．

XY 模型では温度が有限だと長距離秩序が壊れることがわかった。$d < 2$ でも同様である。

以上の話ではいくつか近似を用いているが，次節で示すように同じ物理的内容を不等式を使って厳密に証明することもできる。

5-3 長距離秩序が存在しない証明

2 次元連続スピン系で有限温度では長距離秩序が存在しないという事実は，**Mermin-Wagner** の定理 (Mermin-Wagner theorem) として知られている。前節ではスピン波近似でゆらぎを計算してこの結論を導いたが，本節では厳密な証明を紹介する。Mermin-Wagner の定理はもともと 2 次元以下の量子スピン系で有限温度で長距離秩序がないという主張であるが，本書では古典 XY 模型に適用できるよう改変された証明を紹介する。長距離のゆらぎが秩序を破壊する物理的なメカニズムは量子系，古典系とも同じであり，また前節のスピン波近似とも本質的に共通である。

外部磁場がかかっているときの XY 模型のハミルトニアン

$$H = -J \sum_{\langle ij \rangle} \cos(\phi_i - \phi_j) - h \sum_i \cos \phi_i \tag{5.11}$$

が出発点である。右辺第 1 項の和は正方格子上の最近接格子点の対について取る。証明の基本は，ごく一般的に成立する次の Schwarz の不等式である。

$$\langle AA^* \rangle \geq \frac{\left|\langle AB^* \rangle\right|^2}{\langle BB^* \rangle} \tag{5.12}$$

A と B は角度変数 (ϕ_i, ϕ_j など) の関数，また $\langle \cdots \rangle$ は $e^{-\beta H}$ の重みでの熱平均を表す。式 (5.12) に現れる A および B として次の量を選ぶというところが重要である。

$$A = \frac{1}{N} \sum_j e^{-iqr_j} \sin \phi_j, \quad B = \frac{1}{N} \sum_l e^{-iqr_l} \frac{\partial H}{\partial \phi_l} \tag{5.13}$$

ここで，q は任意の波数ベクトル，r_j や r_l は任意の位置ベクトルである[3]。これらを Schwarz の不等式 (5.12) に代入し，両辺の q についての和を取

---

[3] q や r は本来ベクトル $\boldsymbol{q}, \boldsymbol{r}$ であるが，表記が煩わしくなるので本節と次節では太字にしない。

る。さしあたり，周期境界条件を持つ有限系を考えており，波数はとびとびの値を取る。まず左辺は

$$\sum_q \langle AA^* \rangle = \frac{1}{N^2} \sum_{i,j} \sum_q e^{-iq(r_i-r_j)} \langle \sin\phi_i \sin\phi_j \rangle = \frac{1}{N} \sum_i \langle \sin^2\phi_i \rangle \leq 1 \tag{5.14}$$

と，上から押さえられる。

次に，式 (5.12) の右辺の分子は，m を 1 スピンあたりの磁化として

$$\langle AB^* \rangle = \frac{Tm}{N} \tag{5.15}$$

である。なぜなら

$$\langle AB^* \rangle = \frac{1}{N^2} \sum_{j,l} e^{-iq(r_j-r_l)} \left\langle \sin\phi_j \frac{\partial H}{\partial \phi_l} \right\rangle \tag{5.16}$$

であるが，この右辺の最後の項は部分積分により次のように書き換えられる。

$$\frac{1}{Z} \int_0^{2\pi} \prod_i d\phi_i e^{-\beta H} \sin\phi_j \frac{\partial H}{\partial \phi_l} = \frac{T}{Z} \int_0^{2\pi} \prod_i d\phi_i \, e^{-\beta H} \cos\phi_j \delta_{lj} \tag{5.17}$$

よって

$$\langle AB^* \rangle = \frac{T}{N^2} \sum_j \langle \cos\phi_j \rangle = \frac{Tm}{N} \tag{5.18}$$

が示された。ここで，$\langle \cos\phi_j \rangle = m$ は j によらないことを使った。

最後に，Schwarz の不等式 (5.12) 右辺の分母は

$$\langle BB^* \rangle \leq T \left(\frac{Jq^2 + h}{N} \right) \tag{5.19}$$

と上限評価される。これを示すために，式 (5.13) により定義を書き下してみる。

$$\langle BB^* \rangle = \frac{1}{N^2} \sum_{l,j} e^{-iq(r_l-r_j)} \left\langle \frac{\partial H}{\partial \phi_l} \frac{\partial H}{\partial \phi_j} \right\rangle \tag{5.20}$$

次いで，$e^{-\beta H} \partial H/\partial \phi_l = -\beta^{-1} \partial e^{-\beta H}/\partial \phi_l$ を使って，右辺の期待値を部分積分により書き換える。

$$\frac{1}{Z} \int_0^{2\pi} \prod_i d\phi_i e^{-\beta H} \frac{\partial H}{\partial \phi_l} \frac{\partial H}{\partial \phi_j} = \frac{T}{Z} \int_0^{2\pi} \prod_i d\phi_i e^{-\beta H} \frac{\partial^2 H}{\partial \phi_l \partial \phi_j} \tag{5.21}$$

5-3 長距離秩序が存在しない証明

上式のハミルトニアンの2階微分を場合分けして評価する。

(i) $l = j$ のとき。
$$\frac{\partial^2 H}{\partial \phi_l \partial \phi_j} = \frac{\partial^2 H}{\partial \phi_l^2} = J \sum_\delta \cos(\phi_l - \phi_{l+\delta}) + h \cos \phi_l \quad (5.22)$$

ここで，δ は2次元正方格子上の最近接格子点に向けた4本のベクトルである。

(ii) l と j が最近接格子点のとき。
$$\frac{\partial^2 H}{\partial \phi_l \partial \phi_j} = \frac{\partial}{\partial \phi_l} \left(J \sum_\delta \sin(\phi_j - \phi_{j+\delta}) + h \sin \phi_j \right) = -J \cos(\phi_j - \phi_l) \tag{5.23}$$

(iii) それ以外のときは 0。

以上より
$$\beta \langle BB^* \rangle = \frac{1}{N^2} \sum_l \left(J \sum_\delta \langle \cos(\phi_l - \phi_{l+\delta}) \rangle + h \langle \cos \phi_l \rangle \right)$$
$$- \frac{J}{N^2} \sum_{l,\delta} e^{-iq\delta} \langle \cos(\phi_l - \phi_{l+\delta}) \rangle$$
$$= \frac{J}{N^2} \sum_l (4 - \sum_\delta e^{-iq\delta}) \langle \cos(\phi_l - \phi_{l+\delta}) \rangle$$
$$+ \frac{h}{N^2} \sum_l \langle \cos \phi_l \rangle \tag{5.24}$$

ここで，x および y 方向への単位ベクトル4本についての和を実行すると[4]
$$\sum_\delta e^{-iq\delta} = 2 \cos q_x + 2 \cos q_y \tag{5.25}$$

さらに，グラフを描いてみるとすぐに理解できる不等式 $1 - \cos q \leq q^2/2$ と自明な不等式 $\langle \cos(\cdots) \rangle \leq 1$ も使って，式 (5.24) の最後の表式を書き換えることにより
$$\beta \langle BB^* \rangle = \frac{J}{N^2} \sum_l (4 - 2\cos q_x - 2\cos q_y) \langle \cos(\phi_l - \phi_{l+\delta}) \rangle + \frac{h}{N} m$$

---
[4] 格子定数は $a = 1$ とする。

$$\leq \frac{J}{N}(q_x^2 + q_y^2) + \frac{h}{N} \tag{5.26}$$

が得られる。これは式 (5.19) に他ならない。以上の式 (5.14), (5.15), (5.19) を Schwarz の不等式 (5.12) に代入して

$$1 \geq \frac{T}{N}m^2 \sum_q \frac{1}{Jq^2 + h} \tag{5.27}$$

熱力学的極限 $N \to \infty$ を取ると，和は積分に移行し

$$1 \geq Tm^2 \int \frac{d\boldsymbol{q}}{(2\pi)^2} \frac{1}{Jq^2 + h} \tag{5.28}$$

この積分は，原点付近の特異性のために $h \to 0$ で発散する。$T > 0$ で不等号が保たれるためには $h \to 0$ で $m \to 0$ にならなければならない。こうして，2 次元では有限温度で自発磁化がないことが証明された。

式 (5.28) の分母の q^2 は，スピン波近似 (5.4) に現れる波数 q でのエネルギー q^2 と本質的に同一のものである。スピン波近似ではこの q^2 のために，例えば相対角のゆらぎの評価式 (5.9) で q のべきが $d-3$ になり，2 次元で積分が対数発散する。このメカニズムは，式 (5.28) で $h \to 0$ で積分が発散する事情と同じである。

5-4　Kosterlitz-Thouless 転移

2 次元 XY 模型は有限温度で長距離秩序を持たず，したがって通常の相転移をしないことを証明した。しかしこの系は，長距離秩序を伴わない特殊な相転移を示すことが知られている。低温相は通常の長距離秩序は持たないものの，常磁性相とは明確に異なる性質を持っている。相関関数が常磁性相のように距離とともに指数関数的な急速な減衰はせず，臨界点直上と同じゆっくりしたべき減衰をするのである。通常の臨界点と違うのは，べき減衰する領域が，転移点以下絶対零度のすぐ上まで有限の温度範囲にわたって広がっていることである。XY 模型は 2 次元でちょうど下部臨界次元にあるために，極めて特殊な事情が生じているのである。

有限の温度範囲にわたって相関関数がべき減衰をすることを示すために，低温で有効なスピン波近似を用いて相関関数を計算する。XY 模型の相関関数は

5-4 Kosterlitz-Thouless 転移

$$\langle \cos(\phi(r) - \phi(0)) \rangle = \langle e^{i(\phi(r) - \phi(0))} \rangle \tag{5.29}$$

と表される．右辺の虚部は 0 である．ここに現れる期待値を，スピン波近似のハミルトニアン (5.4) で計算する．式 (5.4) は角度の変数に関して 2 次だから，このハミルトニアンを使った Boltzmann 分布は Gauss 分布である．Gauss 分布では 2 次以上のキュミュラント (付録 4. 参照) は 0 だから，上式は

$$\langle \cos(\phi(r) - \phi(0)) \rangle = \exp\left(-\frac{1}{2}\langle (\phi(r) - \phi(0))^2 \rangle\right) \tag{5.30}$$

となる．指数の肩の量は，積分 (5.9) を $d=2$ で実行して求められる．

$$\langle (\phi(r) - \phi(0))^2 \rangle \approx \frac{T}{J(2\pi)^2} \int_0^{2\pi} d\theta \int_{r^{-1}}^{a^{-1}} \frac{dq}{q} = \frac{T}{\pi J} \log\left(\frac{r}{a}\right) \tag{5.31}$$

これを式 (5.30) に代入して

$$\langle \cos(\phi(r) - \phi(0)) \rangle = \left(\frac{r}{a}\right)^{-T/2\pi J} \tag{5.32}$$

という表式が導かれる．長距離秩序が存在すれば相関関数は減衰しないし，常磁性相なら指数関数的に急速に減衰する．式 (5.32) は，ちょうど臨界点の上にあるときのべき減衰の形をしている．しかもこの結果は，スピン波近似が正しい限り任意の T で成立している．したがって，低温では有限の温度幅にわたって臨界点が広がっていると結論される．くりこみ群の言葉でいえば，固定点ではなく固定線になっているということである．これを**準長距離秩序** (quasi long-range order) と呼ぶことがある．スピンの間の相対的な角度が長距離にわたってそろっているわけではないが，急速に変化するわけでもなく，ゆっくりと変わっているのである．

温度が上昇してくると，スピン波近似で表現される角度の非常に緩やかな変化だけでなく，急激な移り変わりも生じるようになる．特に，渦状のスピン配位が生じると準長距離秩序に大きな影響を与えるようになる．この効果を検討しよう．

渦が生じている状況を表現するには，スピンの場 $\phi(r)$ を，x 軸からの角度 θ の関数として $\phi(r) = n\theta + \mathrm{const}$ とすればよい (図 5.3)．このとき，スピン波近似のハミルトニアン (5.4) に出てくる角度の微分 $\nabla\phi$ の動径方向，角度方向の成分はそれぞれ次のように評価される．

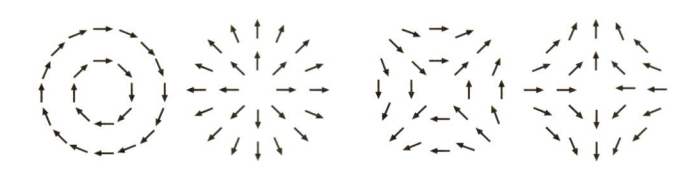

図 **5.3** いろいろな渦。左から，$n = 1, 1, -1, -1$ なる強さを持つ。

$$(\nabla \phi)_r = \frac{\partial \phi}{\partial r} = 0, \quad (\nabla \phi)_\theta = \frac{1}{r}\frac{\partial \phi}{\partial \theta} = \frac{n}{r} \qquad (5.33)$$

したがってハミルトニアンの値，すなわちこのような渦の生成に要するエネルギーは式 (5.4) によると

$$E = \frac{J}{2} \int \frac{n^2}{r^2} r dr d\theta = n^2 \pi J \log \frac{R}{r_0} + E_{\mathrm{C}} \qquad (5.34)$$

ここで R は系全体の大きさ (系の半径)，r_0 は渦の芯の半径 (積分の下限)，E_{C} は芯のエネルギーである。式 (5.34) の積分は上限が R，下限が r_0 であるとし，$r < r_0$ の寄与は一定のエネルギー E_{C} を与えるとした。一方，渦の中心を置く位置の数は系の面積に比例するだろうから，エントロピーは

$$S = \log\left\{\left(\frac{R}{r_0}\right)^2 \cdot \mathrm{const}\right\} \qquad (5.35)$$

である。これらを合わせると，渦の生成の自由エネルギーとして次式が得られる。

$$\Delta F = (\pi J - 2T) \log\left(\frac{R}{r_0}\right) + \mathrm{const} \qquad (5.36)$$

ただし $n = 1$ とした。温度が $T_{\mathrm{KT}} \equiv \pi J / 2$ より大きいと渦の発生により自由エネルギーが低下するから，$T = T_{\mathrm{KT}}$ で，渦が大量に発生する相転移が起きる。単独の渦のまわりではスピンの角度が激しく変化するから，自由な渦がたくさん生じると遠く離れた場所の間の相対角は相関が極めて弱くなり，準長距離秩序は破壊されて常磁性相に移行する。これを **Kosterlitz-Thouless 転移** (Kosterlitz-Thouless transition)，略して KT 転移という。KT 転移より低温での準長距離秩序を持つ相を KT 相という。

KT 相では，単独の渦の生成は自由エネルギーを上昇させるので，単独渦の存在は不安定である。しかし，反対符号を持つ渦どうしが近くにあって対をなすような励起は安定である。これを示すために，複数個の渦が原点

付近にあるとき，原点から十分離れたところでのスピンの場は，式 (5.33) に代わって

$$(\nabla\phi)_r = \frac{\partial \phi}{\partial r} = 0, \quad (\nabla\phi)_\theta = \frac{1}{r}\frac{\partial \phi}{\partial \theta} = \frac{\sum_i n_i}{r} \tag{5.37}$$

であることに注目する。これに対応してエネルギー (5.34) は

$$E = \left(\sum_i n_i\right)^2 \pi J \log \frac{R}{r_0} + E_{\mathrm{C}} \tag{5.38}$$

となる。したがって，中性条件 $\sum_i n_i = 0$ が満たされる場合は，低温 ($T < T_{\mathrm{KT}}$) でも渦ができてかまわないことになる。特に，絶対値が同じで符号が反対の渦対 $\pm n$ の生成が許されることがわかる。

5-5 渦対のエネルギー

原点付近に中性条件を満たす渦の対が発生しても，系は安定であることがわかった。渦の位置がもっと一般の場合にエネルギーがどうなるかを調べることにより，渦が持つ物理的な意味がより明確に浮かび上がってくる。

$n = 1$ の渦が単独で原点に存在するときのスピンの場は

$$(\nabla\phi)_r = 0, \quad (\nabla\phi)_\theta = \frac{1}{r} \tag{5.39}$$

を満たす。このとき渦のまわりの一周積分を実行すると，$\boldsymbol{v} = \nabla\phi$ として

$$\oint \boldsymbol{v} \cdot d\boldsymbol{r} = \int_0^{2\pi} \frac{1}{r} r d\theta = 2\pi \tag{5.40}$$

したがって，Stokes の定理より $(\mathrm{rot}\,\boldsymbol{v})_z = 2\pi\delta(\boldsymbol{r})$ である。2 次元平面に垂直な方向を z 軸とした。一般に，多数の渦がある場合には

$$(\mathrm{rot}\,\boldsymbol{v})_z = 2\pi \sum_i n_i \delta(\boldsymbol{r} - \boldsymbol{r}_i) \equiv 2\pi N(\boldsymbol{r}) \tag{5.41}$$

となる。

ところで，$n = 1$ を持つ単独の渦の場合にはベクトル場 $\boldsymbol{v} = \nabla\phi$ の直交成分は，式 (5.39) より

$$v_x = \frac{\partial \phi}{\partial x} = -\frac{y}{r^2}, \quad v_y = \frac{\partial \phi}{\partial y} = \frac{x}{r^2} \tag{5.42}$$

であるから，新たなスカラー場 $\psi = -\log(r/r_0)$ を導入し，

$$v_x = \frac{\partial \psi}{\partial y}, \quad v_y = -\frac{\partial \psi}{\partial x} \tag{5.43}$$

と表現できる. 超流動体中などに実際に発生する渦を記述する場合には, $\boldsymbol{v}$ は超流動速度, ϕ は速度ポテンシャル, ψ は流れの関数と呼ばれる. 一般の場合には, $\psi = -\log(r/r_0)$ を拡張して

$$\psi(\boldsymbol{r}) = -\sum_i n_i \log \frac{|\boldsymbol{r} - \boldsymbol{r}_i|}{r_0} \tag{5.44}$$

としてよいものと考えられる. この拡張の正当性を確かめよう. 式 (5.43), (5.44) より

$$(\text{rot}\,\boldsymbol{v})_z = \frac{\partial v_y}{\partial x} - \frac{\partial v_x}{\partial y} = -\frac{\partial^2 \psi}{\partial x^2} - \frac{\partial^2 \psi}{\partial y^2} = -\Delta \psi = 2\pi N(\boldsymbol{r}) \tag{5.45}$$

これは確かに式 (5.41) とつじつまがあっている.

多数の渦があるときの全エネルギーは, したがって,

$$\begin{aligned} E &= \frac{J}{2} \int (v_x^2 + v_y^2) dx dy = \frac{J}{2} \int (\nabla \psi)^2 dx dy \\ &= -\frac{J}{2} \int (\psi \Delta \psi) dx dy \\ &= -\pi J \sum_{i \neq j} n_i n_j \log \frac{|\boldsymbol{r}_i - \boldsymbol{r}_j|}{r_0} + E_\text{C} \end{aligned} \tag{5.46}$$

この式は, 多数の渦が互いに 2 次元の Coulomb 力[5] で相互作用していると解釈できる. 低温では符号の異なる渦どうし ($n = \pm 1$ など) がペアを作って束縛されていわば誘電体の状態であるのに対し, ある温度でペアが熱ゆらぎで解き放たれて単独渦が自由に動き回るプラズマ状態に移行するのが KT 転移であると解釈できる. こうして, KT 転移の研究は 2 次元 Coulomb ガスの統計力学と同等であることが明らかになった. 式 (5.46) より, パラメータ J と誘電率 ϵ の間に $\pi J = 1/\epsilon$ の対応関係が成り立つことがわかる.

ところで, 超流動薄膜でヘリウムが持つ運動エネルギーは, 面密度を ρ_s, 速度を v_s として

$$E = \frac{\rho_s}{2} \int dx dy\, v_s^2 = \frac{\rho_s}{2} \left(\frac{\hbar}{m}\right)^2 \int dx dy (\nabla \psi)^2 \tag{5.47}$$

---

[5] 相対距離の対数に比例するポテンシャルを持つ.

ここで，Landau-Ginzburg の関係 $v_s = (\hbar/m)\nabla\psi$ を使った．式 (5.46) と比べると，$J = \rho_s \hbar^2/m^2$ なる対応で関係が付くことがわかる．これより，転移点において ρ_s と $T_{\mathrm{KT}}(= \pi J/2)$ の比が，実験条件によらない普遍的な定数

$$\frac{\rho_s}{T_{\mathrm{KT}}} = \frac{2m^2}{\pi \hbar^2} \tag{5.48}$$

であることがわかる．もちろん転移点以上では超流動性は消失して $\rho_s = 0$ だから，転移点で上式の値だけ ρ_s/T が飛ぶことになる．これを超流動密度の**普遍的な飛び** (universal jump) と呼ぶことがある．この関係は実験によって確認されている．

なお，式 (5.48) は J と T の比の転移点での値に比例した量であるが，臨界指数 η が転移点で特定の値 ($\eta = 1/4$) を取るという事実ともつながっている．というのは，式 (5.32) より，$\eta = T/2\pi J$ も T と J の比に比例する量であり，転移点で $\frac{1}{4}$ になるからである．臨界指数 η が $\frac{1}{4}$ であるかどうかは，転移が KT 転移と同じ普遍性を持っているかどうかの重要な目安として，いろいろな系の数値計算などでしばしば使われている．

5-6 くりこみ群による解析

KT 転移の性質をくりこみ群で詳細に調べてみよう．実空間くりこみ群が強力な解析手段となる好例である．

5-6-1 KT 転移を記述するくりこみ群の式

まず，臨界点付近での系の振る舞いを支配する変数が何かをはっきりさせておく必要がある．物理的な考察で有意な変数を明らかにしておき，それらについてくりこみ群方程式を立てるのである．温度が重要であることは明らかである．温度に相当するスケーリング場 x は，固定点で 0 になるという要請を満たすよう，$x = 2 - \pi K(= 2 - \pi J/T)$ と取ることにする[6]．正確には，x は有意な変数ではなく中立変数である．通常の臨界現象におい

---

[6] 厳密には，固定点と臨界点を区別するべきであるから，ここに現れる K はくりこまれる前の相互作用 $K = J/T$ (場の理論の言葉を借りれば**裸の相互作用** (bare coupling)) ではなく，十分な回数くりこんだあとの**くりこまれた相互作用** (renormalized coupling) である．この詳細な意味は，あとで明らかになる．

て有意な変数である温度は,図 1.5 に例示したように転移点以下ではくりこみにより次第に値が小さくなり,絶対零度までくりこまれてしまう.しかし,本章で考察している KT 転移においては孤立した固定点はなく,転移点以下の温度がずっと固定線に相当している.KT 転移点は,有意なスケーリング場に特有の不安定な固定点に対応してないのである.かといって温度が有意でないわけではなく,くりこみによる変化の度合いがちょうど 0 になる中立変数なのである.

もうひとつの重要な変数は渦の数である.渦がほとんどなければスピン波近似が正しく,系は KT 相にある.渦がたくさん生じれば,スピン波で表現される滑らかな角度変化が破壊されて渦の近傍での急速な角度変化が至るところで生じ,ついには KT 転移を起こして常磁性相に変化する.そこで,渦の数を制御する渦の化学ポテンシャル μ ないしこれを指数関数の肩に乗せた渦の**逃散能** (fugacity) $y_0 = e^{-\beta\mu}$ が有意な変数であると考えるのはもっともな話である[7].y_0 が小さい (渦の化学ポテンシャルが高い) と渦が少なくスピン波近似が本質的に正しい KT 相であり,y_0 が大きいと渦がたくさん存在して常磁性相となる.したがって,くりこみにより逃散能が増えるか減るかが焦点となる.

より定量的に考察を進めるために,$n = \pm 1$ の渦対が $\bm{r}_1$ と $\bm{r}_2$ に存在する場合のエネルギー

$$E(\bm{r}_1, \bm{r}_2) = 2\pi J \log \frac{|\bm{r}_1 - \bm{r}_2|}{r_0} + E_{\mathrm{C}} \tag{5.49}$$

に着目しよう.この式は,式 (5.46) において $n_1 = -n_2 = 1$ または $n_1 = -n_2 = -1$ のどちらかの項のみが存在するとし,他の n_i は 0 とおくことにより得られる.渦が 2 つある場合は化学ポテンシャルの寄与は 2μ になり,したがって逃散能は y_0^2 であるから,このような渦の配置の存在確率は次の式に比例する.

$$y_0^2 e^{-\beta E(\bm{r}_1, \bm{r}_2)} = y_0^2 e^{-\beta E_{\mathrm{C}}} \left| \frac{\bm{r}_1 - \bm{r}_2}{r_0} \right|^{-2\pi K} \tag{5.50}$$

渦の相関関数 $\langle |n(\bm{r}_1) n(\bm{r}_2)| \rangle$ は,$|n(\bm{r}_1)|$ と $|n(\bm{r}_2)|$ がともに 0 でないときのみの寄与からなるから,渦があまり発生してない $n = \pm 1$ の場合は,式 (5.50) で与えられる確率に比例する.このことから 2 つの事柄が明らかに

---

[7] ここでの化学ポテンシャルの定義は通常の定義と符号が違うが,以後の議論に本質的な影響はない.

なる。ひとつは，上式の距離に依存しない部分 $y_0^2 e^{-\beta E_C}$ より，逃散能 y_0 は $e^{-\beta E_C/2}$ との積で問題に現れるということである。そこで，逃散能に渦芯エネルギーの効果を加味して $y = y_0 e^{-\beta E_C/2}$ とおいて，以後 y_0 の代わりに y を基本変数として採用することにする。もうひとつは，渦のスケーリング次元が $x_v = \pi K$ だということである。スケーリング次元 x_v とくりこみの指数 y_v の関係 $y_v = d - x_v$ を使って，渦の生成消滅を制御する変数 y のくりこみの式が書き下せる[8]。スケール b でのくりこみ $y' = b^{y_v} y$ において，無限小変換 $b = 1 + dl$ の極限を取ると，$b^{y_v} \approx 1 + y_v dl$ より

$$\frac{dy}{dl} = y_v \cdot y = (2 - x_v)y = (2 - \pi K)y = xy \tag{5.51}$$

が得られる。これが y のくりこみの式である。

次に x のくりこみの式を求めなければならない。まず，転移点近くであること ($|x| \ll 1$) と，渦がほんの少し発生したとき ($y \ll 1$) にその効果がくりこみにより拡大されていくかどうかを調べたいことに着目すると，x と y によるべき展開の最低次のみの議論をすることが正当化される。まず，低温相では渦は対で現れるから，低温相の安定性を調べる議論においては y についての最低次は2次である。この効果だけなら，無限小変換に対する x のくりこみの式は

$$\frac{dx}{dl} = a^2 y^2 \tag{5.52}$$

と表される。渦の存在は秩序を乱すから，$x = 2 - \pi J/T$ は y の影響で増加する方向にくりこまれるはずであり，したがって y^2 の係数は正でなければならない。このために係数を a^2 としてある。実は，x のくりこみは式 (5.52) で尽きており，定数項や x の低次のべきを含む項は現れない。まず，$x = y = 0$ は固定点だから定数項がないことは明らかである。また，x に比例する項は固定点 $x = 0$ の不安定さを表現し，転移点より低い温度がさらにいくらでも低い温度にくりこまれてしまう効果をもたらす (図 4.7 のベータ関数の振る舞い参照)。これは，KT 相が固定点ではなく固定線に相当しているという物理的な描像と食い違っている。同様に，x^2 の項は低温側 $x < 0$ の KT 相の温度を KT 転移点 $x = 0$ に向かって増加させること

---

[8] 歴史的な経緯により，XY 模型のくりこみ群の変数には x と y を使うことが多い。スケーリング次元やくりこみの指数と同じ文字でありやや紛らわしいが，後者には渦を示す添え字 v を付けて区別しているので，注意してほしい。

によりKT転移点を孤立した固定点にしてしまい，KT相が固定線に相当しなくなってしまう．よって，xやx^2の項は式(5.52)の右辺には登場しない．こうして，式(5.52)と(5.51)がKT転移の物理を記述するくりこみ群方程式であることが理解された．これらは **Kosterlitzのくりこみ群方程式** (Kosterlitz方程式) (Kosterlitz equation) と呼ばれる．

5-6-2　Kosterlitz方程式の解

Kosterlitz方程式の2本の式(5.52)および(5.51)の両辺の比を取ることにより，スケール変数lを消去することができる．xとyのみの方程式が得られ，容易に次の解が求められる．

$$x^2 - a^2 y^2 = \text{const} \tag{5.53}$$

KT転移点は$x=y=0$だから，転移点に相当する解では右辺の定数は0である．よって$y=\pm x/a$なる線が，くりこみの流れを表すxy平面上(図5.4)で転移点を通るはずである．KT相ではスピン波近似が正しくて渦は本質的な効果を持たないから有意ではなく，yは0にくりこまれる(図5.4で直線$y=-x/a$の左側)．一方，常磁性相ではyはくりこまれてどんどん増大していくだろう(直線$y=-x/a$の右側)．これらの考察より，図5.4に示すくりこみの流れの図が得られる．低温側のKT相ではyは0に，xは初期条件に応じた有限値にくりこまれて固定線($y=0, x<0$)に到達する．高温側の常磁性相では，yがいくらでも増大して渦が際限なく発生する．直線$y=-x/a$はこれら2つの相を隔てている．

　変数yは渦の逃散能y_0および化学ポテンシャルμと$y = y_0 e^{-\beta E_{\mathrm{C}}/2} =$

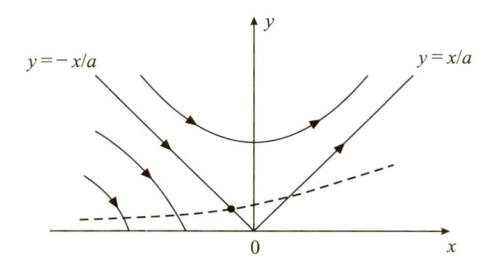

図 **5.4**　Kosterlitz方程式から得られるくりこみの流れの図．点線はくりこまれる前のXY模型の裸の変数を表す線．黒丸は裸の変数で表した転移点である．

$e^{-\beta\mu-\beta E_{\mathrm{C}}/2}$ で結びついている．渦の逃散能や化学ポテンシャルは，渦が少ない状況を考察するために導入した人工的な量であり，もとの XY 模型には存在しない．したがって，もとの問題は $\mu = 0$ つまり $y_0 = 1$ に対応しているはずである．よって，もとの問題の変数 (裸の変数) は，図 5.4 上に点線で描かれた $y = e^{-\beta E_{\mathrm{C}}/2}$ なる曲線上に存在することになる．この図から明らかなように，KT 相の中 (直線 $y = -x/a$ の左の領域) であっても x の値はくりこまれたあと ($y = 0, x < 0$) にはもとの値 (点線上) より多少大きくなる．$x = 2 - \pi J/T$ より，温度も少し大きな値にくりこまれる．固定線はくりこまれた先において実現しているのであり，点線上のもとの温度そのものがくりこみで不変なわけではない．また，KT 転移点に相当する固定点 $x = 0$ つまり $T = \pi J/2$ はくりこまれた温度で記述されるべきである．もとの温度での KT 転移点を表すのは，直線 $y = -x/a$ と点線の交点である (図 5.4 の黒丸)．この交点が $x < 0$ にあることから，もとの温度で表した KT 転移点の値は，$\pi J/2$ より小さいことがわかる．

次に，転移点付近での物理量の特異性を Kosterlitz 方程式から調べることにする．転移点では $x^2 - a^2 y^2 = 0$ であるから，転移点より少し上の温度では $x^2 - a^2 y^2 = -ct$ ($t = (T - T_{\mathrm{KT}})/T_{\mathrm{KT}}$, $c > 0$) になるだろう．このとき，Kosterlitz 方程式

$$\frac{dx}{dl} = a^2 y^2 = x^2 + ct \tag{5.54}$$

の解が

$$l = l_0 + \frac{1}{\sqrt{ct}} \arctan \frac{x}{\sqrt{ct}} \tag{5.55}$$

と求められる (演習問題 5.4)．くりこみ変換を繰り返して l (くりこみ変換のスケール b に相当) が系の大きさに匹敵するぐらい十分大きくなったとする．このときの l を l_f と書くと，arctan の部分を最大値 $\pi/2$ とおいて，

$$l_f = l_0 + \frac{k}{\sqrt{t}} \quad \left(k = \frac{\pi}{2\sqrt{c}}\right) \tag{5.56}$$

l が l_f に達するころには渦は対として存在できなくなっているだろう．この l_f と相関距離を結びつけるために，スケール b でくりこまれたあとの系の基準で見たときの相関距離 $\tilde{\xi}'$ は，もとの系での相関距離 $\tilde{\xi}$ と $\tilde{\xi}' = \tilde{\xi}/b$ で結びついていることに注意する．これより，無限小変換 $b = 1 + dl$ によるくりこみの方程式は

$$\frac{d\tilde{\xi}}{dl} = -\tilde{\xi} \tag{5.57}$$

であるから，$\tilde{\xi} \propto e^{-l}$ という関係が得られる．式 (5.57) を積分して得られたこの $\tilde{\xi}$ は，無限小変換を繰り返してくりこまれたあとの系の基準で見た相関距離を表すから，それが A だとすると，くりこまれる前の系の基準での相関距離は $\xi = Ae^l$ と結論される．したがって，式 (5.56) より，もとの系のスケール (通常のスケール) で見た渦対が相関を保つ距離の限界として

$$\xi \approx \xi_0 e^{l_f} \approx \exp\left(\frac{k}{\sqrt{t}}\right) \tag{5.58}$$

が得られる．温度が高温側から転移点に近づくと共に，相関距離が指数関数的な発散を示すのである．指数発散は極めて強く，例えば，転移点に十分近づいたとみなせる $t = 10^{-2}$ では，式 (5.58) は k が仮に 1 の場合，$\xi \approx 2 \times 10^5$ に達する．数値計算で KT 転移を研究する場合には，有限サイズ効果に十分注意を払う必要がある．

さらに，自由エネルギーの特異性を調べるため，通常のスケーリング則 $f(t) = b^{-d} f(b^{y_t} t)$ は $f = b^{-d} g(b/\xi)$ とも書けることに注意する．というのは，$\xi = t^{-\nu} = t^{-1/y_t}$ を使うと，$f(b^{y_t} t) = f((b/t^{-\nu})^{y_t}) \equiv g(b/\xi)$ とできるからである．スケーリング関数を長さのスケール b と相関距離 ξ の比で表現した形は，相関距離の特異性がべきであるか指数関数的であるかによらず使える．そこで，$f = b^{-d} g(b/\xi)$ において，$b = \xi$ としたあと相関距離の特異性を記述する式 (5.58) をあてはめれば，

$$f = \xi^{-d} g(1) \approx \exp\left(-\frac{2k}{\sqrt{t}}\right) \tag{5.59}$$

という自由エネルギーの持つ特異性の式が得られる．この式によると，自由エネルギーは何回でも微分可能な非常に弱い特異性を示す．2 回微分してもこの性質は同じだから，KT 転移に伴う比熱の異常は，実験的には観測できないほど弱いのである．数値シミュレーションでも，比熱は転移点の少し上の温度でなだらかなピークを示すだけであり，転移点ではどのような特異性も見えないことが明らかになっている．

相関関数および比熱の指数関数的な異常は，XY 模型が 2 次元を下部臨界次元としていることの反映である．Ising 模型が下部臨界次元である 1 次元で，$T \to 0$ の極限で指数異常を持つのと類似した性質である．

演習問題 5.

5.1 5-3 節の証明を一般の次元 d に拡張し，$d<2$ では $d=2$ と同様に自発磁化が存在しないこと，および，$d>2$ では自発磁化の存在が否定できないことを示せ。

5.2 相関関数 (5.29) を一般の $d(\neq 2)$ で計算し，$d=2$ が安定性の境界 (下部臨界次元) であることを確認せよ。

5.3 図 5.3 にならって，強さ n が 2 および -2 の渦を描け。

5.4 転移点付近での Kosterlitz 方程式 (5.54) が解 (5.55) を持つことを確かめよ。

5.5 2 次元 XY 模型のハミルトニアンに摂動項 $\sum_i \cos(p\phi_i)$ (p は自然数) を加えたとき，この項がくりこみの意味で有意である条件を求めよ。5-4 節の議論にならって，この摂動項に対応する相関関数 $\left\langle \cos\left(p\phi(r)-p\phi(0)\right)\right\rangle$ を計算し，スケーリング次元 x_p を求める。それより，くりこみの指数 y_p が正になる条件を検討せよ。特に，p がある値 p_0 より大きくて温度がある値 T_p より小さければ，この摂動項が有意になることを示せ。これより，$T_p < T < T_{\mathrm{KT}}$ の温度範囲ではこの摂動は有意ではなく通常の KT 相が実現する。$T<T_p$ においては摂動の効果が重要であり，$\phi_i = 2\pi k/p$ ($k=0,1,2,\cdots,p-1$) の角度のみを取れる模型 (**クロック模型** (clock model)) と同一の性質を持つ。

6. ランダムな系

　現実の物質は，理想化された模型では表しきれない要因を常に含んでいる。例えば，スピンを持つ磁性原子がところどころ不純物で置き換えられてなくなってしまっていたり，なくならないまでもスピン間の相互作用の強さが場所によって異なっていたりすることがある。必ずしも制御しきれないランダムな要因により相転移・臨界現象がどのような影響を受けるかについて，本章では考察する。研究の初期の段階では，特定の温度における物理量の発散のような現象はランダムさの効果でぼやけてしまい，明確な相転移は消失してしまうのではないかとも考えられていた。しかし現在では，ランダムさがあまり強くない限り明確な相転移が存在する場合が多いことがわかっている。こうしたことがどのようにして言えるのかについて，様々な角度から見ていくことにする。

6-1　ランダム磁場

　相転移・臨界現象の研究で扱われるハミルトニアンは，多くの場合相互作用の項と外部磁場の項からなっている。これらはくりこみ群の言葉でいえば，それぞれ指数 y_t および y_h を決める有意な項であり，一番基本的な模型においてはこれら以外に有意な項はない。したがって，様々な起源に由来するランダムさの効果を調べるには，これら2つの項にランダムさを導入した場合どのような影響があるかを研究することになる。まず本節において，磁場項におけるランダムさの効果について考察する。相互作用のランダムさは次節以後で扱う。

　磁場にランダムさがある系のハミルトニアンは

$$H = -J \sum_{\langle ij \rangle} S_i S_j - \sum_i h_i S_i \tag{6.1}$$

と書くことができる。簡単のため，特に断らない限り本章では Ising スピ

ンを取り扱う。各サイトにかかる磁場 h_i が場所によって様々な値を取り，これがランダムさの効果を現している。現実の物質中におけるランダムさの分布を微視的なレベルで詳細に知ることはまず不可能である。そのため，ランダム磁場 $\{h_i\}$ の分布について簡単な模型を立ててその性質を解明するのが普通である。よく用いられるのは，次の各式で与えられる Gauss 分布と 2 値分布である。

$$P(h_i) = \frac{1}{\sqrt{2\pi}\sigma} \exp\left(-\frac{h_i^2}{2\sigma^2}\right) \tag{6.2}$$

$$P(h_i) = \frac{1}{2}\delta(h_i - h_0) + \frac{1}{2}\delta(h_i + h_0) \tag{6.3}$$

離れた場所におけるランダムさの現れ方には関連は薄いと考えられるから，異なるサイト i に対する h_i は独立であるとしよう。

式 (6.1) で表される**ランダム磁場 Ising 模型** (random-field Ising model) に直接対応する物質を実験的に実現するのは難しいとされている。強磁性体にかかる外部磁場が微視的なスケールでサイトごとに符号を変える状況は，まず実現できないのである。しかし，ランダムに希釈された反強磁性体に一様磁場がかかっている系や，不規則性を含む多孔性物質中の流体の格子気体模型などにおける臨界現象が，ランダム磁場 Ising 模型で解析できると考えられている。

6-1-1　クエンチ系と自己平均性

外部磁場のランダムさは，スピンの熱的なゆらぎの時間スケールに比べてずっと遅い時間的な変化しかしない。例えば，ランダムさが磁性原子と非磁性原子のランダムな混合に由来している場合，混合物質における各原子の位置は実験の時間スケールでは変動しないが，スピンの向きは微視的な時間スケールで急速に変化している。それゆえ理論的な取り扱いとしては，$\{h_i\}$ がランダムな分布関数 $P(h_i)$ にしたがっていったん生成されたら，その値を各サイトにおいて固定したままで統計力学の処方箋にしたがって自由エネルギーなどの物理量の計算を実行する必要がある。このような性質を持つランダムさを**クエンチされたランダムさ** (quenched randomness)，その系を**クエンチ系** (quenched system) という。これに対して，ランダムさが微視的な自由度とほぼ同じ時間スケールで変動している系は**アニール**

系 (annealed system) と呼ばれる[1]。以後，通常の実験状況に対応するクエンチ系を考える。

ランダムに固定された (クエンチされた) 外部磁場 $\{h_i\}$ の関数として自由エネルギーなどの物理量を計算するのは容易ではない。h_1 から h_N までの N 個の変数の関数として自由エネルギーを具体的に求めるのは，ふつうはできないのである。しかし好都合なことに，系が十分大きくなる熱力学的極限では，多くの物理量は具体的な磁場の値 $\{h_i\}$ の取り方に依存せず，$\{h_i\}$ を実現する式 (6.2) や (6.3) のような分布関数のみによって決まることがわかっている。このメカニズムは**自己平均性** (self-averaging property) と呼ばれている。

自己平均性を理解するために，系を図 6.1 のようにいくつかの部分系に分けてみよう。全系の大きさを L_0^d，各部分系の大きさを L_1^d とする。d は空間次元，また $L_0 \gg L_1 \gg 1$ とする。つまり，全系も部分系も十分大きく，さらに前者は後者よりずっと大きいとするのである。$L_1 \gg 1$ より，部分系どうしをつなぐところ (部分系の表面) の大きさ L_1^{d-1} は部分系自体の大きさ L_1^d に比べてずっと小さい ($L_1^{d-1}/L_1^d = L_1^{-1} \ll 1$)。このとき，他から切り離して計算された各部分系の自由エネルギー F_{sub} の和は，全系の自由エネルギー F_{tot} に十分近い値を持つ。

$$F_{\text{tot}} = \sum_{j=1}^{M} \left(F_{\text{sub}}^{(j)} + \mathcal{O}(L_1^{d-1}) \right) = \sum_{j=1}^{M} F_{\text{sub}}^{(j)} + \mathcal{O}(L_0^d L_1^{-1}) \qquad (6.4)$$

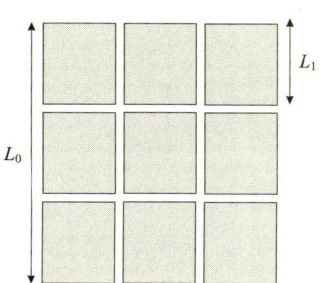

図 **6.1** 全体系をいくつかの部分系に分けると自己平均性が理解される。

---

[1] クエンチするというのは，急速に冷やして動きを凍結するというような意味である。対照的に，アニールするというのは，高温で混ぜてからゆっくりと冷やしていって原子の位置が平衡状態に達する余裕を与えるやり方である。

ここで，j は部分系の番号，M は部分系の総数 $(L_0/L_1)^d (\gg 1)$ である。$\mathcal{O}(\cdot)$ の項は部分系どうしをつなぐ表面自由エネルギーを表している。全系に含まれているスピンの総数 $N = L_0^d$ で上式の両辺を割って 1 スピンあたりの自由エネルギー $f_{\text{tot}} = F_{\text{tot}}/N$ にすると，

$$f_{\text{tot}} = \frac{1}{M} \sum_{j=1}^{M} \frac{1}{L_1^d} F_{\text{sub}}^{(j)} + \mathcal{O}(L_1^{-1}) \approx \frac{1}{M} \sum_{j=1}^{M} f_{\text{sub}}^{(j)} \qquad (6.5)$$

という関係式が導かれる。この式の右辺は，同一の分布関数 $P(h_i)$ から生成された異なるランダム磁場の組 $\{h_i\}$ を持つ多数 (M 個) の系の自由エネルギーの平均値である。一方左辺は，与えられた一組の $\{h_i\}$ に対する自由エネルギーである。両者が等しいということは，十分大きな系においては各サイトの磁場の値 $\{h_i\}$ を固定した場合に得られる，多くの変数 $\{h_i\}$ の関数としての自由エネルギー (左辺) は，この磁場の分布について平均を取った値 (右辺) と一致するということを意味する[2]。自分自身の平均値と確実に一致するという意味で，自己平均性と呼ばれるのである。

自己平均性により，実際の実験的状況で実現する固定された一組のランダム磁場 $\{h_i\}$ に対する自由エネルギーを計算する代わりに，ランダム磁場の分布についての平均値を計算しても答えは同じである。後者の方が理論的な取り扱いが容易なので，以後，後者の立場で議論を進めることにする。ランダムさの分布についての平均を熱平均と区別して，**配位平均** (configurational average) という。

自己平均性は，自由エネルギーに限らず，エネルギー，比熱，磁化，磁化率などの示量性の物理量の 1 自由度あたりの値に対して成立する。これらの物理量は，自己平均性を持つ自由エネルギーの適切な微分により得られるからである。

以上の議論は，磁場がランダムな場合に限らず相互作用にランダムさがある系にもあてはまる。

6-1-2　平均場理論

ランダムな磁場が相転移にどのような影響を与えるかを，まず平均場理論で調べてみよう。ランダムな磁場がない場合には空間的に一様な強磁性

---

[2]　もう少し正確にいえば，確率 1 で一致する。f_{tot} の分布関数が，平均値のところにのみ値を持つデルタ関数に漸近するのである。

相が低温で存在するが，これがランダムな磁場でどのような影響を受けるかを知りたい。そこで，秩序パラメータとして通常の磁化 m を採用する。m はサイトによらない値を持つとすると，自己平均性より

$$m = \frac{1}{N}\sum_{i=1}^{N}\langle S_i\rangle = \left[\langle S_i\rangle\right] \tag{6.6}$$

が十分大きな系について成立する。ここで，$[\cdots]$ は配位平均を表している[3]。2-1 節と同じ手順で平均場理論の近似を適用すると，次の平均場ハミルトニアンが得られる。

$$H = N_{\mathrm{B}}Jm^2 - Jmz\sum_i S_i - \sum_i h_i S_i \tag{6.7}$$

これより，自由エネルギー $F = -T[\log Z]$ を求めると

$$F = N_{\mathrm{B}}Jm^2 - TN\bigl[\log 2\cosh\beta(Jmz + h_i)\bigr] \tag{6.8}$$

となる。ここで，右辺では自己平均性に基づいてランダム磁場の分布についての配位平均を取ってある。

自由エネルギーの最小化の条件から得られる自己無撞着方程式 (状態方程式) は

$$m = \bigl[\tanh\beta(Jmz + h_i)\bigr] \tag{6.9}$$

という形を持つ。この方程式が $m \neq 0$ という強磁性解を持つ条件を調べるために，2-2 節の議論にならって，右辺を m のべきで 3 次まで展開する。

$$\begin{aligned}m =& \beta Jz\bigl[1 - \tanh^2(\beta h_i)\bigr]m \\ &- \frac{1}{3}(\beta Jz)^3\bigl[1 - 4\tanh^2(\beta h_i) + 3\tanh^4(\beta h_i)\bigr]m^3\end{aligned} \tag{6.10}$$

ここで，h_i の分布は 0 のまわりに対称であることから h_i の奇関数の配位平均が 0 になることを使った。

より具体的に話を進めるため，式 (6.3) の 2 値分布を取り上げることにする。2 値分布では，$\tanh^2(\beta h_i)$ など偶数べきの配位平均は，単に h_i を h_0 で置き換えれば直ちに得られる。したがって状態方程式は

$$\begin{aligned}m =& \beta Jz\bigl(1 - \tanh^2(\beta h_0)\bigr)m \\ &- \frac{1}{3}(\beta Jz)^3\bigl(1 - 4\tanh^2(\beta h_0) + 3\tanh^4(\beta h_0)\bigr)m^3\end{aligned} \tag{6.11}$$

---

[3] 式 (6.6) は，配位平均が空間平均と同じ意味を持つことを示唆している。

と書ける。右辺の m の 1 次の係数は，h_0 があまり大きくない限り高温側 $\beta J \ll 1$ では小さく，低温側 $\beta J \gg 1$ では大きい。よって，係数が 1 になる温度

$$\beta_c Jz\bigl(1 - \tanh^2(\beta_c h_0)\bigr) = 1 \tag{6.12}$$

において 2 次転移をし，これより低温で自発磁化を持つ。式 (6.12) で与えられる転移温度は，外部磁場がないとき $h_0 = 0$ には通常の平均場理論の値 $T_c = Jz$ と一致する。

式 (6.12) によると，h_0 が増加するにしたがって転移温度は次第に低下する。ランダムな磁場の効果で，強磁性相が存在する温度範囲が縮小するのである。これと同時に，式 (6.11) の m の 3 次の項の係数の絶対値も $h_0 = 0$ のときの値 $(\beta Jz)^3/3$ から次第に小さくなり，$\tanh^2(\beta h_0) = 1/3$ に達すると 0 になる。状態方程式の 3 次の係数は Landau 理論の自由エネルギーの 4 次の係数であり，この係数が 0 になるということは，2-4 節で述べたようにその点が三重臨界点であることを意味する。三重臨界点を越して h_0 が増加すると，転移は 1 次になる。三重臨界点の温度 T_{tc} を決める方程式は，式 (6.11) の右辺の 1 次の係数が 1，3 次の係数が 0 という条件より

$$\beta_{tc} Jz\bigl(1 - \tanh^2(\beta_{tc} h_0)\bigr) = 1, \quad \tanh^2(\beta_{tc} h_0) = \frac{1}{3} \tag{6.13}$$

である。こうして，T-h_0 面における相図が図 6.2 のように決められた。ランダムさの強さを表す h_0 の増加とともに 2 次転移の温度が低下し，三重臨界点 (白丸) を経て 1 次転移に移行するのである。

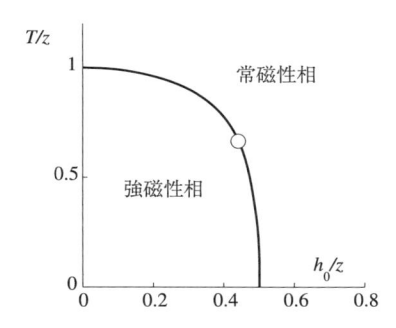

図 **6.2** 2 値分布のランダム磁場のもとにある強磁性体の平均場による相図。白丸で表された三重臨界点より上の温度では転移は 2 次，下では 1 次である。J は 1 としてある。

ところで，ランダム磁場の分布関数として2値分布の代わりにGauss分布 (6.2) を用いると三重臨界点は得られず，低温までずっと2次転移が続く (演習問題 6.2)。このように，平均場理論によると，ランダム磁場の分布関数の性質に応じて定性的に異なる相転移が起きる。

6-1-3 下部臨界次元

平均場理論の結果が現実の3次元系にどこまで適用可能かを研究する第一歩として，上部臨界次元と下部臨界次元を見積もってみよう。まず下部臨界次元 d_{lc} は，5-1節の Peierls の議論に類似の考え方に沿った **Imry-Ma の議論** (Imry-Ma argument) により，Ising 模型では $d_{lc} = 2$，連続スピン系では $d_{lc} = 4$ という結論が得られている。

Peierls の議論にならって，ほとんどすべてのスピンが上を向いている強磁性状態において，差し渡し L のかたまりがランダムな磁場の影響で反転するときのエネルギーの得失を計算し，そのような反転が許されるかどうかを評価する (図 6.3)。反転が起きると，相互作用のエネルギーは Ising 模型では反転したかたまりの表面部分のエネルギーだけ上昇する。これはおよそ JL^{d-1} のオーダーを持つ。連続スピン系ならエネルギー上昇は JL^{d-2} である[4]。一方，完全強磁性状態におけるランダム磁場のエネル

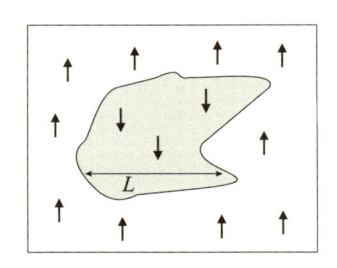

図 6.3 差し渡し L 程度にわたってスピンが反転したときのエネルギー変化を調べる。

---

[4] 連続スピン系ではかたまりの外の上向きスピンから中心部の下向きスピンに至るまで，L のオーダーの長さにわたって向きがゆっくり変わるため，エネルギー上昇が Ising 模型より小さくなる。隣どうしのスピンの向きの変化 $\Delta\theta$ は L^{-1} 程度であり，したがって，$\Delta\theta = 0$ の状態からの反転による相互作用のエネルギー変化は，最近接スピン対について $-J\cos\Delta\theta + J\cos 0 \approx \mathcal{O}(L^{-2})$ になる。これが L の大きさの固まり全般に広がっていると，全エネルギー変化は $\mathcal{O}(L^{d-2})$ となる。

ギー $-\sum_i h_i S_i = -\sum_i h_i$ の配位平均は 0 だが，分散は

$$\left[\left(\sum_i h_i\right)^2\right] = \sum_i [h_i^2] = h^2 L^d \tag{6.14}$$

である．ここで，h^2 は Gauss 分布 (6.2) では σ^2，2 値分布 (6.3) なら h_0^2 を表している．式 (6.14) は，ランダム磁場によって，標準偏差 $\pm hL^{d/2}$ 程度のエネルギーのばらつきは十分起こりうることを意味している．したがって，ランダム磁場のかかり方のゆらぎのために，差し渡し L のかたまりにほぼ一様な下向きの磁場が生じて，その部分のスピンが下向きに反転することにより $hL^{d/2}$ の程度のエネルギーの低下 (利得) を得ても不思議ではない．このとき，相互作用と磁場の効果を合算するとスピン反転によるエネルギーの変化は Ising スピン系で

$$JL^{d-1} - hL^{d/2} \tag{6.15}$$

と見積もることができる．したがって，$d<2$ なら第 2 項の影響のほうが大きく，ランダム磁場による大規模なスピンの反転があちこちで起こり，強磁性状態は崩れる．それに対して $d>2$ のときには，相互作用エネルギーの損失が大きく，強磁性状態は磁場による反転に対して安定である．よって，下部臨界次元は $d_{\mathrm{lc}} = 2$ と考えられる．連続スピン系では，同様の考察により $d_{\mathrm{lc}} = 4$ という結果が得られる．

Imry-Ma の議論は，完全強磁性体的な基底状態の安定性に関する物理的直感に基づいた定性的な予想だが，3 次元ではランダム磁場 Ising 模型が，基底状態のみならず低温でも，あまり磁場が強くない限り確かに強磁性状態を保つことが厳密に証明されている．

6-1-4 上部臨界次元

上部臨界次元を調べるには，少々工夫が必要である．物理量の熱力学的極限での振る舞いを明らかにするためには自由エネルギーの配位平均 $-T[\log Z]$ を求める必要があるが，ここに現れる $\log Z$ のランダム磁場 $\{h_i\}$ に対する依存性は極めて複雑である．このため，$\log Z$ の配位平均を取るのは容易なことではない．ところが，分配関数 Z 自体の中には各 h_i は指数関数の肩に乗った比較的単純な $\exp(\beta \sum_i h_i S_i)$ という形で含まれている．Z を自然数乗した Z^n についても同様である．そこで，恒等式

$$[\log Z] = \lim_{n\to 0} \frac{[Z^n] - 1}{n} \qquad (6.16)$$

を使い，まず Z^n の配位平均を求めてから $n \to 0$ の極限を取るという操作が使われることがよくある。Z のコピー (レプリカ) を n 個作ることから，**レプリカ法** (replica method) と呼ばれている。

自然数 n について得られた結果を $n \to 0$ に外挿するのだから，数学的な厳密性には疑問が残らざるを得ない。しかし実際には，この方法でこれまで研究されてきたランダム系のほとんどすべての場合において，得られた結果は正しいことが証明されるか予想されており，クエンチされたランダムさを持つ物理系へのレプリカ法の適用の妥当性に疑いを抱く人は多くない。

さて，上部臨界次元を見積もるために，2-8 節におけるランダムさのない強磁性体での上部臨界次元 $d_{uc} = 4$ の導出を思い出してみよう。平均場理論が矛盾なく成立するための条件である Ginzburg の基準は $G(r = \xi) \ll m^2$ と表すことができる。通常の強磁性体では，$G(r)$ の Fourier 変換 $\tilde{G}(q)$ が $1/(kt + bq^2)$ という形をしていることから，$t \approx \xi^{-2}$ のとき

$$G(\xi) = \int d\boldsymbol{q}\, e^{iq\xi} \frac{1}{kt + bq^2} = \xi^2 \int d\boldsymbol{q}\, \frac{e^{iq\xi}}{k + b(q\xi)^2} \propto \xi^{2-d} \qquad (6.17)$$

と評価できる。最後のところでは積分変数 q を $1/\xi$ 倍してある。これより，平均場理論が正しいための条件として $\xi^{2-d} \ll m^2$，すなわち $(d-2)\nu > 2\beta$ が得られる。平均場の臨界指数を入れると，この条件式は $d > 4$ となる。

この議論より，$t = 0$ における $\tilde{G}(q)$ の q 依存性が q^{-2} という発散を示していることが上部臨界次元の値 4 の決定に重要であることが明らかになる。もしこの発散のべきが q^{-4} だったら，上と同じ議論により $G(\xi) \propto \xi^{4-d}$ が得られ，$d > 6$ が平均場の成立条件になる。ランダム磁場 Ising 模型では，まさしくこれが起きている。

そこで，ランダム磁場があるときに，レプリカ法による配位平均を取ったあとの系の波数空間での振る舞い，特に秩序パラメータ変数の 2 次項の係数 $(= \tilde{G}(q)^{-1})$ の波数依存性を調べてみることにする。2-7 節と記号をそろえることにすると，n 乗された分配関数は

$$Z^n = \int \left(\prod_{\boldsymbol{r}} \prod_{\alpha=1}^{n} dm^\alpha(\boldsymbol{r}) \right) \exp\left\{ -\sum_{\alpha=1}^{n} \left(kt \int d\boldsymbol{r}\, (m^\alpha(\boldsymbol{r}))^2 \right. \right.$$
$$\left. \left. + b \int d\boldsymbol{r}\, (\nabla m^\alpha(\boldsymbol{r}))^2 + \int d\boldsymbol{r}\, m^\alpha(\boldsymbol{r}) h(\boldsymbol{r}) \right) \right\} \qquad (6.18)$$

と書くことができる。α はレプリカの番号である。レプリカ法の処方箋にしたがって，Z^n をランダム磁場の分布関数で平均する。計算が簡単な Gauss 分布 (6.2) を各 $h(\boldsymbol{r})$ に使うと，上式のランダム磁場の部分が 2 乗された形になる。

$$[Z^n] = \int \left(\prod_{\boldsymbol{r}}\prod_{\alpha=1}^{n} dm^\alpha(\boldsymbol{r})\right) \exp\left\{-\sum_{\alpha=1}^{n}\left(kt\int d\boldsymbol{r}\,(m^\alpha(\boldsymbol{r}))^2\right.\right.$$
$$\left.\left. + b\int d\boldsymbol{r}\,(\nabla m^\alpha(\boldsymbol{r}))^2\right) + \frac{\sigma^2}{2}\int d\boldsymbol{r}\sum_{\alpha,\beta=1}^{n} m^\alpha(\boldsymbol{r})m^\beta(\boldsymbol{r})\right\} \quad (6.19)$$

Fourier 変換して波数空間で表現すれば，

$$[Z^n] = \int \prod_{\boldsymbol{q}}\prod_{\alpha=1}^{n} d\tilde{m}^\alpha(\boldsymbol{q})\,\exp\left\{-\sum_{\alpha=1}^{n}\left(kt\int \frac{d\boldsymbol{q}}{(2\pi)^d}\tilde{m}^\alpha(\boldsymbol{q})\tilde{m}^\alpha(-\boldsymbol{q})\right.\right.$$
$$\left.\left. + \int \frac{d\boldsymbol{q}}{(2\pi)^d}bq^2\tilde{m}^\alpha(\boldsymbol{q})\tilde{m}^\alpha(-\boldsymbol{q})\right)\right.$$
$$\left. + \frac{\sigma^2}{2}\int \frac{d\boldsymbol{q}}{(2\pi)^d}\sum_{\alpha,\beta=1}^{n}\tilde{m}^\alpha(\boldsymbol{q})\tilde{m}^\beta(-\boldsymbol{q})\right\} \quad (6.20)$$

右辺の指数関数の肩が，式 (2.50) に相当する自由エネルギー $-F$ である。

式 (6.20) に対応する $\tilde{G}(\boldsymbol{q})$ が $t = 0$ で q^{-4} に比例して発散することを確かめるために，式 (6.20) で $\tilde{m}(\boldsymbol{q})\tilde{m}(-\boldsymbol{q})$ の係数を見るのだが，レプリカを導入したためにこの係数は各 $\boldsymbol{q}$ ごとに $\tilde{m}^\alpha(\boldsymbol{q})$ を基底とする $n \times n$ の行列になっている。2 章で使った記号に合わせて，この係数行列を $\tilde{G}(\boldsymbol{q})^{-1}$ と書けば，臨界点直上 $t = 0$ において

$$\tilde{G}(\boldsymbol{q})^{-1} = bq^2 - \frac{\sigma^2}{2}E \quad (6.21)$$

ここで，右辺第 1 項は $n \times n$ の単位行列の bq^2 倍，第 2 項は要素がすべて 1 の行列 E の $-\sigma^2/2$ 倍である。式 (6.21) は式 (2.54) の右辺の被積分関数の分母で $t = 0$ とおいたものの拡張である。よって，上式の逆行列の対角成分 $\tilde{G}^{\alpha\alpha}(\boldsymbol{q})$ が相関関数 $G^{\alpha\alpha}(\boldsymbol{r}) = \langle m^\alpha(\boldsymbol{r})m^\alpha(0)\rangle$ の Fourier 変換であり，その $n \to 0$ での振る舞いが q^{-4} に比例することを確かめればよい。$E^2 = nE$ に注意すると，逆行列は容易に計算できて，

$$\tilde{G}(\boldsymbol{q}) = \left(bq^2 - \frac{\sigma^2}{2}E\right)^{-1}$$

$$= (bq^2)^{-1}\left(1 + \sum_{j=1}^{\infty}\left(\frac{\sigma^2}{2bq^2}\right)^j n^{j-1} E\right)$$

$$= \frac{1}{bq^2} + \frac{\sigma^2 E}{bq^2(2bq^2 - n\sigma^2)} \qquad (6.22)$$

となる．したがって，$n \to 0$ の極限では対角成分で $q \to 0$ の極限でもっとも発散が強い項は q^{-4} に比例している．

6-1-5 有限次元系の性質

上部臨界次元と下部臨界次元の間の有限次元系，特に 3 次元のランダム磁場 Ising 模型がどのような性質を持つかについてはまだよくわかっておらず，研究が続けられている[5]．図 6.2 の平均場理論の相図，特に三重臨界点が 3 次元でも存在するか，ランダム磁場が弱い部分に 2 次転移があるとするとその臨界指数はどういう値を取るか，Gauss 分布と 2 値分布でどのような違いがあるか，などが主な論点である．

上部臨界次元と下部臨界次元の間の次元において，ランダム磁場がない系 (純粋系と呼ぶ) にわずかにランダム磁場を入れたとき，ランダム磁場の効果がくりこみ群の意味で有意であることは次のような議論からわかる．式 (6.19) の最後の項が純粋系 ($\sigma = 0$) に対して摂動として加わったとき，くりこみの指数 y が正になることを示せばよい．

そのためには，臨界点直上 $t = 0$ における σ^2 の項 $m^\alpha(\boldsymbol{r})m^\beta(\boldsymbol{r})$ に関わる相関関数の振る舞いからスケーリング次元を調べるとよい．純粋系では異なるレプリカは分離しているから，この相関関数の振る舞いは

$$\langle m^\alpha(0)m^\beta(0)m^\alpha(\boldsymbol{r})m^\beta(\boldsymbol{r})\rangle_0 \propto \langle m^\alpha(0)m^\alpha(\boldsymbol{r})\rangle_0 \langle m^\beta(0)m^\beta(\boldsymbol{r})\rangle_0$$
$$= \langle m(0)m(\boldsymbol{r})\rangle_0^2 \propto r^{-4x_h} \qquad (6.23)$$

という結果になる．ここで，$\langle \cdots \rangle_0$ は純粋系での期待値である．x_h は純粋系における変数 $m(\boldsymbol{r})$ の通常のスケーリング次元 $\langle m(0)m(\boldsymbol{r})\rangle \propto r^{-2x_h}$ である．これより，式 (6.19) に現れるランダム磁場の項 $m^\alpha(\boldsymbol{r})m^\beta(\boldsymbol{r})$ のスケーリング次元は $2x_h$ であることがわかり，対応するくりこみ指数は

$$y = d - 2x_h = d - 2(d - y_h) = 2y_h - d \qquad (6.24)$$

---

[5] 連続スピン系では $d_{lc} = 4$ だから，3 次元では強磁性相は消失してしまい面白いことは何も起こらない．

と評価される。関係式 $\gamma = (2y_h - d)/y_t$ からも明らかなように上式の y は常に正であり、ランダム磁場の項は純粋系に対して有意であることが示された。したがって、強磁性相がランダム磁場の摂動によって壊されずに残るにしても、常磁性相と強磁性相の間の相転移に伴う臨界現象は、純粋系とは質的に異なったものになる。

6-2　スピングラス

今度は、相互作用項にランダムさが入ったらどうなるかを考察しよう。数種類の原子が混合した磁性体においては、スピンの間の相互作用がところどころ消失していたり、強磁性相互作用 ($J > 0$) と反強磁性相互作用 ($J < 0$) が混在していたりして多彩な秩序相が出現することが知られている。本節では、ランダムさの効果が強く相互作用の符号が一定でない**スピングラス** (spin glass) について解説する。

場所によってスピン間の相互作用が強磁性的であったり反強磁性的であったりすると、前者のような場所ではスピンが同じ方向にそろう傾向を示し、後者では反対向きになろうとする。このため、強磁性相のような空間的に一様な秩序相とは異なり、場所ごとに向きがばらばらな秩序相 (スピングラス相) が出現することがある。ばらばらということと秩序ということは相反する概念だが、スピングラス相では空間的な一様性が存在しないという意味ではばらばらだが、ひとつのスピンに着目して時間とともにその向きがどう変化するかという時間変化を見る限りほとんど変動がないという意味でそろっているのである。スピンがランダムに凍結しているということもできる。対照的に、常磁性相では空間的にも時間的にもばらばらになっている。

こうした奇妙な秩序状態がどのような条件下で出現するかを調べるのがスピングラスの研究である。理論的な模型としては、相互作用がクエンチされたランダム変数であるハミルトニアン

$$H = -\sum_{\langle ij \rangle} J_{ij} S_i S_j - h \sum_i S_i \tag{6.25}$$

を取り扱う。**Edwards-Anderson 模型** (Edwards-Anderson model) と呼ばれる。ここで J_{ij} は実験的には、サンプルが与えられれば固定 (クエン

チ)され与えられており,理論的にはこれに対応して例えば Gauss 分布関数から生成され,固定されるとする.この模型の解析から,低温では空間的に一様な秩序を持つ強磁性相だけでなく,ランダムにそろったスピングラス相も状況によっては出現することがわかっている.本節では主に平均場理論の紹介をし,有限次元系の性質については最後に簡単に述べることにする.

なお,6-1-1 節で述べたクエンチされたランダムさの話や自己平均性は,スピングラスでもそのまま成り立つ.

6-2-1 Sherrington-Kirkpatrick 模型

スピングラスの平均場理論は,Edwards-Anderson 模型の無限レンジ版である **Sherrington-Kirkpatrick 模型** (**SK 模型**) (Sherrington-Kirkpatrick model) を使って展開される.強磁性体の場合に無限レンジ模型が平均場理論と同じ結果を与えたことから,スピングラスでも無限レンジ模型が平均場理論に相当する役割を果たすと期待されるのである.そこで次のようなハミルトニアンを議論の出発点にする.

$$H = -\sum_{i<j} J_{ij} S_i S_j - h \sum_i S_i. \tag{6.26}$$

スピンは Ising スピンであり,右辺第 1 項の和は異なるすべてのスピン対について取る[6]).和の項数は,N 個のサイトから 2 個を選ぶ組み合せの数 $N(N-1)/2$ である.相互作用 J_{ij} は Gauss 分布

$$P(J_{ij}) = \frac{1}{J}\sqrt{\frac{N}{2\pi}} \exp\left\{-\frac{N}{2J^2}\left(J_{ij} - \frac{J_0}{N}\right)^2\right\} \tag{6.27}$$

にしたがうクエンチされた確率変数である.この確率分布においては平均と分散が

$$[J_{ij}] = \frac{J_0}{N}, \quad [(\Delta J_{ij})^2] = \frac{J^2}{N} \tag{6.28}$$

といずれも $1/N$ に比例している.前者は,強磁性体の無限レンジ模型 (2.29) で相互作用が $1/N$ に比例していることに対応している.分散も同様に $1/N$ に比例するとすれば,ハミルトニアン (6.26) から計算される示量性の物理量が以下に示すように N に比例するのである.

---

6) $\sum_{i<j}$ は $(1/2)\sum_{i\neq j}$ と同じである.

6-2 スピングラス

この系の自由エネルギーをレプリカ法によって求める詳細なプロセスは少し長くなるので,付録 5. に譲り,結果のみを書いておこう.

$$-\beta f = \frac{\beta^2 J^2}{4}(1-q)^2 - \frac{1}{2}\beta J_0 m^2 + \frac{1}{\sqrt{2\pi}} \int dz\, e^{-z^2/2} \log 2\cosh \beta \tilde{H}(z) \tag{6.29}$$

ここで,$\tilde{H}(z) = J\sqrt{q}z + J_0 m + h$ である.変数 m は通常の強磁性相を特徴づける秩序パラメータである磁化

$$m = \bigl[\langle S_i \rangle\bigr] \tag{6.30}$$

を表し,また q はランダムな凍結を特徴づける**スピングラス秩序パラメータ** (spin-glass order parameter) である.

$$q = \bigl[\langle S_i \rangle^2\bigr] \tag{6.31}$$

スピンがランダムに凍結していると熱平均値 $\langle S_i \rangle$ は 0 ではないが,状態が空間的にばらばらであることを反映してサイト i ごとに異なる符号や大きさを持つ.そのため,式 (6.30) のようにそのまま配位平均 (空間平均) $[\cdots]$ を取ると $m = 0$ になってしまう.これに対して,式 (6.31) のように 2 乗して符号をすべて正にしてから配位平均を取ると 0 でない値になる.したがって,$q > 0$ かつ $m = 0$ がランダムに凍結したスピングラス相を特徴づけるパラメータの組である.強磁性相においては q と m のいずれも 0 でない値を取る.

さて,自由エネルギー (6.29) の変数 m についての極値条件は

$$m = \frac{1}{\sqrt{2\pi}} \int dz\, e^{-z^2/2} \tanh \beta \tilde{H}(z) \tag{6.32}$$

となる.これは強磁性の秩序パラメータ m に関する状態方程式である.式 (6.32) は,外場中の 1 スピンの磁化の式 $m = \tanh \beta h$ と比べると,ランダムさのために有効磁場が Gauss 分布しているとも解釈できる.

q についての極値条件は

$$\frac{\beta^2 J^2}{2}(q-1) + \frac{1}{\sqrt{2\pi}} \int dz\, e^{-z^2/2} \bigl(\tanh \beta \tilde{H}(z)\bigr) \cdot \frac{\beta J}{2\sqrt{q}} z = 0 \tag{6.33}$$

であるが,部分積分によりこの式は

$$q = 1 - \frac{1}{\sqrt{2\pi}} \int dz\, e^{-z^2/2} \operatorname{sech}^2 \beta \tilde{H}(z) = \frac{1}{\sqrt{2\pi}} \int dz\, e^{-z^2/2} \tanh^2 \beta \tilde{H}(z) \tag{6.34}$$

と書き換えることができる.

6-2-2　SK 模型の相図

温度 T および分布の中心 J_0 の値に応じて状態方程式 (6.32), (6.34) の解が決まる。外部磁場はないとしよう ($h=0$)。まず, J_{ij} の分布が 0 のまわりに対称 ($J_0=0$) のときには $\tilde{H}(z) = J\sqrt{q}z$ だから, $\tanh\beta\tilde{H}(z)$ は奇関数である。したがって式 (6.32) より明らかに $m=0$ であり, 強磁性相は出現しない。この場合, 自由エネルギーは

$$-\beta f = \frac{1}{4}\beta^2 J^2 (1-q)^2 + \frac{1}{\sqrt{2\pi}} \int dz\, e^{-z^2/2} \log 2\cosh(\beta J \sqrt{q} z) \tag{6.35}$$

である。スピングラス秩序パラメータ q が 0 に近い臨界点付近の様子を調べるために, 右辺を q について展開すると

$$\beta f = -\frac{1}{4}\beta^2 J^2 - \log 2 - \frac{\beta^2 J^2}{4}(1-\beta^2 J^2)q^2 + \mathcal{O}(q^3) \tag{6.36}$$

が得られる。Landau 理論によれば, q^2 の係数が 0 のところが臨界点ゆえ, $\beta J = 1$ でスピングラス転移が生じる。

J_{ij} の分布が 0 のまわりに対称でないとき ($J_0 > 0$) には強磁性解 ($m \neq 0$) が存在する可能性がある。式 (6.34) の右辺を q と m について展開して最低次の項のみ残すと

$$q = \beta^2 J^2 q + \beta^2 J_0^2 m^2 \tag{6.37}$$

となる。$J_0 = 0$ なら係数 $\beta^2 J^2$ が 1 になるところが臨界点である。これは自由エネルギーの展開からすでに導いた結果と一致している。

$J_0 > 0$, $m > 0$ なら式 (6.37) により $q = \mathcal{O}(m^2)$ である。このことを念頭において状態方程式 (6.32) の右辺を展開して最低次の項のみを残すと

$$m = \beta J_0 m + \mathcal{O}(q) \tag{6.38}$$

が得られる。こうして, m が 0 でなくなる強磁性相の臨界点が $\beta J_0 = 1$ すなわち $T_c = J_0$ であることが明らかになった。

以上で, 常磁性相とスピングラス相の境界 ($\beta J = 1$) および常磁性相と強磁性相の境界 ($\beta J_0 = 1$) がわかった。スピングラス相と強磁性相の境界を求めるには式 (6.32) と式 (6.34) を数値的に解かなければならない。このようにして得られた相図が図 6.4 である。J_0 が 0 でなくても J より小さい限り ($J_0/J < 1$), $q > 0, m = 0$ なるスピングラス相が存在する。$J_0/J > 1$ の領域においてはスピングラス相は強磁性相の下に入り込んでいる (図の点線)。これを**リエントラント転移** (reentrant transition) という。

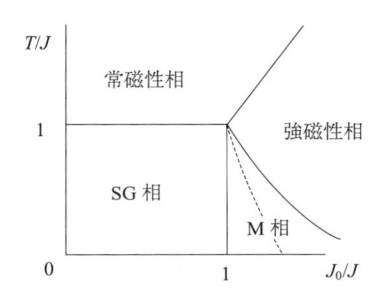

図 6.4 SK 模型の相図。点線はレプリカ対称解が誤って与える強磁性相とスピングラス (SG) 相の間の境界。スピングラス相と混合 (M) 相，混合相と通常の強磁性相の境界 (M 相の左右にある実線) は，レプリカ対称性の破れを考慮しないと出てこない。

以上の結果は実は，付録 5. で詳説するように，レプリカ法において異なるレプリカは全く同等の性質を持つと仮定して得られた**レプリカ対称解** (replica-symmetric solution) である。レプリカ対称解では，図 6.4 の点線がスピングラス相と強磁性相の相境界になり，図には点線をまたいで記されている混合 (M) 相 (強磁性とスピングラスの性質を併せ持つ相) や，混合相の左右に記載されている実線の相境界は存在しない。計算が非常に込み入っているので本書では解説を省略するが，レプリカの間の対称性が必ずしも成立してない可能性を考慮するとこの結論は修正され，スピングラス相と強磁性相の境界は $J_0 = J$ での垂直な線になる。また強磁性相のうち，比較的高温の部分ではレプリカ対称解は正しい解だが，低温部では $m > 0$ であるにもかかわらずレプリカ対称性が破れた混合相が出現する。

レプリカ対称性の仮定が必ずしも正しい結果を与えないことは，例えば自由エネルギーの式 (6.29) を使って $J_0 = 0$ のときのエントロピーを求めてみると低温で負になっていることにより確かめられる。エントロピーは状態数の対数であり，Ising スピンのような離散自由度の系では必ず正か 0 にならなければならないのである。

6-2-3　有限次元系の性質

平均場理論によるスピングラスの理解が現実の有限次元系でどれだけ信頼できるかを調べるために，まず上部臨界次元を見積もってみよう。強磁性

相の影響を排除して純粋にスピングラス状態だけを取り扱うために，$J_0 = 0$ の場合を議論する．強磁性的な秩序パラメータである磁化 m は 0 である．

このとき，SK 模型のレプリカ対称解の自由エネルギー (6.29) を q について展開すると，式 (6.36) のように定数項と q^2 の項の次に q^3 の項が出現する．強磁性体の無限レンジ模型やそれと同等な Landau 理論においては，m^2 の次は m^4 であった．これは，スピンの全反転でハミルトニアンが不変であるため，S_i の平均である m の符号を変えても自由エネルギーが不変 ($f(m) = f(-m)$) であり，偶関数になるのが理由である．ところが，スピングラス秩序パラメータは $\langle S_i \rangle$ の 2 乗の平均で常に正であり，自由エネルギーは q に対する反転対称性を持たない．このために自由エネルギーは q の偶関数とは限らず，q の奇数べきも含むのである．

以上の考察はレプリカ法とは直接かかわりなく，レプリカ対称性の破れとは無関係に成立する．したがって例えば 4-3-1 節において展開された Gauss 固定点の安定性の議論で，平均場の臨界指数を与える Gauss 模型に対する摂動項の有意性を調べるには，秩序パラメータ変数の 3 次項の振る舞いを考察する必要がある．4-3-1 節における 4 次項の有意性の議論と同様の議論を 3 次項について行うと，3 次項の係数 v のスケール変換性 $v \to b^{y_v} v$ における指数 y_v が $3 - d/2$ であることが導かれる（演習問題 6.3）．よって，$d > 6$ ならこの項は有意ではなく，Gauss 模型による平均場的な記述が摂動に対して安定である．これは上部臨界次元が 6 であることを示唆している．

下部臨界次元は上部臨界次元のようには容易には求まらない．Imry-Ma の議論のような空間的に一様な秩序状態の安定性に関する考察ではスピングラスは取り扱えないのである．主に数値計算により，下部臨界次元は 2 から 3 付近であろうと推定されている．

少し別の角度から上部臨界次元と下部臨界次元の間にある有限次元系の性質を調べるために，6-1-5 節にならって，純粋系に少しだけランダムさが加わったときの有意性の議論をしてみよう．式 (6.18) と (6.19) に類似の形式によりランダムな相互作用の有意性を見たいので，ハミルトニアンを純粋系 H_0 とランダムな相互作用による摂動項 H_1 に分ける．

$$H_0 = -J_0 \sum_{\langle ij \rangle} S_i S_j, \tag{6.39}$$

$$H_1 = -\frac{1}{2}\sum_{\boldsymbol{r}}\sum_{\boldsymbol{\delta}} J_{\boldsymbol{r},\boldsymbol{r}+\boldsymbol{\delta}} S_{\boldsymbol{r}} S_{\boldsymbol{r}+\boldsymbol{\delta}} \equiv -\sum_{\boldsymbol{r}} J(\boldsymbol{r})E(\boldsymbol{r}) \qquad (6.40)$$

ここで $J(\boldsymbol{r})$ は平均 0, 分散 J^2 のクエンチされた Gauss 変数であるとする。$\boldsymbol{\delta}$ は最近接格子点へのベクトルである。n 乗された分配関数の配位平均を取ると，純粋系に対するランダムさの摂動項は式 (6.19) の最後の項と同様に

$$\frac{J^2}{2}\int d\boldsymbol{r} \sum_{\alpha,\beta} E^{\alpha}(\boldsymbol{r}) E^{\beta}(\boldsymbol{r}) \qquad (6.41)$$

と表される。この摂動項のスケーリング次元は，式 (6.23) と同様にして

$$\left\langle E^{\alpha}(0)E^{\beta}(0)E^{\alpha}(\boldsymbol{r})E^{\beta}(\boldsymbol{r}) \right\rangle_0 \propto \left\langle E^{\alpha}(0)E^{\alpha}(\boldsymbol{r}) \right\rangle_0^2 \propto r^{-4x_E} \qquad (6.42)$$

より, $2x_E$ である。ここで x_E は，純粋系におけるエネルギー演算子 $S_{\boldsymbol{r}}S_{\boldsymbol{r}+\boldsymbol{\delta}}$ のスケーリング次元 $d-y_t$ である。よって，ランダムな相互作用項の有意性を決定するくりこみ指数は

$$y = d - 2x_E = 2y_t - d = \frac{2-d\nu}{\nu} \qquad (6.43)$$

となる。これより，$2 < d\nu$ のときランダムな相互作用は有意でなく，臨界指数は純粋系と同じ値になることがわかる。これを **Harris の基準** (Harris criterion) という。ハイパー・スケーリング $2-d\nu = \alpha$ を使えば，Harris の基準は，純粋系の比熱の臨界指数が負 ($\alpha < 0$) ならランダムな相互作用は有意でないと言い換えることもできる。

 Harris の基準には次のような直観的な解釈を与えることができる。局所エネルギーを表す演算子 $E(\boldsymbol{r})$ の係数 $J(\boldsymbol{r})$ への摂動に対して系がどう反応するかを判定するのが，Harris の基準である。$J(\boldsymbol{r})$ は常に $\beta = 1/T$ との積で Boltzmann 因子に現れるから，$J(\boldsymbol{r})$ の摂動は局所的な温度変化と考えてもよい。エネルギー $\langle E(\boldsymbol{r}) \rangle$ の温度変化を表すのは比熱であり，比熱は $\alpha > 0$ なら発散する。したがって，$\alpha > 0$ のときには局所的な温度変化を与える摂動に対して系は不安定であり，そのような摂動が入ると系の性質は定性的に変化するのである。

 Harris の基準を導く議論は，正負両方の符号を持つスピングラス的な摂動に限らず，純粋系に対するクエンチされたランダムな相互作用摂動一般について成立する。例えば，次節で述べる強磁性体の希釈の問題にも適用できる。このような摂動の項についてレプリカ法によって有効ハミルトニ

アンを作り，指数の肩に現れるキュミュラントを見ると局所エネルギーの2次の項が初項となり，上述の議論が使えるのである．高次の項はくりこみの指数が2次項より小さい．

なお，Harrisの基準は純粋系に対する相互作用摂動の有意性を見るものであり，摂動の結果どういった臨界現象が新たに出現するかは，別途調べる必要がある．また，ランダム磁場のような相互作用項以外への摂動は直接的な適用範囲ではない．しかしながら，6-1-5節および本節の議論，特に式 (6.23), (6.24), (6.42), (6.43) を一般化して統一的な表現にすることはできる．すなわち，スケーリング場 g_i に対応するランダムな摂動が純粋系に加わったとき，その有意性は g_i のくりこみ指数 y_i を使って $2y_i - d$ の符号により決定されるのである．

6-3 希釈強磁性体とパーコレーション

前節では，正負両方の符号を持つランダムな相互作用の効果を調べた．符号が変わるのではなく，ところどころ相互作用が消失して0になるようなランダムさもある．例えば，強磁性体と非磁性体を均一に混ぜて磁性原子を非磁性原子でところどころ置き換えることにより，部分的に相互作用が消失した系を作ることができる．**希釈強磁性体** (diluted ferromagnet) である．このようにサイトが消失する場合でも，あるいは相互作用 (ボンド) 自体が直接消失する場合でも以下の話は本質的に変わらないので，本節ではまず前者のような**サイト希釈** (site dilution) について解説する．なお，後者は**ボンド希釈** (bond dilution) と呼ばれている．希釈強磁性体の絶対零度での相転移は，パーコレーションという幾何学的な相転移と深く結びついている．

6-3-1 希釈強磁性体

スピングラスと違って，希釈強磁性体では低温においても強磁性相以外の特別な相は出現しない[7]．話を具体的に進めるため，各サイトは他のサイトとは独立に確率 $1-p$ で希釈されて消失し，確率 p で残っている (原子で占有されている) としよう．希釈の度合いを強めるにつれ (すなわち p

---

[7] Griffiths 相と呼ばれる特殊な相はできるが，その相転移は実験的にはまず測定不可能な極めて弱い特異性しか持たない．

6-3 希釈強磁性体とパーコレーション

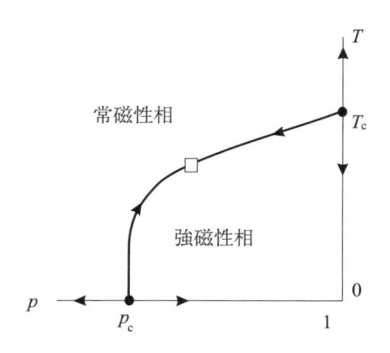

図 6.5 希釈強磁性体の相図。p は希釈されずに残っている占有サイトの割合を表す。矢印は，くりこみ群によるパラメータの変化である。白い四角は，相境界に沿った臨界現象を支配するランダム固定点を 2 次元平面に射影したものを表す。

が 1 から小さくなるにつれ) 強磁性相は次第に不安定化し，ある限度 p_c より小さくなると完全に消失する (図 6.5)。Harris の基準はこのような場合にも適用可能であり，純粋系 ($p=1$ の希釈されてない系) の比熱の臨界指数が $\alpha>0$ を満たすなら希釈の効果はくりこみ群の意味で有意であり，希釈された系の臨界現象は純粋系と異なったものになる。

図 6.5 には，くりこみ群によるパラメータの変化の様子を単純化して記入してある。純粋系の臨界点 T_c は，くりこみに対して温度軸 (縦軸) 方向に不安定である。また，$\alpha>0$ だとすると，Harris の基準により p が 1 から減少する横方向にも不安定である。この場合，中間的なパラメータのところに，希釈強磁性体の臨界現象を支配する新たな**ランダム固定点** (random fixed point) が存在する (図 6.5 の白い四角)。もう少し厳密にいえば，くりこみが進むごとに新たに多数のパラメータが出現し，2 次元平面上の相図ではくりこみの流れは描ききれない。ランダム固定点は，図 6.5 から外れた多次元空間の中に位置しているが，便宜上この図の上に投影して示してある。図 6.2 の三重臨界点などとは違って，図 6.5 の四角の位置に特別な臨界点があるわけではない。

ランダム固定点にくりこみ群の流れが流れ込むとすると，相図の構造から推察して絶対零度においても固定点が存在すると予想される。図 6.5 で p

軸において p_c と記された点がこの固定点に相当し，**パーコレーション転移** (percolation transition) と呼ばれる幾何学的な相転移を表している。絶対零度では希釈強磁性体のスピンはすべて同一方向に固まっていて，系の性質の決定には積極的な役割を果たさない。それでも p の変化に応じて相転移が起きるのは，占有されたサイトのかたまりの大きさが p_c で劇的に変化するからである。占有されたサイトをつながったかたまりに分け，各かたまりを**クラスター** (cluster) という。図 6.6 のように，最近接格子点がともに占有されている場合にこれらはつながっていて，同じクラスターに属しているとしよう。図 6.6 には，小さなクラスターがいくつかと，系の上から下までつながった (パーコレートした) 大きなクラスターがひとつある場合を例示した。

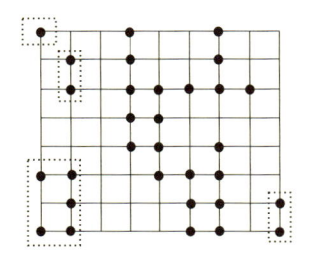

図 **6.6** パーコレーションの例。黒丸が占有されたサイトを表す。点線で囲んで示した複数の小さなクラスターと，パーコレートした大きなクラスターがひとつ存在している。

占有されたサイトの割合 p が p_c より大きいうちは，系の端から端まで巨視的な大きさに広がったクラスターが存在するのに対し，$p < p_c$ になると限られた大きさのクラスターしかなくなるのがこのような系での相転移である。

クラスター上にある Ising スピンは，絶対零度では例えばすべて上を向いている ($S_i = 1$) から，すべてのクラスターの大きさの和は $\sum_i' S_i$ で与えられる。和はクラスター上のサイト，つまり占有されたサイトについて取る。したがって，絶対零度における希釈強磁性体の自発磁化はクラスターの大きさと密接に関連している。正確にいえば，有限の大きさのクラスターは，系の大きさ (理論的には無限大) で割った 1 スピンあたりの磁化には寄与し

ない。1スピンあたりの磁化は,無限に広がったクラスターに属しているサイトの割合 P と一致する。この量は,p が上から p_c に近づくにつれて小さくなり,$p \leq p_c$ では 0 になる。

以下説明するように,磁化以外の各種の物理量も p_c において特異性を示す。この現象は,熱ゆらぎによる相転移・臨界現象の $T - T_c$ を $p - p_c$ で置き換えれば,類似した枠組みで理解できる。

なお,パーコレーションは磁性とは本来無関係の幾何学的な概念であり,森林火災の伝搬や複雑な空隙を持つ地層内に蓄積された石油の探索などの問題の解析にも使われる。

6-3-2 パーコレーションにおけるスケーリング

パーコレーションの臨界現象の解明には,与えられた有限の大きさ s を持つクラスターの数が重要な役割を果たす。例えば,1 次元で大きさ 4 のクラスターができる確率を考えてみよう (図 6.7)。4 つ続けてサイトが占有されている確率は p^4 であり,さらにクラスターの左右のサイトがいずれも空いている確率は $(1-p)^2$ である。このクラスターを長さ L の 1 次元格子に置く置き方の数は,クラスターの左端のサイトを L のどこに置くかという数であり,およそ L である。1 次元格子の端の効果は巨視的な物理量には影響を及ぼさないので無視することにすれば,「およそ」ではなく正確に L として差し支えない。したがって,大きさ 4 のクラスターの総数は $Lp^4(1-p)^2$ である。L で割って 1 サイトあたりのクラスター数にした方が便利であり,この量を $n_4(p)$ と標記することにすれば,$n_4(p) = p^4(1-p)^2$ である。一般に,$n_s(p) = p^s(1-p)^2$ であることは明らかだろう。

図 6.7 1 次元の大きさ 4 のクラスター。黒丸が占有されたサイト,白丸は占有されてないサイトを表している。

特定のサイトが大きさ s のクラスターに属する確率は,クラスター内の s 個のどの位置でもそのクラスターに属していることには変わりないことから,$sn_s(p)$ で与えられることに注意しておこう。

2 次元以上では,$n_s(p)$ を任意の s について具体的に書き下すのは容易

ではない．様々な形のクラスターが出現し，それらをすべて列挙することは s が大きくなると非常に困難な作業になるのである．そこで，$n_s(p)$ を閉じた形で求めるのは止めて，$p \approx p_c$ における臨界現象に重要な役割を果たすと思われる大きなクラスター ($s \gg 1$) に関して $n_s(p)$ の振る舞いを推定することにする．

p が p_c に近くて s が非常に大きい極限での $n_s(p)$ の漸近形を知りたいのだが，通常の熱的な臨界現象との類推により，$n_s(p)$ が次のスケーリング則を満たすと仮定すれば，パーコレーションの臨界現象の解析が系統的にできるようになる．

$$n_s(p) = s^{-\tau} f\big((p-p_c)s^\sigma\big) \tag{6.44}$$

すなわち，$n_s(p)$ の s と p への依存性の本質的な部分は，$(p-p_c)s^\sigma$ という組み合せの一変数関数として表せるとするのである．

式 (6.44) を使って主要な物理量の p_c 付近での様子を調べてみる．まず，占有されているサイトが無限のクラスターに属している確率 P の振る舞いに注目しよう．前節で述べたように，P は希釈強磁性体の絶対零度での磁化に対応し，$p > p_c$ では正の値，$p \leq p_c$ では 0 になる．p_c 付近で 0 になるなり方のべきを β と書くことにしよう．

$$P \approx (p-p_c)^\beta \quad (p > p_c) \tag{6.45}$$

ところで，サイトが占有されている確率は，無限のクラスターに属している確率と有限の大きさのクラスターに属している確率の和であるから，次式が成立する．

$$P + \sum_{s=1}^{\infty} n_s(p)s = p \tag{6.46}$$

ここで，$p = p_c$ では $P = 0$ ゆえ $\sum_s n_s(p_c)s = p_c$ が成立することより，上式は

$$P = \sum_s \big(n_s(p_c) - n_s(p)\big)s + (p-p_c) \tag{6.47}$$

と書き換えることができる．s が大きいところでの $n_s(p)$ の振る舞いが臨界現象を支配しているとすれば，s のきざみ $\Delta s = 1$ は s 自身に比べて十分小さいことから，和を積分で置き換えることが正当化される．そこでスケーリング則 (6.44) を使うと，式 (6.47) より

$$P \approx \int ds\, s^{-\tau+1}\bigl[f(0) - f((p-p_c)s^\sigma)\bigr] + (p-p_c) \quad (6.48)$$

という表式を得る。P の特異性を調べるためには，右辺第 2 項は落としてよい。積分変数を $z = (p-p_c)s^\sigma$ に変換すれば，上式は $p > p_c$ において

$$P \propto (p-p_c)^{(\tau-2)/\sigma} \int dz\, z^{-1+(2-\tau)/\sigma}\bigl(f(0) - f(z)\bigr) \quad (6.49)$$

と書き換えられる。この量が $(p-p_c)^\beta$ に比例することから，

$$\beta = \frac{\tau-2}{\sigma} \quad (6.50)$$

が結論される。

次に，有限サイズのクラスターの平均的な大きさについて考察する。ひとつのサイトが大きさ s のクラスターに属する確率は $sn_s(p)$ だから，有限サイズのクラスターの大きさの期待値 S は，

$$S = \sum_s n_s(p)s^2 \approx \int ds\, s^2 n_s(p) \quad (6.51)$$

である。$p < p_c$ として，式 (6.44) を使って積分変数を $z = (p_c-p)s^\sigma$ に変換することにより，上式は

$$S \propto (p_c-p)^{(\tau-3)/\sigma} \int dz\, f(-z) z^{-1+(3-\tau)/\sigma} \quad (6.52)$$

と書き換えられる。p が下から p_c に近づくにつれて次第に大きなクラスターが成長してきて，p_c に至ると無限のクラスターが存在できるようになり S は発散する。この発散の指数を γ とすれば，上式より

$$\gamma = \frac{3-\tau}{\sigma} \quad (6.53)$$

を得る。$p > p_c$ でも，無限のクラスターを除いた有限クラスターの大きさは p_c に近づくにつれて発散し，上式と同じ指数の関係が成立する。

S の発散の指数を γ と書くのは，以下に示すように，S が希釈強磁性体の低温極限における磁化率に比例していることによる。絶対零度付近ではクラスター内の Ising スピンはすべて同じ方向を向いていて，値 $\pm s$ を取りうる孤立した単独スピンとみなすことができる。したがって，温度と同程度に小さい外部磁場 h の下では，大きさ s のクラスターの磁化は $s\tanh(\beta s h)$ であり，系全体の磁化はこれらの寄与の和で表される。$p < p_c$ においては無限のクラスターがないから磁化は有限のクラスターの寄与のみであり，

$$m = \sum_s n_s(p) s \tanh(\beta s h) \tag{6.54}$$

これより磁化率を求めると，

$$\chi = \left.\frac{\partial m}{\partial h}\right|_{h \to 0} = \beta \sum_s s^2 n_s(p) = \beta S \tag{6.55}$$

となる。したがって，χ と S は絶対零度付近において自明な因子 β を除いて一致する[8]。

クラスターの総数 $M_0 = \sum_s n_s(p)$ も p_c において特異性を示す量である。M_0 の特異部分を $(p_c - p)^{2-\alpha}$ とすれば，β や γ の場合と同様の論理により，次の関係式を導くことができる (演習問題 6.4)。

$$2 - \alpha = \frac{\tau - 1}{\sigma} \tag{6.56}$$

以上の議論からわかる通り，スケーリング則 (6.44) に出てくる指数 τ と σ が他の臨界指数を決定する。この状況は，熱的なゆらぎによる臨界現象と類似している。なお，σ と τ を消去すると次のスケーリング関係式が得られる。

$$\alpha + 2\beta + \gamma = 2 \tag{6.57}$$

6-3-3　フラクタル次元とハイパー・スケーリング

スケーリング則 (6.44) は，通常の臨界現象における有限サイズスケーリング (3.58) に似ている。$t = (T - T_c)/T_c$ が $p - p_c$ に対応し，長さの尺度 L がクラスターの大きさ s に対応しているように見える。しかしこの対応関係は正確ではない。大きさ s というのはクラスターに含まれるサイトの総数であり，クラスターの 1 次元的な長さ (差し渡し) とは違うのである。典型的なクラスターの差し渡しは相関距離 ξ だろうから，相関距離と大きさ s を結びつける必要がある。

そこでまず，相関関数 $G(r)$ と相関距離 ξ を定義することから始めよう。相関関数 $G(r)$ とは，有限クラスター内の占有されたサイトから測って距離 r のところにあるサイトが，同じクラスター内の占有されたサイトである確率を表す。少々極端だがわかりやすい例を挙げれば，2 次元において半径 a の円内がすべて占有されていて，円の外はすべて空なら，円の中心からの相関関数は $r < a$ に対して $G(r) = 1$ であり，$r > a$ では $G(r) = 0$

---
[8]　ここでの β は $1/T$ である。臨界指数と混同しないように。

6-3 希釈強磁性体とパーコレーション

である。この例からもわかるように，$G(r)$ をすべての r について加え合わせれば，クラスターの大きさの期待値になる。

$$S = \sum_r G(r) \tag{6.58}$$

有限クラスターのみを考察の対象とするため $p < p_c$ としておく。上記の関係は，通常の臨界現象における磁化率と相関関数の関係と同じである。

有限のクラスターの大きさは定義により有限であり，$G(r)$ は典型的な距離 ξ を境として $r > \xi$ では急速に減衰する。この距離 ξ が相関距離である。

$$G(r) \approx r^{-c} e^{-r/\xi} \tag{6.59}$$

p が下から p_c に近づくにつれて大きなクラスターができるようになり，p_c で相関距離は発散する。その臨界指数が ν である。

$$\xi \propto (p_c - p)^{-\nu} \tag{6.60}$$

ところで，スケーリング則 (6.44) において，$z = (p - p_c)s^\sigma$ が小さい領域 $|z| \ll 1$ から大きい領域 $|z| \gg 1$ に移行する境目

$$s_0 \approx (p_c - p)^{-1/\sigma} \tag{6.61}$$

は，相関関数 $G(r)$ が減衰を始める距離 ξ と関連していると考えるのは自然であろう。実際，与えられた p において $|z| = |(p - p_c)s^\sigma|$ が 1 より小さい値を与える s から，1 より大きな値を与える s に移行するということは，逆に s を固定して p の値を p_c に近いところから，離れたところに変化させるのと本質的に同じ効果を $n_s(p)$ に及ぼす。言い換えれば，$|z| \approx 1$ において臨界点にごく近い臨界領域内から，臨界点からは遠い臨界領域外に移る。一方，クラスターをその差し渡しの長さ程度である相関距離 ξ よりずっと小さなスケールで見ると ξ は十分大きく見えるから，系は臨界領域にあるように見えるが ($|z| \ll 1$ に対応)，ξ よりずっと大きなスケールで見れば ξ の有限性がはっきり見えて臨界領域からの外れが認識される ($|z| \gg 1$ に対応)。よって，$|z| = 1$ に相当する s_0 は，このような振る舞いの定性的な変化が起きるところ，つまり ξ の差し渡しを持つクラスターの大きさ (占有サイト数) とみなすことができる。

p_c 直上あるいはそのごく近傍では，有限のクラスターは単純な球 (3 次元空間の場合) や円 (2 次元空間の場合) とは違って，多数の枝分かれを含んだ非常に入り組んだ構造を持っている。そのような構造を特徴づけるのが，p_c におけるクラスターの**フラクタル次元** (fractal dimension) D であ

る。上述の考察より，s_0 は差し渡し ξ のクラスターの大きさに対応し，フラクタル次元 D を使って次のように関係づけられる。

$$s_0 \propto \xi^D \tag{6.62}$$

球や円のような単純な形状の物体なら D は空間次元 d に等しいが，入り組んだ構造を持つ**フラクタル** (fractal) の場合は，差し渡し ξ の増加に対する占有サイト数 s の増加の割合が単純な物体よりも小さいため，$D < d$ である。一般に，ξ より短いスケール L で見ると系は臨界状態にあるように見え，クラスターはフラクタル的 ($s \propto L^D$) に見える。$L \to \xi$ で $s \to s_0$ になる。

以上の関係式 (6.60), (6.61), (6.62) より，次の関係式が成立する。

$$s_0 \propto \xi^D \propto (p_c - p)^{-D\nu} \propto (p_c - p)^{-1/\sigma} \tag{6.63}$$

よって

$$D\nu\sigma = 1 \tag{6.64}$$

なる関係があることが明らかになった。

こうして臨界指数 ν とフラクタル次元 D を結びつけることができたが，フラクタル次元 D と空間次元 d の関係や，臨界指数と空間次元の関係 (ハイパー・スケーリング) については何がいえるのだろうか。結論から述べれば，D と d との間には

$$D = d - \frac{\beta}{\nu} \tag{6.65}$$

という関係が成立し，$D\nu\sigma = 1$ と合わせて D を消去すると，ハイパー・スケーリングが導かれるのである。式 (6.65) は，フラクタル次元が空間次元よりどれだけ下がるかを臨界指数によって記述する，興味深い関係である。

関係式 (6.65) を理解するために，p を p_c よりわずかに大きい値に固定して，一辺 L の有限系の内部に含まれている占有サイト数 $M(L)$ について考える。$L \gg \xi$ とし，系を一辺が相関距離 ξ の長さを持つ部分系に分割する。部分系の数は $(L/\xi)^d$ である。部分系内の占有サイト数は式 (6.62) により ξ^D だから，系全体の占有サイト数は $(L/\xi)^d \xi^D = \xi^{D-d} L^d$ である。これは，P の定義により PL^d と一致するべきだから，$P \propto (p - p_c)^\beta$ を使うと式 (6.65) が得られる。

$D\nu\sigma = 1$ と $D = d - \beta/\nu$ より D を消去し，式 (6.50) と (6.53) から得られる関係 $\beta + \gamma = 1/\sigma$ およびスケーリング関係式 (6.57) を使うと，ハ

イパー・スケーリング

$$2\beta + \gamma = d\nu = 2 - \alpha \tag{6.66}$$

が導かれる。これは，通常の臨界現象におけるハイパー・スケーリングと同じ式である。通常の臨界現象と同様に，ハイパー・スケーリングは上部臨界次元以下で成立する式である。次節で述べるように，パーコレーションの上部臨界次元は 6 である。

6-3-4　ボンド過程と Potts 模型

スケーリングの考え方がパーコレーションの臨界現象を理解するのに役立つことを見てきた。もう少し立ち入って，有限温度のスピン系の臨界現象をパーコレーションの問題に直接書き換えることができれば，両者の対応関係がより明確になる。状態数が 1 の極限における Potts 模型を通じて，こうした対応関係を厳密に定式化することができる。

前節までで取り扱ったパーコレーションは，各サイトの占有の有無をランダムに決める**サイト過程** (site process) であった。これに対して，Potts 模型と対応が付くのは，各ボンドが確率 p で占有される**ボンド過程** (bond process) なので，本節ではボンド過程を取り上げて解説する。ボンド過程でも，クラスターやその大きさ (クラスター内の占有されたボンド数) などの概念はそのまま有効であり，これまでに展開してきたスケーリング理論は変更を受けることなく適用されることに注意しておこう。

格子上に置かれた q 状態 Potts 模型

$$H = -J \sum_{\langle ij \rangle} \delta_{S_i, S_j} \tag{6.67}$$

の性質を考える。S_i は 1 から q までの値を取る Potts スピンである。この模型で，温度を変化させたときに起きる臨界現象が，$q \to 1$ の極限でパーコレーションの臨界現象と等価になるという興味深い事実が示せるのである。

ハミルトニアン (6.67) に対する分配関数

$$Z = \sum_{\{S\}} \exp\left(K \sum_{\langle ij \rangle} \delta_{S_i, S_j}\right) = \sum_{\{S\}} \prod_{\langle ij \rangle} e^{K \delta_{S_i, S_j}} \tag{6.68}$$

は，関係式 $e^{K \delta_{S_i, S_j}} = 1 + (e^K - 1)\delta_{S_i, S_j}$ を使って，次のように書き換えられる。

$$Z = \sum_{\{S\}} \prod_{\langle ij \rangle} \left(1 + u\delta_{S_i,S_j}\right) \quad (u = e^K - 1) \tag{6.69}$$

この式の右辺の積を展開すると，各ボンドから1か$u\delta_{S_i,S_j}$が出てくる。そこで，積の展開から得られるuの多項式の各項を次のようにして図形表示する。ボンド(ij)において$u\delta_{S_i,S_j}$が選ばれていればそのボンドは占有されているとし，1ならば占有されていないとする。こうして多項式の各項は，図6.8のようなボンドの占有状態を示す図で表される。

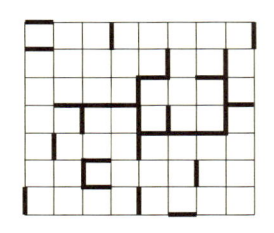

図 6.8 ボンド過程の例。太線が占有されたボンドを表す。

占有されたボンドにはδ_{S_i,S_j}なる制約がかけられている。両端のサイトiとjにおけるスピンが同じ値を取るのである。このため，占有されたボンドによって構成されるひとつながりのクラスター内では，すべてのサイトでスピンは同じ値を取る。異なるクラスター間では，スピンの値は全く独立である。したがって，Zのuについての多項式展開は，次のように表示することもできる。

$$Z = \sum_{\text{config}} q^{N_c} u^{N_b} \tag{6.70}$$

ここで，和は占有されたボンドの配置の仕方 (図6.8のような図の描き方) すべてについて取る。N_cは，与えられた占有ボンド配置におけるクラスターの数，N_bは同じく与えられた占有ボンド配置における占有ボンド数である。

さて，ボンド過程のパーコレーションにおいては，与えられた占有ボンド配置の出現確率P_{config}は，N_Bを占有の有無を問わない全ボンド数として，$p^{N_b}(1-p)^{N_B-N_b}$である。一方，$u = p/(1-p)$とおいて式 (6.70) の全体に$(1-p)^{N_B}$をかけると，この式は

$$\tilde{Z}(q,p) \equiv (1-p)^{N_B} Z = (1-p)^{N_B} \sum_{\text{config}} q^{N_c} \left(\frac{p}{1-p}\right)^{N_b}$$
$$= \sum_{\text{config}} q^{N_c} P_{\text{config}} \qquad (6.71)$$

となる。$\tilde{Z}(q,p)$ は，$q \to 1$ とすればすべての占有ボンド配置についての出現確率を加え合わせた量である。こうして，$q \to 1$ における Potts 模型とパーコレーションの間の対応関係が一応付いた。

実際には，$\tilde{Z}(q,p)$ で単純に $q = 1$ とおけば，すべての可能な事象についての確率の和であり，1 が得られるにすぎない。しかし，$q = 1 + \epsilon$ として，微小量 ϵ の 1 次の項のみを残せば

$$\tilde{Z}(1+\epsilon, p) = 1 + \epsilon \sum_{\text{config}} N_c P_{\text{config}} = 1 + \epsilon \langle N_c \rangle \qquad (6.72)$$

となり，ϵ の 1 次の項がクラスター数の期待値を与える。前節までの記号で書けば，$dq = d\epsilon$ より，

$$\left.\frac{\partial}{\partial q} \log \tilde{Z}(q,p)\right|_{q \to 1} = \langle N_c \rangle = \sum_s n_s(p) = M_0 \qquad (6.73)$$

と表される。よって，M_0 は q 状態 Potts 模型の自由エネルギーの 1 状態極限であり，Potts 模型の臨界指数 α の $q \to 1$ 極限が，パーコレーションの臨界指数 α になっている。他の臨界指数も同様の対応関係を満たす (演習問題 6.5)。

臨界点は，K_c を Potts 模型の臨界点として，$u = p/(1-p)$ より

$$\lim_{q \to 1} e^{K_c} - 1 = \frac{p_c}{1-p_c} \qquad (6.74)$$

という対応関係にある。例えば，正方格子上においては演習問題 8.2 で示す通り，q 状態 Potts 模型の転移点は $e^{K_c} = \sqrt{q} + 1$ である。これと上式を組み合わせると，正方格子におけるボンド過程の臨界確率が $p_c = \frac{1}{2}$ と算出される。

最後に，上部臨界次元と平均場理論について述べておこう。1 状態極限の Potts 模型の上部臨界次元を求めるために，空間依存性を持つよう拡張された Landau の自由エネルギーにおいて，Gauss 固定点での高次項の有意性を見る。Potts 模型は $q = 2$ の Ising 模型を除いて，スピン変数の反転による対称性を持たないので Landau の自由エネルギーは偶数次のみな

らず奇数次の項も含む．したがって，Gauss 固定点への補正項は 3 次から始まる．この場合，スピングラスについて 6-2-3 節で議論したように，3 次項の有意性の境界は 6 次元である．これより，パーコレーションの上部臨界次元が 6 であると結論される．

$d > 6$ における平均場の臨界指数は，Gauss 固定点の性質から容易に算出できる．4-3-1 節で述べたように，Gauss 固定点では臨界指数は式 (4.38)

$$\alpha = 2 - \frac{d}{2}, \ \beta = \frac{d-2}{4}, \ \gamma = 1, \ \nu = \frac{1}{2}, \ \eta = 0 \qquad (6.75)$$

となる．ハイパー・スケーリングが使える限界の次元である上部臨界次元 $d = 6$ を上式に入れると，パーコレーションにおける平均場の臨界指数が次のように求められる．

$$\alpha = -1, \ \beta = 1, \ \gamma = 1, \ \nu = \frac{1}{2}, \ \eta = 0 \qquad (6.76)$$

これらの値は，Bethe 格子 (Bethe 近似が厳密解を与える特別な構造の格子) でパーコレーションを直接に解いた結果と一致している．

なお，$q > 2$ の Potts 模型は，Landau 自由エネルギーにおける 3 次項のために平均場理論では相転移が 1 次になるが，パーコレーションは $q \to 1$ に対応しているため，次元によらず 2 次転移である．これは，$q = 2$ で 3 次項の係数の符号が変わることに起因している．

演習問題 6.

6.1 平均場理論によると，ランダム磁場 Ising 模型において 2 値分布のときには図 6.2 のように絶対零度での転移点が $h_0/Jz = 1/2$ で与えられることを示せ．

6.2 ランダム磁場 Ising 模型の平均場理論によると，分布関数が Gauss 分布 (6.2) のときには，絶対零度で $\sigma_c = \sqrt{2/\pi}\, Jz$ において 2 次転移が起きることを示せ．状態方程式で絶対零度極限を取ったあと m について展開するとよい．

6.3 Gauss 固定点付近におけるスピングラス秩序パラメータの 3 次項の有意性を調べることにより，スピングラスの上部臨界次元が 6 であることを示せ．

6.4 式 (6.56) を導け．

6.5 Potts 模型の相関関数が $q \to 1$ の極限でパーコレーションの相関関数になることを示そう．Ising 模型の相関関数は $G(\boldsymbol{r}) = \langle S_0 S_{\boldsymbol{r}} \rangle$ と定義され，常磁性相では $r \to \infty$ で指数関数的に 0 に近づく．これは，常磁性相では各サイトで $S_i = 1$ と $S_i = -1$ の確率が等しくなり，平均すると 0 になることを反映している．Potts 模

型でも，常磁性相で急速に減衰する相関関数は，単純平均が 0 になる $\delta_{S_i,1} - q^{-1}$ の積の平均で定義する必要がある．

$$G(\boldsymbol{r}) = \left\langle (\delta_{S_0,1} - q^{-1})(\delta_{S_{\boldsymbol{r}},1} - q^{-1}) \right\rangle \tag{6.77}$$

そこで，この量を，6-3-4 節の対応関係でパーコレーションに読み替える．このとき，

(i) サイト 0 と $\boldsymbol{r}$ が異なるクラスターに属するなら $(\delta_{S_0,1} - q^{-1})(\delta_{S_{\boldsymbol{r}},1} - q^{-1})$ の期待値は 0 になることを示せ．

(ii) サイト 0 と $\boldsymbol{r}$ が同じクラスターに属するなら，$(\delta_{S_0,1} - q^{-1})(\delta_{S_{\boldsymbol{r}},1} - q^{-1})$ の期待値は $(q-1)/q^2$ になることを示せ．

(iii) $q = 1 + \epsilon$ として，Potts 模型の相関関数 $G(\boldsymbol{r})$ を ϵ の 1 次まで展開したときの ϵ の係数が，パーコレーションの相関関数になることを示せ．

7. 厳密に解ける模型

相転移・臨界現象の研究において，問題が厳密に解ける例は数が限られている。しかしこれらの例は，平均場理論やくりこみ群に代表される近似解法の精度を検証する上で重要な役割を果たしている。また，統計力学模型の厳密解はそれ自体興味深く，数理物理学の主要な一分野を形成している。特に，Onsager によって 1944 年に求められた 2 次元 Ising 模型の厳密解は，現代的な相転移・臨界現象の研究の源流となったといっても過言ではない。本章では，比較的容易な取り扱いができる 1 次元の古典スピン系から入って，球形模型，量子的な 1 次元 XY 模型，2 次元 Ising 模型といった標準的な例について解説する。

7-1　1 次元 Ising 模型

1 次元 Ising 模型はすでにくりこみ群の解説において取り上げたが，改めて系統的かつ伝統的な解法を提示しておくことにする。後述の 2 次元 Ising 模型の転送行列法による解にもつながっていく重要な考え方が，1 次元ですでに現れているのである。

7-1-1　自由境界条件

自由境界条件の下での 1 次元 Ising 模型のハミルトニアンは

$$H = -\sum_{i=1}^{N-1} J_i S_i S_{i+1} \tag{7.1}$$

である。あとの便宜上，相互作用が場所に依存する値を取るようにしてある。自由境界条件を Z の上付き添え字 (F) で表すことにする。分配関数

$$Z_N^{(\mathrm{F})} = \sum_{S_1=\pm 1} \cdots \sum_{S_N=\pm 1} \exp\left(\beta \sum_{i=1}^{N-1} J_i S_i S_{i+1}\right) \tag{7.2}$$

7-1 1次元 Ising 模型

を計算するため，まず S_N についての和だけを実行してみる．S_N が関与する部分だけを分けて書けば

$$Z_N^{(\mathrm{F})} = \sum_{S_1, S_2, \cdots, S_{N-1}} e^{\beta J_1 S_1 S_2 + \cdots + \beta J_{N-2} S_{N-2} S_{N-1}} \cdot \sum_{S_N = \pm 1} e^{\beta J_{N-1} S_{N-1} S_N} \tag{7.3}$$

よって，S_N についての和は他と切り離して直ちに実行でき，

$$\sum_{S_N = \pm 1} e^{\beta J_{N-1} S_{N-1} S_N} = 2\cosh(\beta J_{N-1} S_{N-1}) = 2\cosh(\beta J_{N-1}) \tag{7.4}$$

なる因子が出てくる．ここで，cosh は偶関数であり $\cosh(\beta J_{N-1} S_{N-1})$ は $S_{N-1}(=\pm 1)$ の値によらないことを使った．こうして求められた関係式

$$Z_N^{(\mathrm{F})} = 2\cosh(\beta J_{N-1}) \cdot Z_{N-1}^{(\mathrm{F})} \tag{7.5}$$

は $Z_N^{(\mathrm{F})}$ と $Z_{N-1}^{(\mathrm{F})}$ の間の漸化式とみなすことができる．この漸化式を繰り返し使うと

$$Z_N^{(\mathrm{F})} = 2\cosh(\beta J_{N-1}) \cdot 2\cosh(\beta J_{N-2}) \cdots 2\cosh(\beta J_1) \cdot 2 \tag{7.6}$$

が得られる．最後の 2 は，S_1 についての和から出てくる．これが分配関数の解である．

自由エネルギー，エネルギー，比熱などの物理量は，式 (7.6) の対数をとって β で微分すれば直ちに求められる．簡単のため相互作用が一様であるとして $J_i = J$ とおくと，結果は次の通りになる．

$$F = -TN\log(2\cosh K) \tag{7.7}$$

$$E = -JN\tanh K \tag{7.8}$$

$$C = \frac{K^2 N}{\cosh^2 K} \tag{7.9}$$

ここで $K = \beta J$ であり，また系が十分大きいとする極限を考えて $N-1$ を N で置き換えてある．エネルギーと比熱の温度依存性を図 7.1 に示す．特に，低温極限 ($K \gg 1$) での比熱は，$\cosh^2 K \approx e^{2K}/4$ より

$$C \approx 4NK^2 e^{-2K} \tag{7.10}$$

と，指数関数的に 0 に近づく．

相関関数の定義は

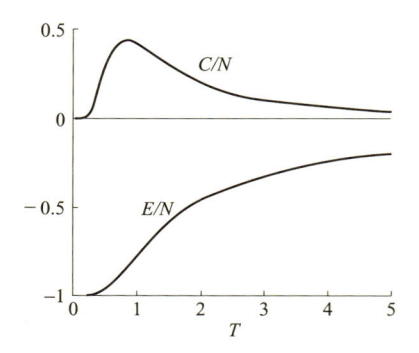

図 7.1 1次元 Ising 模型における1スピンあたりのエネルギーと比熱。$J=1$ としてある。比熱は $T=1$ 付近でピークを持つ。

$$\langle S_i S_{i+r} \rangle = \frac{\sum_{S_1,\cdots,S_N} S_i S_{i+r}\, e^{\beta(J_1 S_1 S_2 + \cdots + J_{N-1} S_{N-1} S_N)}}{Z_N^{(\mathrm{F})}} \tag{7.11}$$

である。分子は分母の $Z_N^{(\mathrm{F})}$ を微分した式で表現される。$S_j^2 = 1$ と式 (7.6) を使って，

$$\begin{aligned}
&\langle S_i S_{i+r} \rangle \cdot Z_N^{(\mathrm{F})} \\
&= \sum_{S_1,\cdots,S_N} S_i S_{i+1} \cdot S_{i+1} S_{i+2} \cdots S_{i+r-1} S_{i+r}\, e^{\beta(J_1 S_1 S_2 + \cdots + J_{N-1} S_{N-1} S_N)} \\
&= \frac{\partial}{\partial(\beta J_i)} \frac{\partial}{\partial(\beta J_{i+1})} \cdots \frac{\partial}{\partial(\beta J_{i+r-1})} Z_N^{(\mathrm{F})} \\
&= (2\cosh\beta J_1 \cdot 2\cosh\beta J_2 \cdots 2\cosh\beta J_{i-1}) \\
&\quad \cdot (2\sinh\beta J_i \cdot 2\sinh\beta J_{i+1} \cdots 2\sinh\beta J_{i+r-1}) \\
&\quad \cdot (2\cosh\beta J_{i+r} \cdots 2\cosh\beta J_{N-1}) \cdot 2
\end{aligned} \tag{7.12}$$

よって，相互作用が一様なとき $(J_i = J)$ には相関関数は

$$\langle S_i S_{i+r} \rangle = (\tanh K)^r = \exp\{-r(-\log\tanh K)\} \tag{7.13}$$

である。これより，相関距離が

$$\xi = -\frac{1}{\log\tanh K} \tag{7.14}$$

であることがわかる。低温の極限では，$\tanh K \approx 1 - 2e^{-2K}$ より $\xi \approx e^{2K}/2$ となり，相関距離は指数関数的に発散する。

7-1　1 次元 Ising 模型

磁化率 χ を求めるには，磁化率が相関関数の和で表されることに着目する (付録 2.)。

$$\chi = \beta \sum_{i,j=1}^{N} \langle S_i S_j \rangle \tag{7.15}$$

まず，式 (7.13) に見られる通り相関関数 $\langle S_i S_j \rangle$ が 2 つの位置の間隔 $|i-j|$ にのみ依存することに注意する。さらに，話を簡単にするため系が十分大きい場合に限って議論を展開することにすれば，上式 (7.15) の右辺の和で端の方 (i, j が 1 や N に近い項) の効果は無視できる。このことを使って上式を書き換えると

$$\frac{\chi}{N} = \beta \left(1 + 2 \sum_{k=1}^{N} \langle S_i S_{i+k} \rangle \right) \tag{7.16}$$

ここで，右辺第 1 項は式 (7.15) の $i=j$ の項からきている。第 2 項の和が 2 倍されているのは，式 (7.15) では $j (\equiv i+k)$ が i より大きい場合 ($k>0$) と小さい場合 ($k<0$) があるからである。相関関数の形 (7.13) を代入して和を実行すると

$$\lim_{N \to \infty} \frac{\chi}{N} = \beta \cdot \frac{1 + \tanh K}{1 - \tanh K} \tag{7.17}$$

となる。図 7.2 に示すように，この磁化率は低温極限で βe^{2K} に比例する強い指数関数型の発散を示す。1 次元が下部臨界次元で，$T=0$ がちょうど転移点になっている兆候がこういう形で現れている。

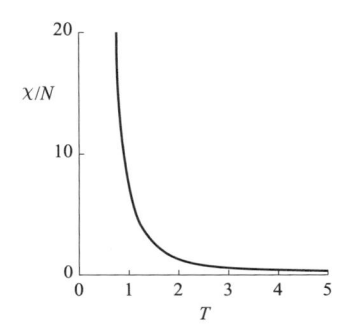

図 **7.2**　1 次元 Ising 模型の磁化率。$J=1$ としてある。$T \to 0$ で指数関数型の強い発散を示している。

7-1-2 周期境界条件

周期境界条件が課せられていると，分配関数の計算に際して自由境界条件のときのように端から順に和を取っていくことはできない。しかし，**転送行列法** (transfer matrix method) という強力な手法を用いると，分配関数が比較的容易に計算できる。転送行列法は 2 次元 Ising 模型の解を求める際も使われるので，やや詳しく説明しておこう。

まず，分配関数の定義を書き下す。外部磁場も含めると

$$Z_N^{(\mathrm{P})} = \sum_{S_1,\cdots,S_N} \exp\bigl(KS_1S_2+hS_1+KS_2S_3+hS_2+\cdots+KS_NS_1+hS_N\bigr) \tag{7.18}$$

上付き添え字の (P) は周期境界条件を表している。ここで，次の記号を導入すると便利である。

$$T(S_1,S_2) = \exp\left(KS_1S_2 + \frac{h(S_1+S_2)}{2}\right) \tag{7.19}$$

すると式 (7.18) は次のように書ける。

$$Z_N^{(\mathrm{P})} = \sum_{S_1,\cdots,S_N} T(S_1,S_2)T(S_2,S_3)T(S_3,S_4)\cdots T(S_{N-1},S_N)T(S_N,S_1) \tag{7.20}$$

ところで，$T(S_i,S_{i+1})$ は S_i と S_{i+1} の値に応じて 4 つの値を取る。そこでこれを 2 行 2 列の行列 (転送行列) とみなすことができる。

$$T = \begin{pmatrix} T(1,1) & T(1,-1) \\ T(-1,1) & T(-1,-1) \end{pmatrix} = \begin{pmatrix} e^{K+h} & e^{-K} \\ e^{-K} & e^{K-h} \end{pmatrix} \tag{7.21}$$

すると，式 (7.20) の右辺の和で S_1 を除く S_2 から S_N までの和を取ったものは，T の N 個の積 T^N の対角成分 $T^N(S_1,S_1)$ とみなすことができる。

$$\begin{aligned}&T^N(S_1,S_1)\\&= \sum_{S_2,\cdots,S_N} T(S_1,S_2)T(S_2,S_3)T(S_3,S_4)\cdots T(S_{N-1},S_N)T(S_N,S_1)\end{aligned} \tag{7.22}$$

それゆえ，最後に S_1 について和を取る操作は行列 T^N のトレースを取ることと同じである。

$$Z_N^{(\mathrm{P})} = \mathrm{Tr}\, T^N \tag{7.23}$$

したがって T の 2 つの固有値を $\lambda_\pm$ とすれば

7-1　1次元 Ising 模型

$$Z_N^{(\mathrm{P})} = \lambda_+^N + \lambda_-^N \tag{7.24}$$

である。T の固有値は容易に求められ，

$$\lambda_\pm = \frac{e^{K+h} + e^{K-h} \pm \sqrt{(e^{K+h} + e^{K-h})^2 - 4e^{2K} + 4e^{-2K}}}{2} \tag{7.25}$$

であることがわかる。こうして分配関数が完全に決定された。

自由境界条件での自由エネルギーの式 (7.7) と比較するために，境界の影響が無視できる熱力学的極限 $N \to \infty$ を考えてみる。$\lambda_+ > \lambda_-$ より

$$Z_N^{(\mathrm{P})} = \lambda_+^N \left\{ 1 + \left(\frac{\lambda_-}{\lambda_+}\right)^N \right\} \to \lambda_+^N \tag{7.26}$$

よって，外部磁場がないとき ($h=0$) の1スピンあたりの自由エネルギーは

$$\lim_{N \to \infty} \frac{F}{N} = -T \log \lambda_+ = -T \log(2 \cosh K) \tag{7.27}$$

これは式 (7.7) と一致している。したがって，自由エネルギーを微分して得られるエネルギーや比熱も境界条件によらない同一の表式になる。

次に，相関関数を周期境界条件の下で求めるため，定義式から出発する。簡単のため外部磁場はない ($h=0$) とする。例として S_2 と S_4 の相関関数について説明しよう。

$$\langle S_2 S_4 \rangle \cdot Z_N^{(\mathrm{P})} = \sum_{S_1, \cdots, S_N} T(S_1, S_2)$$
$$\cdot S_2 \cdot T(S_2, S_3) T(S_3, S_4) \cdot S_4 \cdot T(S_4, S_5) \cdots T(S_N, S_1) \tag{7.28}$$

スピン変数についての和が行列のトレースとみなせることは，すでに述べた。そこで，上式右辺に現れる $T(S_1, S_2)$ から $T(S_N, S_1)$ までの積を両側から T の固有ベクトルで挟んだ期待値を求めればよい。$h=0$ のときの規格化された固有ベクトルは，固有値 $\lambda_\pm$ に対応して

$$|\pm\rangle = \frac{1}{\sqrt{2}} \begin{pmatrix} 1 \\ \pm 1 \end{pmatrix} \tag{7.29}$$

である。まず $|+\rangle$ で挟むと，右側からかかる $|+\rangle$ は，$T(S_N, S_1)$ から $T(S_4, S_5)$ まで固有値 λ_+ 倍されながらそのままの形で残る。左からの $\langle +|$ は，$T(S_1, S_2)$ にかかって $\lambda_+ \langle +|$ となる。よって

$z_+ \equiv$
$\langle +|T(S_1, S_2) \cdot S_2 \cdot T(S_2, S_3) T(S_3, S_4) \cdot S_4 \cdot T(S_4, S_5) \cdots T(S_N, S_1)|+\rangle$

$$= \lambda_+ \langle +|S_2 T(S_2,S_3)T(S_3,S_4)S_4|+\rangle \lambda_+^{N-3} \tag{7.30}$$

ここで，$T(S_3,S_4)S_4$ は行列 $T(S_3,S_4)$ の第 2 列の符号を変えたものだから

$$T(S_3,S_4)S_4|+\rangle = \begin{pmatrix} e^K & -e^{-K} \\ e^{-K} & -e^K \end{pmatrix} \cdot \frac{1}{\sqrt{2}} \begin{pmatrix} 1 \\ 1 \end{pmatrix}$$

$$= \frac{\lambda_-}{\sqrt{2}} \begin{pmatrix} 1 \\ -1 \end{pmatrix} = \lambda_-|-\rangle \tag{7.31}$$

同様にして，

$$\langle +|S_2 T(S_2,S_3) = \frac{1}{\sqrt{2}}(1 \quad 1)\begin{pmatrix} e^K & e^{-K} \\ -e^{-K} & -e^K \end{pmatrix}$$

$$= \frac{\lambda_-}{\sqrt{2}}(1 \quad -1) = \lambda_-\langle -| \tag{7.32}$$

よって

$$z_+ = \lambda_+^{N-2}\lambda_-^2 \tag{7.33}$$

$|-\rangle$ で挟んだ期待値 z_- も同様にして計算できる。λ_+ と λ_- を入れ替え，同時に $|+\rangle$ と $|-\rangle$ を入れ替えるだけでよい。結果は明らかに

$$z_- = \lambda_-^{N-2}\lambda_+^2 \tag{7.34}$$

したがって，式 (7.24) を使って

$$\langle S_2 S_4 \rangle = \frac{\lambda_+^{N-2}\lambda_-^2 + \lambda_-^{N-2}\lambda_+^2}{\lambda_+^N + \lambda_-^N} \tag{7.35}$$

$\lambda_+ > \lambda_-$ より，熱力学的極限 $N \to \infty$ では

$$\lim_{N\to\infty}\langle S_2 S_4 \rangle = \left(\frac{\lambda_-}{\lambda_+}\right)^2 = \tanh^2 K \tag{7.36}$$

任意の相関関数も同様にして評価できる。結果は，$r \leq N/2$ として

$$\langle S_i S_{i+r} \rangle = \left(\frac{\lambda_-}{\lambda_+}\right)^r = (\tanh K)^r \tag{7.37}$$

である。これは自由境界条件下の結果 (7.13) と一致している。こうして，熱力学的極限では物理量は境界条件に依存しないことが示された。

なお，式 (7.37) を書き換えると

$$\langle S_i S_{i+r} \rangle = \exp\left(-r\log\frac{\lambda_+}{\lambda_-}\right) \tag{7.38}$$

であるから，相関距離は転送行列の2つの固有値の比の対数で与えられることに注目しよう。

$$\xi = \frac{1}{\log \frac{\lambda_+}{\lambda_-}} \quad (7.39)$$

転送行列の最大固有値と第2固有値の比で相関距離が決まるという性質は，2次元以上でも成立することがわかっている。

7-2　1次元 n ベクトル模型

各サイトに配置されたスピン $\bm{S}_i$ が n 個の成分を持っているものを，**$\bm{n}$ ベクトル模型** (n-vector model) あるいは **$\bm{O(n)}$ 模型** ($O(n)$ model) という。$\bm{S}_i$ は，規格化条件 $|\bm{S}_i| = 1$ を満たす古典的なベクトル $\bm{S}_i = {}^t(S_{i1}, S_{i2}, \cdots, S_{in})$ である。ハミルトニアンは，外部磁場はないとして

$$H = -J \sum_{\langle ij \rangle} \bm{S}_i \cdot \bm{S}_j \quad (7.40)$$

特に $n = 1$ が Ising 模型であり，$n = 2, 3$ はそれぞれ XY 模型と Heisenberg 模型に相当する。4以上の n は直接的には現実の物質には対応しないが，理論的な取り扱い上，一般の n について議論すると便利なことがある。特に，$n \to \infty$ の極限は**球形模型** (spherical model) として知られており，7-3節で示すように空間次元によらず厳密解が求まる。

平均場理論で取り扱うと，n ベクトル模型は n によらず同じ臨界現象 (同じ臨界指数) を示す。しかし，4-3-2節で述べたように，上部臨界次元以下では臨界指数は n の関数になる。本節では，1次元空間において自由境界条件の下で n ベクトル模型の厳密解を提示し，その性質を議論する。

自由境界条件の下での1次元 n ベクトル模型の分配関数の定義を書いておこう。

$$Z_N^{(\mathrm{F})} = \int \prod_{i=1}^N d\bm{S}_i \, \exp\bigl\{K(\bm{S}_1 \cdot \bm{S}_2 + \bm{S}_2 \cdot \bm{S}_3 + \cdots + \bm{S}_{N-1} \cdot \bm{S}_N)\bigr\} \quad (7.41)$$

各 $\bm{S}_i$ についての積分は，規格化条件 $|\bm{S}_i| = 1$ を満たす $\bm{S}_i$ 空間の部分空間 (単位球殻) 上で実行する。

さて，前節の Ising 模型の例にならって $\boldsymbol{S}_N$ から順番に積分していくことにする．そのために，$\boldsymbol{S}_N$ が関わる部分を抜き出してみる．

$$Z_N^{(\mathrm{F})} = \int \prod_{i=1}^{N-1} d\boldsymbol{S}_i \exp\{K(\boldsymbol{S}_1\cdot\boldsymbol{S}_2 + \boldsymbol{S}_2\cdot\boldsymbol{S}_3 + \cdots + \boldsymbol{S}_{N-2}\cdot\boldsymbol{S}_{N-1})\}$$
$$\cdot \int d\boldsymbol{S}_N \exp(K\boldsymbol{S}_{N-1}\cdot\boldsymbol{S}_N) \qquad (7.42)$$

$\boldsymbol{S}_N$ についての積分の範囲は n 次元スピン空間の単位球殻上である．単位球殻は当然ながら等方的であり，$\boldsymbol{S}_N$ 空間の直交座標をどの方向を基準に選んでも積分の結果には影響しない．そこで，第 1 軸を $\boldsymbol{S}_{N-1}$ の方向に選ぶと計算が簡単になって好都合である．このとき $\boldsymbol{S}_{N-1}\cdot\boldsymbol{S}_N$ は第 1 成分 S_{N1} だけだから，上式 (7.42) の $\boldsymbol{S}_N$ 積分を $G(K)$ と書くことにすれば

$$G(K) = \int d\boldsymbol{S}_N\, e^{KS_{N1}} = \int_{-\infty}^{\infty} dS_{N1}\cdots dS_{Nn}$$
$$\times \delta\{(S_{N1})^2 + (S_{N2})^2 + \cdots + (S_{Nn})^2 - 1\} e^{KS_{N1}} \quad (7.43)$$

この積分は，デルタ関数を Fourier 積分で表示することにより Gauss 積分として実行できる．詳細は付録 6. に譲り，結果を書くと

$$G(K) = c\left(\frac{K}{2}\right)^{1-n/2} I_{n/2-1}(K) \qquad (7.44)$$

ここで c は自明な定数，$I_{n/2-1}(K)$ は変形 Bessel 関数である[1]．分配関数 (7.41), (7.42) は漸化式 $Z_N^{(\mathrm{F})} = G(K)\cdot Z_{N-1}^{(\mathrm{F})}$ を満たす．この漸化式を繰り返し適用すれば，$Z_N^{(\mathrm{F})}$ が次の通り求まる．

$$Z_N^{(\mathrm{F})} = G(K)^{N-1}\cdot \mathrm{const} \qquad (7.45)$$

これより，自由エネルギーおよびその温度微分で表される物理量が計算できる．エネルギーについての結果を書けば，

$$E_0 \equiv \lim_{N\to\infty}\frac{E}{N} = -J\frac{d}{dK}\log G(K) = -J\frac{I_{n/2}(K)}{I_{n/2-1}(K)} \qquad (7.46)$$

最後の等式を導くにあたっては，変形 Bessel 関数の満たす関係式

$$I'_m(K) = \frac{1}{2}(I_{m+1}(K) + I_{m-1}(K)),$$

---

[1] 変形 Bessel 関数の性質については，『数学公式 III』森口，宇田川，一松著 (岩波書店, 1992) 参照のこと．

7-2 1次元 n ベクトル模型

$$I_m(K) = \frac{K}{2m}(I_{m-1}(K) - I_{m+1}(K)) \tag{7.47}$$

を使った。

具体例として，$n=3$ の Heisenberg 模型を取り上げてみよう。変形 Bessel 関数の具体形

$$I_{3/2}(K) = \sqrt{\frac{2}{\pi K}}(\cosh K - K^{-1}\sinh K), \quad I_{1/2}(K) = \sqrt{\frac{2}{\pi K}}\sinh K \tag{7.48}$$

より，1 スピンあたりのエネルギー E_0 およびその温度微分の比熱 C_0 は

$$E_0 = J\left(\frac{1}{K} - \frac{1}{\tanh K}\right), \quad C_0 = K^2\left(\frac{1}{K^2} - \frac{1}{\sinh^2 K}\right) \tag{7.49}$$

となることがわかる。図 7.3 にエネルギーと比熱の温度依存性を示した。

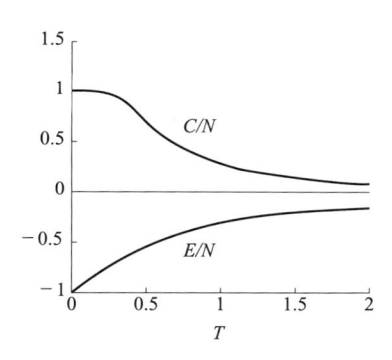

図 7.3 1 次元古典 Heisenberg 模型のエネルギーと比熱。J は 1 としてある。

比熱の低温極限での振る舞いは，

$$C_0 \approx (1 - 4K^2 e^{-2K}) \tag{7.50}$$

である。$T \to 0$ の極限で有限値に近づくのは，Ising 模型 (図 7.1) との著しい違いである。Ising 模型はスピンの全反転に対応する離散的な対称性を持っているのに対し，$n \geq 2$ の場合には，スピン空間での任意の回転に対応する連続的な対称性がある。このことが比熱の低温での有限値に結びついている。

より詳しくこのことを確かめるためには、自由エネルギーを温度 T で微分してエントロピーを調べてみるとよい。低温の極限で古典 Heisenberg 模型のエントロピーは $S \approx \log T$ のように振る舞い、$-\infty$ に発散する。量子効果を無視した理想気体のエントロピーの低温での振る舞いと同じである。理想気体でも、連続的な並進に対する系の対称性に起因して、古典的な取り扱いをした場合にはエントロピーの振る舞いが低温で物理的な意味を失うのである。現実の物質では、連続的な対称性を持っていても低温の極限では量子効果によって比熱は絶対零度付近で 0 に近づく。その一例を 7-4 節で見る。

7-3 球形模型

前節で議論した n ベクトル模型は、成分数 n を無限大に持っていった極限では空間次元 d によらず厳密に解ける。その結果によると、2 次元より上 $(d > 2)$ では有限温度で相転移をし、低温相で自発磁化を持つ。臨界指数は $2 < d < 4$ の範囲で次元 d の関数だが、4 次元より上 $(d > 4)$ になると平均場理論と一致する。ちょうど 4 次元では、臨界指数は平均場理論と同じだが対数的な補正が付加される。このように $n \to \infty$ の n ベクトル模型は、厳密に解を求めることができるだけでなく、上部臨界次元や下部臨界次元の存在、およびこれらの次元の間での臨界指数の次元依存性など、通常の模型で予想されている性質が明瞭に現れるため、格好の研究対象となってきた。

n ベクトル模型の $n \to \infty$ の極限での自由エネルギーは、球形模型と呼ばれる模型と同一であることがわかっている。球形模型においては、各スピン S_i が制約条件 $\sum_{i=1}^{N} S_i^2 = N$ のもとに任意の実数値を取る。ハミルトニアンの形は通常通り

$$H = -J \sum_{\langle ij \rangle} S_i S_j - h \sum_i S_i \tag{7.51}$$

である。空間次元や格子の形は任意である。制約条件 $\sum_{i=1}^{N} S_i^2 = N$ は Ising 模型も満たしているが、球形模型では各 S_i が ± 1 以外の値も取ることが許される。制約条件 $\sum_{i=1}^{N} S_i^2 = N$ は N 次元空間での球面を表していると見ることもできるので、球形模型という名前が付いている。球形模

型と $n \to \infty$ の n ベクトル模型の等価性の証明は，やや技術的な話になるので省略し，本節では後者の模型について具体的に解を求め，その性質を解説する．慣例にしたがって，$n \to \infty$ の n ベクトル模型も球形模型と呼ぶことにする．

7-3-1 分配関数と自由エネルギー

n ベクトル模型は次のハミルトニアンで記述される．

$$\beta H = -K \sum_{\langle ij \rangle} \boldsymbol{S}_i \cdot \boldsymbol{S}_j - \boldsymbol{h} \cdot \sum_i \boldsymbol{S}_i$$

$$= -K \sum_{\langle ij \rangle} \sum_{a=1}^n S_{ia} S_{ja} - h \sum_i \sum_{a=1}^n S_{ia} \quad \left(\sum_{a=1}^n S_{ia}^2 = n \right) \quad (7.52)$$

ここで，$\boldsymbol{S}_i$ は n 成分のベクトルである．磁場はすべての方向に同じ重みでかかっているとした．また簡単のため，相互作用は d 次元の超立方格子上で最近接格子点の間のみにあるとする．

n ベクトル模型 (7.52) の分配関数は次のように書ける．

$$Z = \int_{-\infty}^{\infty} \prod_{i=1}^N d\boldsymbol{S}_i \exp\left(K \sum_{\langle ij \rangle} \sum_{a=1}^n S_{ia} S_{ja} + h \sum_i \sum_{a=1}^n S_{ia} \right)$$

$$\cdot \prod_{i=1}^N \delta\left(n - \sum_{a=1}^n S_{ia}^2 \right) \quad (7.53)$$

デルタ関数を Fourier 積分で表すと，

$$Z = \int_{-\infty}^{\infty} \prod_{i=1}^N d\boldsymbol{S}_i \cdot \frac{1}{(2\pi i)^N} \int_{-i\infty}^{i\infty} \prod_{i=1}^N dz_i$$

$$\cdot \prod_{a=1}^n \exp\left(K \sum_{\langle ij \rangle} S_{ia} S_{ja} + h \sum_i S_{ia} + \sum_i z_i (1 - S_{ia}^2) \right) \quad (7.54)$$

$\boldsymbol{S}_i$ についての積分を先に実行すると都合がよい．$\boldsymbol{S}_i$ 積分は各成分 ($a = 1, 2, \cdots, n$) ごとに分離し，添え字 a に依存しない結果を与える．よって，ひとつの成分についての積分結果を n 乗すればよい．

$$Z = \frac{1}{(2\pi i)^N} \int_{-i\infty}^{i\infty} \prod_{i=1}^N dz_i \left\{ \int_{-\infty}^{\infty} \prod_i dS_i \right.$$

$$\cdot \exp\left(K\sum_{\langle ij\rangle} S_i S_j + h\sum_i S_i + \sum_i z_i(1-S_i^2)\right)\Biggr\}^n \quad (7.55)$$

ここに出てくる $\{S_i\}$ の積分は多重 Gauss 積分であり，具体的に評価できる．その結果は $\{z_i\}$ の関数であり，さらに続いて $\{z_i\}$ についての多重積分を実行しなければならない．しかし，$\{S_i\}$ の積分結果は n 乗されているため，鞍点法によると，$n \to \infty$ の極限では被積分関数の最大値をそのまま積分値とすればよく，実際に $\{z_i\}$ 積分を実行する必要はない．以上が，球形模型で具体的な解が求められる理由である．この処方箋を以下実行する．

まず鞍点であるが，並進対称性によると各サイトが同等だから，鞍点の値 z_i は i によらないと考えるのは自然である．そこで $z_i = z$ とおくことにする．こうしておいて，積分

$$I \equiv \int_{-\infty}^{\infty} \prod_i dS_i \exp\left(K\sum_{\langle ij\rangle} S_i S_j - z\sum_i S_i^2 + h\sum_i S_i\right) \quad (7.56)$$

を計算することにする．この積分は，付録 7. で解説してある多重 Gauss 積分であり，結果はそこに与えられている．式 (60) において C を次のように取り，

$$C_{ii} = 2z\ (対角成分), \quad C_{i,i+\delta} = -K\ (最近接点), \quad 他の\ C_{ij} = 0 \quad (7.57)$$

さらに $i\boldsymbol{q} = {}^t(h,h,\cdots,h)$ とすれば式 (7.56) が表現できる．そこで，積分結果 (65) において現れるそれぞれの量を評価しよう．まず分母の行列式については，式 (70) にならって求められる C の固有値

$$C(\boldsymbol{k}) = 2z - 2K\lambda(\boldsymbol{k}), \quad \lambda(\boldsymbol{k}) = \sum_{j=1}^{d} \cos k_j \quad (7.58)$$

より

$$\det C = (2K)^N \prod_{\boldsymbol{k}} (\tilde{z} - \lambda(\boldsymbol{k})) \quad (7.59)$$

ここで，$\tilde{z} = z/K$ とした．さらに，式 (65) の指数の肩は，格子 Green 関数 $G = C^{-1}$ の並進対称性と $i\boldsymbol{q} = {}^t(h,h,\cdots,h)$，および式 (7.58) を使うと，次のように変形できる．

$$-\frac{1}{2}\sum_{n,l} q_n q_l G_{nl} = \frac{h^2}{2}\sum_{n,l} G_{nl} = \frac{h^2 N}{2}\sum_l G_{nl}$$
$$= \frac{h^2}{2} N G(\boldsymbol{k}=0) = \frac{h^2 N}{2C(\boldsymbol{k}=0)} = \frac{h^2 N}{4(z-Kd)} \quad (7.60)$$

したがって式 (7.56) で定義される積分の対数は，積分結果 (65) より

$$\frac{1}{N}\log I = \frac{1}{2}\log 2\pi - \frac{1}{2}\log 2K - \frac{1}{2N}\sum_k \log\bigl(\tilde{z}-\lambda(\boldsymbol{k})\bigr) + \frac{h^2}{4K(\tilde{z}-d)} \tag{7.61}$$

これより，z 積分の鞍点 z_0 (あるいは $\tilde{z}_0 - d = z_0/K - d \equiv u$) を使って，1 自由度あたりの自由エネルギー f は，$N, n \to \infty$ の極限で次の通り表される。

$$\beta f(u) = -\lim_{N,n\to\infty}\frac{1}{Nn}\log Z = -\frac{1}{2}\log\frac{\pi}{K} - \frac{h^2}{4Ku} - (Ku+Kd)$$
$$+\frac{1}{2(2\pi)^d}\int_0^{2\pi} d\boldsymbol{k}\,\log\bigl(u+d-\lambda(\boldsymbol{k})\bigr) \tag{7.62}$$

これが解であるが，鞍点 z_0 (あるいは $u = z_0/K - d$) がわからなければ具体的な性質は議論できない。次節でこの問題を考察する。

7-3-2 鞍点条件式の解と臨界指数

f が u で停留値 (最小値) を持つという鞍点条件を書き下すと，

$$H(u) \equiv \frac{1}{(2\pi)^d}\int_0^{2\pi} d\boldsymbol{k}\,\frac{1}{u+d-\lambda(\boldsymbol{k})} = -\frac{h^2}{2Ku^2} + 2K \tag{7.63}$$

$h=0$ のときにこの方程式 $H(u) = 2K$ が解を持つ条件を調べよう。まず，微分すればわかるように，$H(u)$ は u の単調減少関数であることに注意する。また，$H(u)$ は d の値に応じて $u \approx 0$ の付近で 3 つの異なる振る舞いを示す。それぞれの場合に分けて議論しよう。

(i) $d \le 2$

$u \to 0$ での $H(u)$ の振る舞い (発散するかどうか) は，$k = |\boldsymbol{k}| \approx 0$ 付近の被積分関数の性質で決まる。そこで，$\lambda(\boldsymbol{k}) \approx d - k^2/2$ より

$$H(u) \approx \int_0 \frac{k^{d-1}}{u+k^2/2}\,dk \tag{7.64}$$

ここで積分の上限は，積分の下限付近での発散の判定には関係がないので省略してある。この積分は $d \leq 2$ の場合，明らかに $u \to 0$ の極限で発散する。また $H(u)$ は $u \to \infty$ で 0 に近づく。よって，$0 < u < \infty$ の範囲で $H(u)$ はすべての正の値を取る。したがって $H(u) = 2K$ は任意の $K(>0)$ に対して常に解を持つ。また $H(u)$ は正の u で特異性を持たない。これより，$H(u) = 2K$ の解としての u は K の解析関数であり，したがって $f(u)$ は K の関数として特異性を持たない。つまり，$d \leq 2$ では系は相転移をしない。

(ii) $2 < d < 4$

式 (7.64) からわかるように，$2 < d < 4$ では $H(u)$ は $u \to 0$ で有限値に近づく。しかし，$H(u)$ の 1 階微分は $u \to 0$ で発散する。これを確かめるために，$k = \sqrt{2u}\,x$ とおくと，式 (7.64) より

$$H(u) \approx u^{d/2-1} \int_0^\infty \frac{x^{d-1}}{1+x^2}\,dx \propto u^{d/2-1} + \text{const} \qquad (7.65)$$

であるから，$2 < d < 4$ では 1 階微分は $u^{d/2-2}$ に比例して発散する。

こうして，$H(u)$ は $u \approx 0$ で $H(u) \approx H(0) - cu^{d/2-1}$ のように振る舞うことがわかった。また $H(u)$ は $u = 0$ での値 $H(0)$ から $u \to \infty$ での $H \to 0$ まで単調減少する。ゆえに，鞍点方程式 $H(u) = 2K$ は $K < H(0)/2 \equiv K_\text{c}$ の高温領域では解を持つが，$K > K_\text{c}$ では解を持たない。よって，K_c を境として自由エネルギーは特異性を持って急激に変化し，相転移を起こす[2]。

鞍点方程式 (7.63)($h = 0$) を転移点付近で展開すると次の式が得られる。$H(0) = 2K_\text{c}$ に注意して，

$$2K_\text{c} - cu^{d/2-1} = 2K \qquad (7.66)$$

これより，$\Delta K \equiv K_\text{c} - K \propto u^{d/2-1}$ が得られる。自由エネルギー (7.62) に出てくる積分は $H(u)$ の u 積分だから，$H(u) \approx H(0) - cu^{d/2-1}$ より，特異部分は $u^{d/2}$ に比例する。よって自由エネルギーの特異部分は

$$f \propto u^{d/2} \propto (\Delta K)^{d/(d-2)} \qquad (7.67)$$

したがって比熱の特異性の指数 α は，$f \approx (\Delta K)^{2-\alpha}$ より

---

[2] $K > K_\text{c}$ では式 (7.63) が解を持たず，$f(u)$ が停留値を持つという意味での鞍点は存在しない。しかし，$f(u)$ は $u = 0$ で最小となる (式 (7.55) の $\{\cdot\}$ 内が最大になる) ので，鞍点が形を変えて $u = 0$ に固着すると考えてよい。

7-3 球形模型

$$\alpha = -\frac{d}{d-2} + 2 = \frac{d-4}{d-2} \tag{7.68}$$

である．$2 < d < 4$ では $\alpha < 0$ であり，比熱は発散しない．α は $d \to 2$ で発散し，$d \to 4$ で 0 に近づく．0 は平均場理論の値である．

$K > K_c$ では u は一定であるから，自由エネルギーを表す式 (7.62) の温度依存性は K をあらわに含む項だけである．$h = 0$ を考慮して，K で 2 回微分することにより，比熱が定数であることがわかる．したがって，比熱は図 7.4 のような振る舞いを示す．特に，1 次元 n ベクトル模型の場合と同様に，低温の極限で比熱が 0 にならないという古典系特有の問題を抱えている．

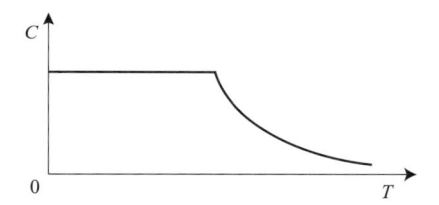

図 7.4 2 次元より上の空間での球形模型の比熱の定性的な振る舞いの様子．

磁化率は $f(u)$ の h での 2 階微分だから，式 (7.62) より

$$\chi \propto u^{-1} \propto (\Delta K)^{-2/(d-2)} \tag{7.69}$$

のように発散する[3]．これより，臨界指数は $\gamma = 2/(d-2)$ である．$d \to 2$ で $\gamma \to \infty$，$d \to 4$ で $\gamma \to 1$ であり，後者は平均場理論の値に近づく．

臨界指数が 2 つ求まったので，他の臨界指数はスケーリング関係式から算出できる．結果をまとめると

$$\boxed{\alpha = \frac{d-4}{d-2},\ \beta = \frac{1}{2},\ \gamma = \frac{2}{d-2},\ \delta = \frac{d+2}{d-2},\ \nu = \frac{1}{d-2},\ \eta = 0} \tag{7.70}$$

---

[3] 式 (7.62) では，式 (7.63) を通じて u も h の関数であるが，$h \to 0$ での微係数を求めるには u の h 依存性は考慮しなくてよい．これを理解するには，式 (7.54) の段階で h で 2 回微分して $h \to 0$ とおき，その後の議論をたどればよい．

これらの式で，$4-d=\epsilon$ とおいて ϵ の2乗まで展開すると，4-3-2節の最後で紹介した ϵ 展開の結果において $n \to \infty$ としたものと一致する。これらの臨界指数はいずれも，$d \to 4$ で平均場理論の値に近づく。また，β と η 以外はいずれも $d \to 2$ で発散し，下部臨界次元ではべきより強い発散を示すことを示唆している。これは，2次元 XY 模型における KT 転移や1次元 Ising 模型において見られる指数関数型の強い特異性と符合した性質である。

(iii) $d \geq 4$

4次元以上では，$u \approx 0$ で $H(u) = H(0) - cu$ だから，$2 < d < 4$ の場合の議論で $d=4$ とおいた結果がそのまま適用できる。つまり，$d>4$ では平均場理論と臨界指数が一致する。よって4次元が上部臨界次元である。なお，ちょうど4次元においては，物理量のべきの発散に対して対数の補正が付く。

7-4　1次元量子 XY 模型

本書では古典統計力学で取り扱える範囲の話題を取り上げている。その主な理由は，相転移・臨界現象はきわめて多数の自由度が関与する巨視的な現象であり，通常，微視的なスケールの範囲内で顕著な影響を及ぼす量子効果は効かないからである。しかし，熱ゆらぎが消失する極低温領域においては量子系特有の相転移が生じる場合があり，近年盛んに研究されている。

量子効果が効いてくる相転移を系統的に扱うことは本書の目的ではないので割愛し，本節では，一番簡単な量子スピン系の例である1次元量子 XY 模型の厳密解を解説する。この模型は比較的簡単な計算で厳密解が求まり，物理量の非自明な振る舞いが明らかになるだけでなく，次節で解説する2次元 Ising 模型の解法に関連した側面を持っているという意味でも興味深い。

1次元量子 XY 模型のハミルトニアンは

$$H = -J \sum_{j=1}^{N} (S_j^x S_{j+1}^x + S_j^y S_{j+1}^y) - h \sum_{j=1}^{N} S_j^z \tag{7.71}$$

と書かれる。$\boldsymbol{S}_j$ はスピン $\frac{1}{2}$ のスピン演算子であり，磁場は z 方向にかかっ

7-4 1次元量子 XY 模型

ている[4]。周期境界条件が課されている。さて，付録8.に示すように，1次元鎖上に並んだスピン $\frac{1}{2}$ のスピン演算子 $\{\boldsymbol{S}_j\}$ は，**Jordan-Wigner 変換** (Jordan-Wigner transformation) により Fermi 演算子 $\{a_j, a_j^\dagger\}$ で表現できる。すなわち，スピンの昇降演算子を

$$S_j^\pm = S_j^x \pm i S_j^y \tag{7.72}$$

で定義すると，これらと S_j^z は以下のように Fermi 演算子 $a_j, a_j^\dagger$ で表現できる。

$$\begin{aligned} S_j^+ &= (1-2n_1)(1-2n_2)\cdots(1-2n_{j-1})a_j^\dagger \\ S_j^- &= (1-2n_1)(1-2n_2)\cdots(1-2n_{j-1})a_j \\ S_j^z &= a_j^\dagger a_j - \frac{1}{2} \end{aligned} \tag{7.73}$$

ここで $n_j = a_j^\dagger a_j$ は，固有値 0 および 1 を持つ Fermi 粒子の数演算子である。自明な関係式 $(1-2n_j)^2 = 1$ を使うと，隣どうしのスピン昇降演算子の積の Fermi 粒子による表現が次の通り得られる。

$$\begin{aligned} S_j^+ S_{j+1}^+ &= a_j^\dagger (1-2n_j) a_{j+1}^\dagger = a_j^\dagger a_{j+1}^\dagger \\ S_j^- S_{j+1}^- &= a_j (1-2n_j) a_{j+1} = -a_j a_{j+1} = a_{j+1} a_j \\ S_j^+ S_{j+1}^- &= a_j^\dagger (1-2n_j) a_{j+1} = a_j^\dagger a_{j+1} \\ S_j^- S_{j+1}^+ &= a_j (1-2n_j) a_{j+1}^\dagger = -a_j a_{j+1}^\dagger = a_{j+1}^\dagger a_j \end{aligned} \tag{7.74}$$

これと式 (7.72) を使うと，ハミルトニアン (7.71) に出てくる相互作用の各項は次の表現を持つことが示される。

$$\begin{aligned} S_j^x S_{j+1}^x &= \frac{1}{4}(a_j^\dagger a_{j+1}^\dagger + a_{j+1} a_j + a_j^\dagger a_{j+1} + a_{j+1}^\dagger a_j) \\ S_j^y S_{j+1}^y &= -\frac{1}{4}(a_j^\dagger a_{j+1}^\dagger + a_{j+1} a_j - a_j^\dagger a_{j+1} - a_{j+1}^\dagger a_j) \end{aligned} \tag{7.75}$$

よって，ハミルトニアンを Fermi 演算子で表すと次の式になる[5]。

$$H = -\frac{J}{2}\sum_{j=1}^{N}(a_j^\dagger a_{j+1} + a_{j+1}^\dagger a_j) - h\sum_{j=1}^{N}\left(a_j^\dagger a_j - \frac{1}{2}\right) \tag{7.76}$$

---

[4] x 方向や y 方向にかけると，厳密には解けなくなる。
[5] スピン演算子の周期境界条件は，Fermi 演算子ではそのままの形では周期境界条件として表現できない。しかし，熱力学的極限でのエネルギーや磁化にのみ興味を持つ立場からは，境界部分のスピンの影響は無視して差し支えないので，境界条件の厳密な取り扱いは省略する。

この式は，隣の格子点に飛び移ることができるが相互作用はない Fermi 粒子の集団を表しており，系の並進対称性を使うと容易に固有値が求められる。

並進対称性を持つ系の取り扱いの通例にならい，実空間から Fourier 変換により波数空間に移る。すなわち，

$$a_j = \frac{1}{\sqrt{N}} \sum_q e^{iqj} a_q, \quad a_j^\dagger = \frac{1}{\sqrt{N}} \sum_q e^{-iqj} a_q^\dagger \qquad (7.77)$$

とすれば，$\{a_q, a_q^\dagger\}$ も Fermi 演算子であり，ハミルトニアン (7.76) は

$$H = -\sum_q (J \cos q + h) a_q^\dagger a_q + \frac{hN}{2} \qquad (7.78)$$

に変換される。こうして，q ごとに自由度が分離して問題は解けた。$a_q^\dagger a_q$ の固有値は 0 と 1 であることに注意すると，分配関数は

$$Z = e^{-\beta hN/2} \prod_q \left(1 + e^{\beta J \cos q + \beta h}\right) \qquad (7.79)$$

これより，熱力学的極限での 1 スピンあたりの自由エネルギーおよびエネルギーは

$$f = \frac{h}{2} - \frac{T}{2\pi} \int_{-\pi}^{\pi} dq \, \log\left(1 + e^{\beta J \cos q + \beta h}\right) \qquad (7.80)$$

$$E = \frac{h}{2} - \frac{1}{2\pi} \int_{-\pi}^{\pi} dq \, \frac{J \cos q + h}{1 + e^{-\beta J \cos q - \beta h}} \qquad (7.81)$$

である。これが厳密解である。

量子系は絶対零度付近においては，量子ゆらぎのために古典系とは違った振る舞いをする。その影響を見るために，まず $h = 0$ のときのエネルギーの絶対零度極限を求めてみる。式 (7.81) で $h = 0$ とおいたあと $\beta \to \infty$ とすると，$\cos q$ が正か負かによって被積分関数の振る舞いが異なる。$\cos q$ が正の q の部分だけが積分に寄与し，次の式が得られる。

$$E = -\frac{J}{2\pi} \int_{-\pi/2}^{\pi/2} dq \, \cos q = -\frac{J}{\pi} \qquad (7.82)$$

これが基底エネルギーである。古典的な XY 模型の基底状態とは異なる状態が実現していることが，非自明な因子 π に現れている。同じく外部磁場がないときの 1 スピンあたりの比熱

$$C = \frac{\beta^2 J^2}{2\pi} \int_{-\pi}^{\pi} dq \, \frac{\cos^2 q \, e^{-\beta J \cos q}}{(1 + e^{-\beta J \cos q})^2} \qquad (7.83)$$

は，$T \to 0$ の極限で

$$C \to \frac{\pi T}{3J} \tag{7.84}$$

となり，T に比例して 0 に近づく (演習問題 7.4)。XY 模型は量子系であっても全スピンの一斉回転に対して不変な連続対称性を持っているが，古典的な n ベクトル模型や球形模型と違って，$T \to 0$ で比熱が有限にとどまることはないのである。比熱の温度依存性を図 7.5 に示してある。

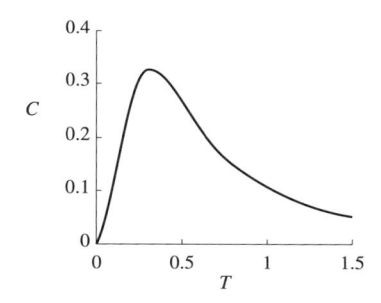

図 **7.5** 1 次元量子 XY 模型の比熱。J は 1 としてある。

h が 0 でないときの基底エネルギーは，$h(>0)$ と J の大小関係で決まってくる。詳細は演習問題 7.5 とし，結果だけを述べておくと

$$E = \begin{cases} -\dfrac{h}{2} & (h > J) \\ \dfrac{h}{2} - \dfrac{\sqrt{J^2 - h^2}}{\pi} - \dfrac{h}{\pi} \arccos\left(-\dfrac{h}{J}\right) & (h < J) \end{cases} \tag{7.85}$$

が基底エネルギーである。

z 方向の磁化は，自由エネルギーを h で微分したものに負符号を付ければよい。基底エネルギーと同様にして，$h < J$ における z 磁化の絶対零度の極限での表式が

$$m = -\frac{1}{2} + \frac{1}{\pi} \arccos\left(-\frac{h}{J}\right) \tag{7.86}$$

と求められる。m の磁場依存性を図 7.6 に示す。$h > J$ のときには，強い外部磁場のためにスピンがすべて z 方向を向き，XY 面内の相互作用は全く効いてこない。$h < J$ になると，磁場の大きさと相互作用の強さの兼ね

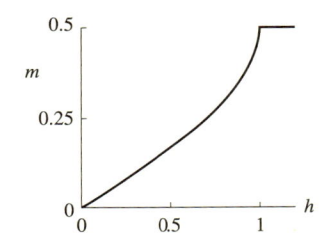

図 7.6 1 次元量子 XY 模型の基底状態での z 方向の磁化。$J=1$ としてある。

合いで状態が決まってくる。古典的なイメージでは，磁場が弱くなるにしたがってスピンが z 方向から次第に XY 面方向に寝てくるのだが，量子系ではもちろんそのような「矢印」としてのスピンの理解の仕方は通用しない。

物理量の表式が $h=J$ で急激に変化し，したがってその点で特異性を持つという意味では，相転移を起こしているともいえる。温度が少しでも入るとこの特異性は消失する。ただし，低温でのクロスオーバーの効果は存在する。

7-5　2 次元 Ising 模型

厳密に解ける模型についての解説の最後として，2 次元 Ising 模型を紹介しよう。Onsager によって解かれて以来，相転移・臨界現象の理論の大きな柱として傑出した地位を保ち続けている重要な成果である。解法は多数提案されているが，本書では比較的計算量が少ないと思われる Majorana 場を用いた方法を解説する。それでも他の節に比べて本節は計算がやや込み入っているので，初めて読むときは飛ばしてもよい。

7-5-1　転送行列の構成

2 次元を扱う準備として，まず 1 次元 Ising 模型の転送行列を再考しておくと便利である。式 (7.21) によると，外部磁場がないときのサイト i からサイト $i+1$ への転送行列は

$$T(S_i, S_{i+1}) = \begin{pmatrix} e^K & e^{-K} \\ e^{-K} & e^K \end{pmatrix} \tag{7.87}$$

7-5 2次元 Ising 模型

である。$T(S_i, S_{i+1})$ は S_i と S_{i+1} の相互作用を新たに付け加えて，1次元系の長さをひとつ伸ばす役割を果たすとも見ることができる (図 7.7)。こ

図 7.7 1次元 Ising 模型の転送行列は，スピンをひとつ付け加える役割を果たす。

の転送行列 T を Pauli 行列を使って表示すると，対角成分が e^K，非対角成分が e^{-K} だから

$$\begin{aligned}T &= e^K + e^{-K}\sigma^x = e^K(1 + e^{-2K}\sigma^x)\\ &= e^K(1 + \tanh K^* \sigma^x) = e^K(\cosh K^*)^{-1} e^{K^*\sigma^x}\\ &\equiv g(K) e^{K^*\sigma^x}\end{aligned} \quad (7.88)$$

ここで，K^* は $e^{-2K} = \tanh K^*$ で定義される。8章で論じる双対相互作用である。また，$g(K) = e^K/\cosh K^* = (2\sinh 2K)^{1/2}$ である。

さて，2次元系では，図 7.8 のように1列ずつ付け加えていって系を大きくしていく過程は，列間の相互作用の付加を表す転送演算 V_1 と列内の相互作用の付加 V_2 を逐次実行することにより実現される。まず，図 7.8 で横の点線で表されている列間の相互作用の付加は，ひとつの列内のサイトごとに独立に実行できる。あるひとつのサイトに対して，次の列の対応

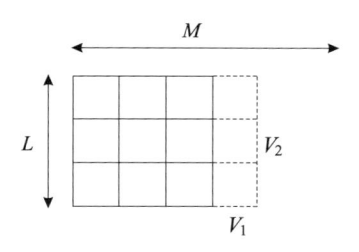

図 7.8 2次元正方格子において，転送行列の作用によりスピンを付加していく過程。長さ M の横方向，長さ L の縦方向とも周期境界条件を課す。

するサイト (すぐ右隣のサイト) への相互作用を付加する操作は図 7.7 の 1 次元の転送行列と全く同じであり，列内の $j(=1,2,\cdots,L)$ 番目のサイトについては式 (7.88) より $g(K)e^{K^*\sigma_j^x}$ で表される．よって全体では

$$V_1 = g(K)^L \exp\left(K^* \sum_{j=1}^{L} \sigma_j^x\right) \tag{7.89}$$

次に，列内の相互作用の付加は，Pauli 演算子 σ^z により通常通り次のように表される．

$$V_2 = \exp\left(K \sum_{j=1}^{L} \sigma_j^z \sigma_{j+1}^z\right) \tag{7.90}$$

V_1 と V_2 を交互に次々にかけていく操作を M 回繰り返したあとトレースを取ると周期境界条件によりもとに戻り，分配関数を与える．

$$Z = \mathrm{Tr}(V_2 V_1)^M = \mathrm{Tr}(V_2^{1/2} V_1 V_2^{1/2})^M \equiv \mathrm{Tr} V^M \tag{7.91}$$

ここで，単純な積 $V_2 V_1$ でなく対称化された $V = V_2^{1/2} V_1 V_2^{1/2}$ を導入したのは，対称行列は対角化可能性や固有値の実数性などの便利な性質が保証されているからである．

こうして問題は，ひとつの列を系に付加する転送行列 V の最大固有値を求める作業に帰着した．この行列は $2^L \times 2^L$ の大きな行列だが，次節以後で述べる方法で固有値を求めることができる．

7-5-2　Majorana 場での表現

転送行列の対角化は，1 次元量子 XY 模型と同様に Jordan-Wigner 変換によりスピン演算子を Fermi 演算子で置き換えてもできるが，**Majorana 場** (Majorana field) を使うとより簡明になる．まず，演算子の組 $\psi_1(j), \psi_2(j)$ を定義しよう．

$$\psi_1(j) = \frac{1}{\sqrt{2}} \sigma_1^x \sigma_2^x \cdots \sigma_{j-1}^x \sigma_j^y \tag{7.92}$$

$$\psi_2(j) = \frac{1}{\sqrt{2}} \sigma_1^x \sigma_2^x \cdots \sigma_{j-1}^x \sigma_j^z \tag{7.93}$$

スピン演算子の x, y, z 成分の積で定義される $\psi_1(j), \psi_2(j)$ は Hermite 演算子である．また，次の反交換関係を満たすことも，スピン演算子の交換関係から容易に確かめられる．

7-5 2次元 Ising 模型

$$\left[\psi_a(j), \psi_b(l)\right]_+ = \delta_{a,b}\delta_{j,l} \tag{7.94}$$

このような性質を満たす演算子の組を Majorana 場という。Majorana 場を使うと，式 (7.89) と (7.90) の V_1 と V_2 が次のように表されることは，次式に現れる ψ_1 と ψ_2 の積を式 (7.92) と (7.93) から構成してみると直ちに確かめられる。

$$V_1 = g(K)^L \exp\left(-2iK^* \sum_{j=1}^L \psi_1(j)\psi_2(j)\right) \tag{7.95}$$

$$V_2 = \exp\left(2iK \sum_{j=1}^L \psi_1(j)\psi_2(j+1)\right) \tag{7.96}$$

ここで，境界条件について少々注釈をしておこう[6]。式 (7.92) と (7.93) から境界部分の Majorana 場の積を作ると，$\sigma_L^y = i\sigma_L^x \sigma_L^z$ より

$$\psi_1(L)\psi_2(1) = \frac{i}{2}\sigma_1^x \cdots \sigma_L^x \sigma_L^z \sigma_1^z \tag{7.97}$$

したがって，V_2 の Pauli 行列表示 (7.90) に出てくる境界部分の項 $\sigma_L^z \sigma_1^z$ を式 (7.96) の形にまとめるためには，$\sigma_{\text{prod}} \equiv \sigma_1^x \cdots \sigma_L^x$ が $+1$ の値を取る部分空間 U_+ では $\psi_2(L+1) = -\psi_2(1)$ という反周期境界条件を課す必要がある。一方，$\sigma_{\text{prod}} = -1$ の空間 U_- では周期境界条件 $\psi_2(L+1) = \psi_2(1)$ になる。よって，Fourier 変換したときに許される波数 q は $e^{iqL}(=\pm 1)$ の符号に応じて次のような違いが出てくる。

$$U_+ : q = \pm\frac{\pi}{L}, \pm\frac{3\pi}{L}, \cdots, \pm\frac{L-1}{L}\pi \tag{7.98}$$

$$U_- : q = 0, \pm\frac{2\pi}{L}, \cdots, \pm\frac{L-2}{L}\pi, \pi \tag{7.99}$$

L は偶数であるとした。U_+ と U_- の区別を厳密にすることは，転送行列の最大固有値と第 2 固有値の関係を考察する際には重要であり，相関関数や相関距離などの議論には不可欠の要素である。この事情は，7-1-2 節で述べた 1 次元系の場合と共通である。1 次元系でも，相関関数の計算には第 2 固有値が関与してきた。しかしながら，熱力学的極限での 1 スピンあたりの自由エネルギーにのみ興味を持つなら，これらの差は問題にならない。以下は後者の立場で話を進める。

---

[6] この段落はやや細かな話なので，初めて読むときには飛ばしてもよい。

7-5-3 Fermi 粒子による Fourier 表示

周期境界条件により系は並進対称性を持つから，Fourier 変換を適用することができる．正の値を持つ波数空間での Fermi 演算子 $C_1(q)$, $C_1^\dagger(q)$, $C_2(q)$, $C_2^\dagger(q)$ により，Majorana 場は次の通り表現される．

$$\psi_i(j) = \frac{1}{\sqrt{L}} \sum_{q \geq 0} \left(e^{iqj} C_i(q) + e^{-iqj} C_i^\dagger(q) \right) \quad (i = 1, 2) \quad (7.100)$$

ここで，和は式 (7.98) または式 (7.99) に現れる負でないすべての許される q について取る．$C_i(q)$ と $C_i^\dagger(q)$ に Fermi 粒子の反交換関係を課せば，$\psi_i(j)$ が Majorana 場の反交換関係 (7.94) を満たす Hermite 演算子であることが確かめられる．式 (7.95) と (7.96) の V_1 と V_2 を Fermi 演算子で表すと

$$V_1 = g(K)^L \cdot \exp\left[-2iK^* \sum_{q \geq 0} \left(C_1(q) C_2^\dagger(q) + C_1^\dagger(q) C_2(q) \right) \right] \quad (7.101)$$

$$V_2 = \exp\left[2iK \sum_{q \geq 0} \left(e^{-iq} C_1(q) C_2^\dagger(q) + e^{iq} C_1^\dagger(q) C_2(q) \right) \right] \quad (7.102)$$

となる[7]．指数関数の肩は Fermi 演算子の 2 次形式なので異なる q に属するものは交換し，転送行列 $V = V_2^{1/2} V_1 V_2^{1/2}$ は q ごとに分解できる．

$$V = g(K)^L \prod_{q \geq 0} V(q), \quad V(q) = V_2(q)^{1/2} V_1(q) V_2(q)^{1/2} \quad (7.103)$$

ここで，$V_1(q)$ と $V_2(q)$ は式 (7.101) と式 (7.102) で指数関数の肩にある和の記号を外したものである．そこで，$V(q)$ の固有値を求めることが次の課題となる．

7-5-4 固有値と自由エネルギー

$V(q)$ の固有値を求めるために，$V(q)$ が作用する空間の基底として，Fermi 粒子の数演算子 $C_1^\dagger(q) C_1(q)$ と $C_2^\dagger(q) C_2(q)$ の固有状態 $|n_1, n_2\rangle$ を取る．$n_1 (= 0, 1)$ は $C_1^\dagger(q) C_1(q)$ に対応する第 1 粒子の数，$n_2 (= 0, 1)$ は

---

[7] この表示においては Fermi 粒子の数が保存している．一方，Jordan-Wigner 変換を使う伝統的な方法では Fermi 粒子の数が保存しない項が発生し，問題がやや複雑になる．Majorana 場を用いる利点のひとつがここにある．

$C_2^\dagger(q)C_2(q)$ に対応する第 2 粒子の数である。

まず $|00\rangle$ と $|11\rangle (= C_1^\dagger(q)C_2^\dagger(q)|00\rangle)$ の張る 2 次元空間では，$V_1(q)$ と $V_2(q)$ の表現 (7.101), (7.102) に含まれる演算子の固有値が 0 である。

$$C_1(q)C_2^\dagger(q)|11\rangle = C_1^\dagger(q)C_2(q)|00\rangle = 0 \quad (7.104)$$

これより，$|00\rangle$ と $|11\rangle$ はいずれも $V_1(q)$ と $V_2(q)$ の固有値 1 の固有状態である。よって，$|00\rangle$ と $|11\rangle$ は $V(q)$ の固有値 1 の固有状態でもある。結論として，この 2 次元空間においては $V(q)$ は 2 重に縮退した固有値 1 を持つ。

次に，$|+\rangle \equiv |01\rangle (= C_2^\dagger|00\rangle)$ と $|-\rangle \equiv |10\rangle (= C_1^\dagger|00\rangle)$ の張る 2 次元空間においては，

$$-C_1(q)C_2^\dagger(q)|+\rangle = 0, \quad -C_1(q)C_2^\dagger(q)|-\rangle = |+\rangle \quad (7.105)$$

であることから，$-C_1(q)C_2^\dagger(q)$ は状態 $|-\rangle$ から状態 $|+\rangle$ への上昇演算子とみなせる。よって，$-C_1(q)C_2^\dagger(q)$ は次のように新たな Pauli 行列 τ で表現できる。

$$-C_1(q)C_2^\dagger(q) = \tau^+ = \frac{\tau^x + i\tau^y}{2} \quad (7.106)$$

したがって，$V_1(q)$ と $V_2(q)$ を今考えている 2 次元空間に限定 (射影) した演算子 $\tilde{V}_1(q)$ と $\tilde{V}_2(q)$ は，式 (7.101) と (7.102) より次のように書くことができる。

$$\tilde{V}_1(q) = \exp\{2iK^*(\tau^+ - \tau^-)\} = \exp(-2K^*\tau^y) \quad (7.107)$$

$$\tilde{V}_2(q) = \exp\{-2iK(\tau^+ e^{-iq} - \tau^- e^{iq})\}$$
$$= \exp\{2K(\tau^y \cos q - \tau^x \sin q)\} \quad (7.108)$$

$\tilde{V}_2(q)^{1/2}$ の計算を容易にするために，まずスピン空間で z 軸のまわりに角度 q だけ回転する演算を施すと

$$\tilde{V}_1(q) = \exp\{-2K^*(\tau^y \cos q + \tau^x \sin q)\} \quad (7.109)$$

$$\tilde{V}_2(q) = \exp(2K\tau^y) \quad (7.110)$$

さらに，x 軸のまわりの $\pi/2$ 回転の座標変換 $(\tau^x, \tau^y, \tau^z) \to (\tau^x, -\tau^z, \tau^y)$ を適用して

$$\tilde{V}_1(q) = \exp\{2K^*(\tau^z \cos q - \tau^x \sin q)\} \quad (7.111)$$

$$\tilde{V}_2(q) = \exp(-2K\tau^z) \quad (7.112)$$

ここで, $(\tau^z \cos q - \tau^x \sin q)^2 = 1$ という関係を使って $\tilde{V}_1(q)$ を展開し, 行列表示すると

$$\tilde{V}_1(q) = C^* + (\tau^z \cos q - \tau^x \sin q) S^*$$
$$= \begin{pmatrix} C^* + \cos q\, S^* & -\sin q\, S^* \\ -\sin q\, S^* & C^* - \cos q\, S^* \end{pmatrix} \quad (7.113)$$

$$\tilde{V}_2(q)^{1/2} = \begin{pmatrix} e^{-K} & 0 \\ 0 & e^K \end{pmatrix} \quad (7.114)$$

という表現を得る。ただし, $C^* = \cosh 2K^*, S^* = \sinh 2K^*$ である。これらを使って, 2 行 2 列の行列 $\tilde{V}_2(q)^{1/2}\tilde{V}_1(q)\tilde{V}_2(q)^{1/2}$ を書き下すと,

$$\begin{pmatrix} e^{-2K}(C^* + \cos q\, S^*) & -\sin q\, S^* \\ -\sin q\, S^* & e^{2K}(C^* - \cos q\, S^*) \end{pmatrix} \quad (7.115)$$

となる。この行列の固有値が満たす 2 次方程式 (特性方程式) を行列式から作ると, 解と係数の関係から, 2 個の固有値の積が 1, 和が $2\cosh 2K \cosh 2K^* - 2\cos q$ であることが導かれる。積が 1 だから, 2 つの固有値を $e^{\pm \epsilon(q,K)}$ と書くことができる。固有値の和 $e^{\epsilon(q,K)} + e^{-\epsilon(q,K)}$ は

$$\cosh \epsilon(q,K) = \cosh 2K \cosh 2K^* - \cos q = \cosh 2K \coth 2K - \cos q$$
$$(7.116)$$

を満たす。

これで $V(q)$ のすべての固有値が $1, 1, e^{\pm \epsilon(q,K)}$ とわかったので, 分配関数に戻ると

$$Z = g(K)^{LM} \prod_{q \geq 0} \mathrm{Tr}\,\bigl(V(q)\bigr)^M$$
$$= g(K)^{LM} \prod_{q \geq 0} \left(2 + e^{M\epsilon(q,K)} + e^{-M\epsilon(q,K)}\right) \quad (7.117)$$

が得られる。$\epsilon(q,K) > 0$ なので, M が大きい極限では固有値 $e^{M\epsilon(q,K)}$ の項のみが残る。したがって, 1 スピンあたりの自由エネルギーは,

$$-\beta f = \lim_{L,M \to \infty} \frac{1}{LM} \log Z = \frac{1}{2}\log(2\sinh 2K) + \frac{1}{2\pi}\int_0^\pi dq\, \epsilon(q,K)$$
$$(7.118)$$

ただし, $\epsilon(q,K)$ は式 (7.116) の正の解である。これが 2 次元 Ising 模型の厳密解である。

なお,式 (7.118) は恒等式
$$\int_0^\pi dx \, \log(2\cosh\epsilon - 2\cos x) = \pi\epsilon \tag{7.119}$$
を用いると,対称性の良い形に書き換えることができる。

$$\begin{aligned}
-\beta f &= \frac{1}{2}\log(2\sinh 2K) \\
&\quad + \frac{1}{2\pi^2}\int_0^\pi dq \int_0^\pi dx \, \log\bigl(2\cosh\epsilon(q,K) - 2\cos x\bigr) \\
&= \frac{1}{2}\log(2\sinh 2K) \\
&\quad + \frac{1}{2\pi^2}\int_0^\pi dq \int_0^\pi dx \, \log\bigl(2\cosh 2K \coth 2K - 2\cos q - 2\cos x\bigr) \\
&= \log(2\cosh 2K) \\
&\quad + \frac{1}{2\pi^2}\int_0^\pi d\omega_1 \int_0^\pi d\omega_2 \, \log\bigl(1 - k_1^2 \cos\omega_1 \cos\omega_2\bigr)
\end{aligned} \tag{7.120}$$

ただし
$$k_1^2 = \frac{2\sinh 2K}{\cosh^2 2K} \tag{7.121}$$
諸文献には最後の形で引用されることも多い。

7-5-5 比熱の対数発散

式 (7.118) が転移点での比熱の発散を導くことを示してみよう。式 (7.116) の右辺の関数を $u(q,K)$ とおくと,式 (7.116) より
$$\epsilon(q,K) = \log\left(u(q,K) + \sqrt{u(q,K)^2 - 1}\right) \tag{7.122}$$
$u(q,K)$ は K の関数として,$K = K^*$ の解で与えられる点 K_c で最小値を取る。この温度が以下示すように転移点である。数値的には $e^{-2K_c} = \tanh K_c$ より $K_c = 0.4407$ つまり $T_c/J = 2.269$ である。$K \approx K_c$, $q \approx 0$ として展開すると,
$$u(q,K) \approx 1 + \frac{q^2}{2} + 8(\Delta K)^2 \tag{7.123}$$
ここで,$\Delta K = K - K_c$ である。これより,$\epsilon(q,K)$ の特異項は $\sqrt{q^2 + 16(\Delta K)^2}$ であることがわかる。これを式 (7.118) に代入して積分を実行すると,自由エネルギーの特異項が次のように求まる。

$$\int_0^\pi dq \sqrt{q^2 + 16(\Delta K)^2}$$
$$= \frac{1}{2} \left[q\sqrt{q^2 + 16(\Delta K)^2} + 16(\Delta K)^2 \log \left| q + \sqrt{q^2 + 16(\Delta K)^2} \right| \right]_0^\pi$$
$$= -8(\Delta K)^2 \log |\Delta K| + (\text{非特異項}) \tag{7.124}$$

この式は,自由エネルギーを温度で 2 回微分した比熱の特異性が対数的であることを示している。こうして,2 次元 Ising 模型は相転移を示し,比熱が対数的に発散することが証明された。また,転移点の上下の臨界振幅が等しいことも,上式から明らかである。図 7.9 にこの様子を示す。

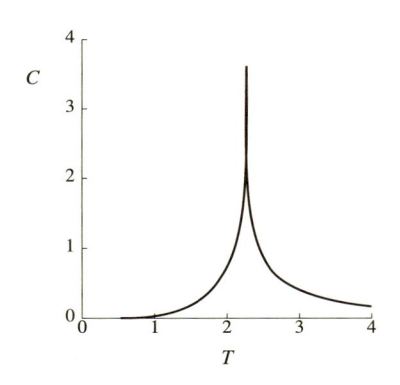

図 **7.9** 2 次元 Ising 模型の比熱の温度依存性。$J = 1$ としてある。

演習問題 7.

7.1 1 次元 3 状態 Potts 模型
$$\beta H = -K \sum_j \delta(\sigma_j, \sigma_{j+1}) \quad (\sigma_j = 0, 1, 2) \tag{7.125}$$
において,自由境界条件と周期境界条件の両方で分配関数を求め,熱力学的極限で 1 スピンあたりの自由エネルギーが一致することを示せ。

7.2 球形模型では,$h \neq 0$ のときには次元によらず相転移が起きないことを示せ。磁場により相転移が消失し,相図が図 1.3 のようになるのである。鞍点条件式 (7.63) が任意の K で解を持つかどうか,その解が特異性を持つかどうかを調べればよい。

7.3 球形模型において,$2 < d < 4$ の場合に転移点近傍での自発磁化を求めよ。式 (7.62) を h で微分し,式 (7.63) を使って u を消去するとよい。

演習問題 7.   171

7.4 1次元量子 XY 模型の比熱の一般式 (7.83) の低温極限を取り，式 (7.84) を導け．

7.5 1次元量子 XY 模型のエネルギーの一般式 (7.81) の低温極限を取り，式 (7.85) を導け．

7.6 1次元横磁場 Ising 模型

$$H = -J\sum_{j=1}^{L} \sigma_j^z \sigma_{j+1}^z - h\sum_{j=1}^{L} \sigma_j^x \tag{7.126}$$

の厳密解を求めよ．$\sigma_j^{x,y,z}$ は Pauli 演算子である．2次元 Ising 模型の転送行列の扱いと同じ方法で固有値を計算し，自由エネルギーを求めよ．基底状態でのエネルギーを求め，$h=J$ で相転移をすることを示せ．

8. 双対性

　相転移・臨界現象の理論的研究においてもっとも信頼できるのは厳密解の結果であるが、厳密解を求めるのは一般に困難であり、いろいろな近似理論が発達してきた。しかし、いくつかの限定された状況においては、厳密に解かなくても模型の持つ性質が正確にわかる場合もある。特に、2次元では Ising 模型を代表例とする古典スピン系において、双対性と呼ばれる対称性の議論から転移点の位置や転移点におけるエネルギーの値が厳密に求められる。模型を直接解くのに比べるとはるかに簡単な議論により、めざましい結果が導かれるのである。双対性は 2 次元 Ising 模型や関連した模型の転移点やエネルギーの厳密値を導くだけでなく、XY 模型を他の模型に書き換えて新しい物理的な側面を明らかにする目的にも役に立つ。

8-1 双対性

　スピン系の統計力学における**双対性** (duality) というのは、温度を別の温度で置き換える変換に対して分配関数が不変に保たれる性質のことである。説明の便宜上、温度自身ではなく J を温度で割った $K = J/T$ の関数として分配関数を $Z(K)$ と書くことにする。導出は後回しにして 2 次元正方格子の場合を例にとって結果を書けば、双対性というのは、外部磁場がない Ising 模型の分配関数が関係式

$$\frac{Z(K)}{2^N (\cosh K)^{2N}} = \frac{Z(K^*)}{2e^{2NK^*}} \tag{8.1}$$

を満たすことである。ここで N は格子点の数、$2N$ は正方格子上の最近接相互作用の数 (ボンド数)、**双対相互作用** (dual coupling) K^* は次の式で定義される K の単調減少関数

$$e^{-2K^*} = \tanh K \tag{8.2}$$

8-1 双 対 性

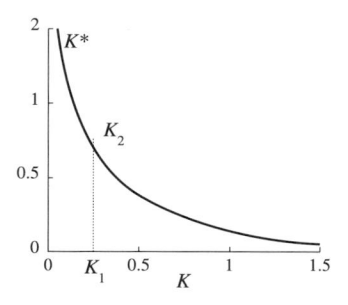

図 8.1 相互作用の強さ K の関数としての双対相互作用 K^*。K_1 での分配関数と K_2 での分配関数が本質的に等しい。

である (図 8.1)。

相互作用の双対変換 (8.2) では高温側 (小さな K) が低温側 (大きな K^*) と対応している (あるいは大きな K が小さな K^* に対応している) ので、双対関係式 (8.1) によれば、分配関数の高温における値が低温における値と (分母の単純な関数の部分を除いて) 等しいことになる。例えば、図 8.1 の K_1 とそれに対応する $K_2(=K^*(K_1))$ で分配関数の値が本質的に等しいということである。この事実は、転移点を表す自由エネルギーの特異点に関して重要な情報をもたらす。

式 (8.1) の両辺の対数を取ってスピン数で割ると、

$$\frac{1}{N}\log Z(K) = \frac{1}{N}\log Z(K^*(K)) + (特異性のない簡単な関数) \tag{8.3}$$

という関係式が得られる。熱力学的極限 $N \to \infty$ を取ると $\log Z/N$ は 1 スピンあたりの自由エネルギーと本質的に等しいから、転移温度で特異性を持つ。ところが式 (8.3) によると、左辺が K_c を特異点として持つなら、右辺も $K^*(K_c)$ で特異性を持つ。もし $K_c \neq K^*(K_c)$ なら $\log Z(K)/N$ は K_c と $K^*(K_c)$ の 2 カ所で特異性を持つことになる。よって、温度の関数として転移点が一つだけなら、$K_c = K^*(K_c)$ でなければならない。したがって、2 次元正方格子上の Ising 模型の転移点は、式 (8.2) で $K = K^* = K_c$ とおいた

$$e^{-2K_c} = \tanh K_c \tag{8.4}$$

で与えられる。この式を e^{-2K_c} について解くと $e^{-2K_c} = \sqrt{2} - 1$ であり，直接解いて得られる厳密解と一致している。

双対関係式を使うと転移点におけるエネルギーの値も計算することができる。式 (8.1) の両辺の対数を取り，N で割ると

$$\frac{1}{N} \log Z(K) - \log 2 - 2 \log \cosh K = \frac{1}{N} \log Z(K^*) - 2K^* \quad (8.5)$$

N が十分大きい極限を考えるから，右辺では $-(1/N) \log 2$ の項を無視した。この式の両辺を K で微分すると

$$\frac{1}{N} \frac{Z'(K)}{Z(K)} - 2 \tanh K = \left\{ \frac{1}{N} \frac{Z'(K^*)}{Z(K^*)} - 2 \right\} \frac{dK^*}{dK} \quad (8.6)$$

ここに現れる分配関数の対数微分 $Z'(K)/Z(K)$ はエネルギーの逆符号 $-E(K)/J \equiv -NE_0(K)$ だから，

$$-E_0(K) - 2 \tanh K = \left(-E_0(K^*) - 2 \right) \frac{dK^*}{dK} \quad (8.7)$$

さて，転移点が双対変換の固定点と一致して $K = K^* = K_c$ であり，またエネルギーがその点で連続なら，上式に現れる $E_0(K)$ および $E_0(K^*)$ は転移点で同じ値 $E_0(K_c) \equiv E_{0c}$ を取る。また，固定点条件より $\tanh K_c = \sqrt{2} - 1$ であること，および式 (8.2) より固定点では $dK^*/dK = -1$ になっていることを使うと $E_{0c} = -\sqrt{2}$ が得られる。この結果は厳密解と一致している。

比熱が転移点で発散するか連続であること (飛びを持つことはないこと) も同様にして示せる。式 (8.6) の両辺をもう一度 K で微分すると

$$\frac{1}{N} \left\{ \frac{Z''(K)}{Z(K)} - \left(\frac{Z'(K)}{Z(K)} \right)^2 \right\} - \frac{2}{\cosh^2 K}$$

$$= \frac{1}{N} \left\{ \frac{Z''(K^*)}{Z(K^*)} - \left(\frac{Z'(K^*)}{Z(K^*)} \right)^2 \right\} \left(\frac{dK^*}{dK} \right)^2$$

$$+ \left(\frac{1}{N} \frac{Z'(K^*)}{Z(K)} - 2 \right) \frac{d^2 K^*}{dK^2} \quad (8.8)$$

この両辺に出てくる $\{\cdots\}$ 内の量は，1スピンあたりのエネルギーを逆符号にしたものの K 微分および K^* 微分であり，1スピンあたりの比熱 C_0(エネルギーの T 微分) の T^2 倍である。そこで，比熱に関係したこれらの量を左辺に集めると

$$T^2 C_0(K) - (T^*)^2 C_0(K^*) \left(\frac{dK^*}{dK}\right)^2 = \frac{2}{\cosh^2 K} - (2 + E_0(K^*))\frac{d^2 K^*}{dK^2} \tag{8.9}$$

この式の右辺に現れる量の転移点での値はそれぞれ, $\cosh^2 K_c = (1+\sqrt{2})/2$, $E_0(K_c) = -\sqrt{2}$, $d^2 K^*/dK^2 = 2\sqrt{2}$ である。これより右辺は, 転移点で 0 になることがわかる。また左辺の $(dK^*/dK)^2$ は 1 に近づく。よって, 温度が転移点に近づくにつれて $C_0(K)$ と $C_0(K^*)$ の値が近づくか (連続), ともに発散するかのいずれかである。平均場理論や Bethe 近似のように $C_0(K)$ と $C_0(K^*)$ が転移点の上下から異なる値に近づき, 比熱が飛びを持つ可能性は排除される。

比熱が発散するとして, その臨界指数を双対性を用いて直接決定することはできない。しかし, 転移点の上下で臨界指数および臨界振幅の値が等しいことは次のようにして証明できる。式 (8.3) によると, 自由エネルギーの特異部分 f_s は温度の関数として双対変換に対して不変である。

$$f_s(T) = f_s(T^*(T)) \tag{8.10}$$

ここで, T^* は $1/K^*$ である。この特異部分の転移点付近 ($T \approx T_c + ct$ ($t = (T - T_c)/T_c$)) での振る舞いは一般に,

$$f_s(T) \approx A_\pm |t|^{2-\alpha_\pm} \tag{8.11}$$

と書ける。ここで $A_\pm$ および $\alpha_\pm$ はそれぞれ, 臨界点の上下での臨界振幅および比熱の臨界指数である。一方, 双対温度の臨界点付近での振る舞いは

$$T^*(T) \approx T^*(T_c + ct) \approx T_c + c(T^*)'_c t \tag{8.12}$$

である。ここで $(T^*)'_c$ は $T^*(T)$ の T_c での微係数であり, 式 (8.2) より -1 であることがわかる。これらの式 (8.12), (8.10), (8.11) より, $t > 0$ のとき

$$A_+ |t|^{2-\alpha_+} \approx A_- |t|^{2-\alpha_-} \tag{8.13}$$

が満たされる。したがって, $A_+ = A_-$ および $\alpha_+ = \alpha_-$ が結論される。転移点の上下で臨界指数のみならず臨界振幅も等しいことが, 模型を直接解くことなしに示されたのである。

このように, 双対性は系の性質について貴重な情報をもたらす重要な性質である。残る問題は双対関係式 (8.1) の証明であり, 正方格子上の Ising 模型以外への拡張である。第一の点に関しては, 次節で高温展開と低温展開を使った図形的な議論を紹介する。さらにその次の節で, Ising 模型を含むより広範な 2 次元模型が双対性を持つことを示す。

8-2 高温展開と低温展開

2次元の正方格子上の Ising 模型の双対関係式 (8.1) を，分配関数の高温展開と低温展開の対応関係を使って示してみよう．次節で述べる一般的かつ形式的な証明に含まれている内容であるが，高温展開と低温展開について一般的な知識を持っておくことは悪いことではないし，形式的な証明より直観に訴えてわかりやすいという利点もある．

まず高温展開の説明をするために，$S_iS_j = \pm 1$ を入れてみると容易に検証できる恒等式 $e^{KS_iS_j} = \cosh K + S_iS_j \sinh K$ を使って分配関数を書き換える．

$$\begin{aligned}
Z(K) &= \sum_S e^{K\sum_{\langle ij \rangle} S_iS_j} \\
&= \sum_S \prod_{\langle ij \rangle} (\cosh K + S_iS_j \sinh K) \\
&= (\cosh K)^{2N} \sum_S \prod_{\langle ij \rangle} (1 + S_iS_j \tanh K) \quad (8.14)
\end{aligned}$$

最後の等式では $\prod_{\langle ij \rangle} \cosh K = (\cosh K)^{2N}$ を使った．さて，式 (8.14) の最後の表式に出てくる最近接格子点対についての積を展開すると，各最近接格子点対 $\langle ij \rangle$ から 1 あるいは $S_iS_j \tanh K$ のいずれかの項が出現する．前者の場合，格子を表す図の最近接格子点対の上には何も描かず，後者の場合太線を描くことにする．こうすると，積を展開して出てくる各項はそれぞれ，太線の組み合せで表現できる (図 8.2)．太線がそれぞれ $\tanh K$ の重みを持っているから，太線の数の順番に図形を並べて式 (8.14) の各項を整理すれば，$\tanh K$ のべきによる展開になる．

もうひとつ考慮しなければならない点がある．式 (8.14) では，$\sum_S$ で表されたスピン変数についての和を取る．このとき，展開の項のうち S_i が偶数回現れた項においては $S_i^{2n} = 1$ より，$\sum_S S_i^{2n}$ は 0 でないが，奇数回現れている場合は $S_i^{2n+1} = S_i$ より，プラスマイナスが打ち消し合って 0 になる．したがって，例えば図 8.2 で 0 次以外の図形では太線の終端の所で S_i が残っているから，すべて 0 になって和に寄与しない．0 でない寄与をするのは，図 8.3 のような閉じた図形で表される項だけである．閉じた図形では，各格子点において S_i が偶数回 (0, 2, 4 回) 現れている．

K は温度の逆数だから，閉じた図形を太線の数 ($\tanh K$ のべき) の順番

8-2 高温展開と低温展開

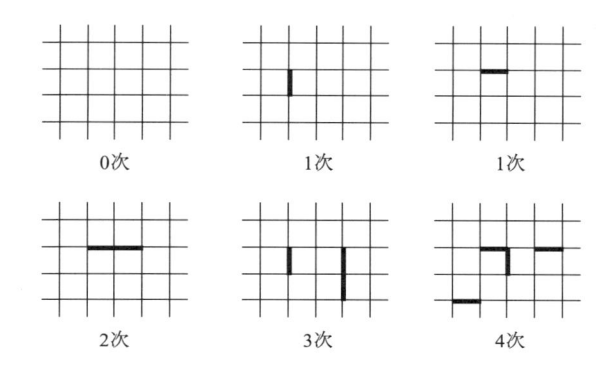

図 **8.2** 分配関数の展開に現れる項の図形表現。太線は $S_i S_j \tanh K$ を表す。この図に現れる 0 次以外の図形は高温展開には寄与しない。次数は $\tanh K$ のべきである。

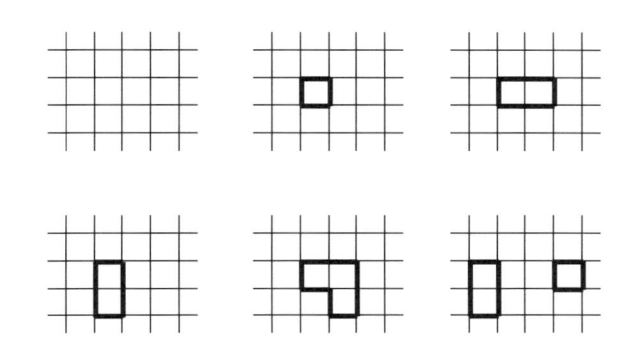

図 **8.3** 分配関数の高温展開に寄与する閉じた図形。太線は $\tanh K$ を表す。

に並べると，高温極限 $(\tanh K = 0)$ からのべき展開になる．これが分配関数の**高温展開** (high-temperature expansion) とその図形表現である．閉じた図形ではどの S_i も偶数回現れて 1 になってしまうから，$\sum_S$ は 1 の和になり，どの項でも 2^N を与える．したがって，高温展開を象徴的に表現すれば，

$$\frac{Z(K)}{2^N (\cosh K)^{2N}} = \sum_{n=0,2,3,\cdots} (\text{太線数 } 2n \text{ の閉じた図形の数})(\tanh K)^{2n}$$

(8.15)

となる.和で $n=1$ がないのは,2本では閉じた図形が描けないからである.例えば,$(\tanh K)^4$ の係数は単位正方形が正方格子上にいくつ描けるかという数であり,各単位正方形をその左隅の格子点で代表させてみればわかるとおり,格子点の数 N に等しい.

さて次は,低温極限からのべき展開 (**低温展開** (low-temperature expansion)) である.低温展開を図形で表現すると,式 (8.15) とちょうど同じ形が出現し,低温側の分配関数と高温側の分配関数を結びつける双対関係式 (8.1) が証明されるのである.これを示すために,分配関数の定義

$$Z(K) = \sum_S e^{K \sum_{\langle ij \rangle} S_i S_j} \tag{8.16}$$

においてスピン和の取り方を工夫する.式 (8.16) の右辺を具体的に書き下すのに,最初に,絶対零度で効いてくる状態 (すべて $S_i = 1$) をもってくる.その寄与は e^{2NK} である[1].その次には,ひとつだけスピンが反転した状態の寄与を書く.ひとつだけ反転すると,そのまわりの4個のスピンとの相互作用のエネルギーがそれぞれ $-J$ から J に上昇するから,Boltzmann 因子としては $e^{-4 \cdot 2K}$ の因子が基底状態の寄与に比べてかかってくる.ひとつだけ反転させるやり方の数は,スピン数 N に等しい.したがって,低温展開の最初の2項は

$$Z(K) = 2e^{2NK}(1 + Ne^{-8K} + \cdots) \tag{8.17}$$

となる.この式のカッコ内の各項が高温展開 (8.15) の各項と一対一対応しているのである.

低温展開を図形表現することにより,この対応関係を明らかにすることができる.低温展開の各項は,上向きスピンの中に反転した (下向きの) スピンが何個か配置されている図で表される.このような図は,スピンの向きが反対の最近接格子点対に太線を引けば,閉じた図形で表現できる (図 8.4).

明らかに,高温展開の閉じた図形と一対一対応をしている.したがって,式 (8.17) のような $Z(K)/2e^{2NK}$ の低温展開の各項で e^{-2K} を $\tanh K$ と読み替えれば,式 (8.15) のような $Z(K)/(2^N (\cosh K)^{2N})$ の高温展開が得られる.こうして,温度の変換式 (8.2) に基づいた双対性の関係式 (8.1) が導かれた.

---

[1] 正確にいえば,スピンの符号をすべて反転したものも全く同じ寄与をし,したがって全体が2倍される.

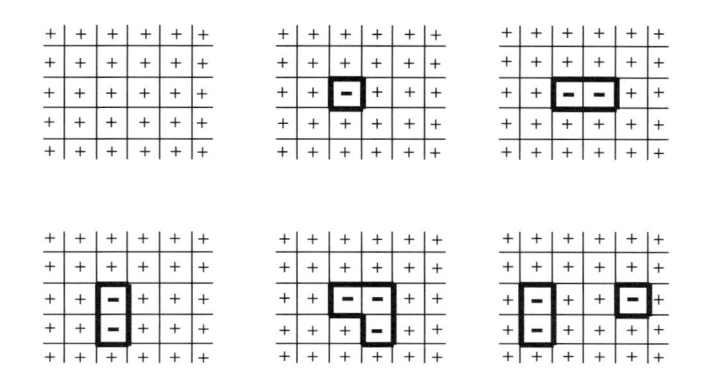

図 **8.4** 低温展開の閉じた図形による表現。太線は反平行スピン対であり，一本ごとに Boltzmann 因子 e^{-2K} を持つ。

なお，高温展開および低温展開は，通常，分配関数自身ではなく対数を取った自由エネルギーやその微分である物理量 (磁化率など) について行われ，臨界点や臨界指数を定量的に推定する強力な手段のひとつになっている。このような場合には，展開係数の数え上げに寄与する図形の種類が分配関数の場合とやや異なってくることが知られている。

8-3 Fourier 変換と双対性

高温展開と低温展開をグラフで結びつけて双対性を導出する方法は比較的わかりやすいが，Ising 模型以外に拡張しようとすると展開のグラフ表現について模型ごとに考え直さねばならなくなる。そこで，Ising 模型や正方格子といった制約条件を外しても双対性が拡張された形で成立することを示すためには，前節の話を含みそれを拡張した Fourier 変換を使った議論がやや抽象的ではあるが，強力な手法となる。2 次元平面上の格子についてその解説をしよう。

8-3-1 分配関数の一般形

格子点 i にスピン変数 ξ_i が割り当てられているとする。ξ は 1 から q までの整数値を取るとする。最近接格子点対 $\langle ij \rangle$ の相互作用に対応する

Boltzmann 因子 $u(\xi_i, \xi_j)$ は ξ_i と ξ_j の差だけの関数であり, q の周期性を持っているとする.

$$u(\xi_i, \xi_j) = u(\xi_i - \xi_j) \pmod{q} \tag{8.18}$$

このとき分配関数は

$$Z = \sum_\xi \prod_{\langle ij \rangle} u(\xi_i - \xi_j) \tag{8.19}$$

と表される. 例えば, q 状態 Potts 模型

$$H = -J \sum_{\langle ij \rangle} \delta(\xi_i, \xi_j) \tag{8.20}$$

は, $u(0) = e^K, u(\xi) = 1 \ (\xi \neq 0)$ を持つ. また, q 状態クロック模型

$$H = -J \sum_{\langle ij \rangle} \cos(\theta_i - \theta_j) \quad \left(\theta_i = \frac{2\pi \xi_i}{q} \right) \tag{8.21}$$

では $u(\xi_i - \xi_j) = \exp\{K \cos(2\pi(\xi_i - \xi_j)/q)\}$ となる. $q = 2$ のときは, Potts 模型もクロック模型も Ising 模型に帰着する. この意味で, 式 (8.19) は Ising 模型を含み, それを一般化したものである.

式 (8.19) の分配関数の双対性は, 各ボンドごとに Fourier 変換を施すことにより導くことができる. そのためにまず $u(\xi_i - \xi_j)$ を, その周期性を利用して Fourier 変換する.

$$u(\xi_i - \xi_j) = \frac{1}{q} \sum_{\eta_{ij}=1}^{q} \exp\left(2\pi i \frac{\xi_i - \xi_j}{q} \eta_{ij}\right) \lambda(\eta_{ij}) \tag{8.22}$$

この形式の大きなメリットは, 右辺において $u(\xi_i - \xi_j)$ の ξ 依存性がきわめて簡単な形をしていることから, 分配関数 (8.19) の計算における ξ についての和が容易に取れることにある. ξ の和を取ったあと, 分配関数は λ の積で表される. これが双対変換である.

8-3-2 双対変換

双対性をより具体的に導くために, 正方格子を例にして ξ の和の取り方を説明しよう. 特定の i に対して, 変数 ξ_i が現れる Boltzmann 因子は, 格子点 i とその 4 つの最近接格子点の間の相互作用の分である. 図 8.5 のように矢印の向きを右および上向きに取り, $\xi_i - \xi_j$ の i が矢印の先, j が矢

8-3 Fourier 変換と双対性

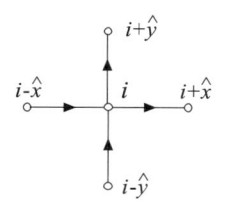

図 8.5 正方格子上で右向きおよび上向きを正の向きとし，変数の差 $\xi_i - \xi_j$ に符号を付ける。

印の出発点にくるように符号を決めることにする[2]。すると式 (8.22) により，ξ_i は次の形で現れる。

$$\exp \frac{2\pi i}{q} \{ (\xi_{i+\hat{x}} - \xi_i)\eta_{i+\hat{x},i} + (\xi_i - \xi_{i-\hat{x}})\eta_{i,i-\hat{x}} \\ + (\xi_{i+\hat{y}} - \xi_i)\eta_{i+\hat{y},i} + (\xi_i - \xi_{i-\hat{y}})\eta_{i,i-\hat{y}} \} \quad (8.23)$$

ここで，$\hat{x}$ と $\hat{y}$ は x および y 方向への単位ベクトルである[3]。この形にすると，ξ_i についての 1 から q までの和は容易に取れて，

$$-\eta_{i+\hat{x},i} + \eta_{i,i-\hat{x}} - \eta_{i+\hat{y},i} + \eta_{i,i-\hat{y}} = 0 \pmod{q} \quad (8.24)$$

という制約が導かれる。すべての Fourier 変数 η がこの制約を満たすとき，各 ξ_i についての和は $1(=e^0)$ の 1 から q についての和だから，単に q を与え，全体では q^N の因子がかかるだけになる。したがって，分配関数は式 (8.22) の右辺の $\lambda(\eta_{ij})$ の積の制約条件付きの和

$$Z = q^{N-2N} \sum_{\eta}{}' \prod_{\langle ij \rangle} \lambda(\eta_{ij}) \quad (8.25)$$

になる。q のべき $-2N$ は，式 (8.22) の右辺の $1/q$ がすべてのボンドに現れることによる。プライム ($'$) は，式 (8.24) の制約をすべての i で満たす η に和を限定することを意味する。

この制約条件 (8.24) を満たす η の場には，図 8.5 を使って見通しの良い解釈を与えることができる。η_{ij} は各ボンドに割り当てられた，i から j への向きを持つ変数である。式 (8.24) は，各格子点に入ってくる η_{ij} の値の

---

[2] 矢印の向きをどう取るかは本質的には重要ではない。ボンドごとに適当に向きを決めてよい。しかし，話を見通しよくするためには系統的に決めておくほうが望ましい。
[3] 格子定数を 1 としてある。

和が出て行く η_{ij} の和と等しいことを示している。η_{ij} の値をボンド ij を流れる電流のように考えれば，各格子点で電流の保存則が成立していて，わき出し (divergence) が 0 の場になっていると解釈できる。ところで，ベクトル解析でよく知られているように，わき出しのない場は別の場の回転 (rotation) で表すことができる。今考えている格子上の整数値の場も，同様の性質を持つ。

これを示すために，正方格子上の各単位正方形 (**プラケット** (plaquette)) 上に**双対格子** (dual lattice) の格子点を置き，その上に変数 $\mu_j (=1,2,\cdots,q)$ を定義する (図 8.6)。そして，η と μ を次の通り対応させる。

$$\eta_{i+\hat{x},i} = \mu_j - \mu_{j-\hat{y}}, \quad \eta_{i+\hat{y},i} = \mu_{j-\hat{x}} - \mu_j,$$

$$\eta_{i,i-\hat{x}} = \mu_{j-\hat{x}} - \mu_{j-\hat{x}-\hat{y}}, \quad \eta_{i,i-\hat{y}} = \mu_{j-\hat{x}-\hat{y}} - \mu_{j-\hat{y}} \quad (8.26)$$

いずれも mod q の関係式である。変数 μ の差の符号は，もとのボンド η の矢印の向きを $+90°$ 回転させた方向を双対格子点間の矢印の向きとし，矢の先の μ から矢の出発点の μ を引くように決める。このとき，制約条件式 (8.24) が自動的に満たされていることは容易に確かめられる。式 (8.26) は，μ の場の 2 次元の回転の演算が η を与えることを示している[4]。

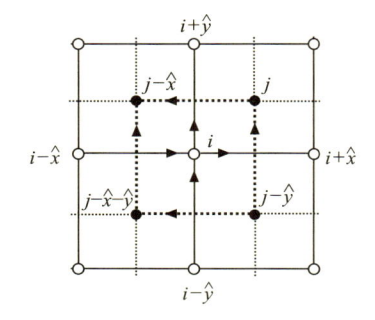

図 **8.6** 黒丸で示された双対格子点上に新たなスピン変数を定義し，それらの最近接点どうしの差でもとの η_{ij} を表現する。

---

4) 式 (8.26) によると，η の x 成分 $\eta_{i+\hat{x},i}$ は，μ の y 方向への差分 $\mu_j - \mu_{j-\hat{y}}$ であり，η の y 成分 $\eta_{i+\hat{y},i}$ は μ の x 方向への差分の逆符号 $-(\mu_j - \mu_{j-\hat{x}})$ である。これは，2 次元離散空間上の回転である。連続化して表現すれば，ベクトル $\boldsymbol{\eta}$ の x 成分が $\partial_y \mu$，y 成分が $-\partial_x \mu$ であり，$\partial_x \eta_x + \partial_y \eta_y = 0$ つまりわき出しが 0 であることが確かめられる。

格子点上のすべての点で上の関係を使って η を μ で置き換えると，η についての制約条件式 (8.24) は考慮する必要がなくなり，

$$Z = q^{-1-N} \sum_{\mu} \prod_{\langle ij \rangle} \lambda(\mu_i - \mu_j) \tag{8.27}$$

という表式が得られる[5]．ここで $\langle ij \rangle$ は双対格子上の最近接格子点対である．こうして，分配関数はもとの表現 (8.19) と双対表現 (8.27) の 2 つの表現を持つことが示された．これが一般化された双対性である．

正方格子に限らず任意の 2 次元格子上でも，同様に，ボンドで囲まれる最小の平面図形の中に双対格子点を置く．もとの格子のボンドの向きを適当に決め，それを $+90°$ 回転させた方向を双対格子のボンドの向きとする．双対格子上の変数の差を各ボンドの向きにしたがって決め，Fourier 変換した双対格子の Boltzmann 因子 λ_{ij} の引数に変数の差 $\mu_i - \mu_j$ を入れたものの積で，双対格子全体の Boltzmann 因子が決まる．あとは，双対格子点上の変数 μ についての和を取れば分配関数になる．この分配関数は，もとの分配関数と自明な定数倍を除いて一致する．

以上の議論からわかるように，双対変換の本質は局所的な Boltzmann 因子の Fourier 変換に尽きる．格子の形は何でもよい．正方格子，三角格子，六角格子のような並進対称性を持つものでもよいし，結合数が場所によって異なっている不規則な格子でもかまわない．ただし，双対格子がもとの格子と幾何学的に同じ形になる自己双対格子は，正方格子などごく限られている．

8-3-3　Ising 模型

前節で導いた一般的な双対関係式

$$Z = \sum_{\xi} \prod_{\langle ij \rangle} u(\xi_i - \xi_j) = q^{-1-N} \sum_{\mu} \prod_{\langle ij \rangle} \lambda(\mu_i - \mu_j) \tag{8.28}$$

を Ising 模型 ($q=2$) に適用し，高温展開と低温展開の比較から導かれた結果を再導出しよう．

---

[5] 全体に q^{-1} がひとつ余分にかかっているのは，式 (8.26) の対応においては，すべての μ を定数値ずらせる余分な自由度があり，μ についての和はその分 q だけ数えすぎだからである．

Ising 模型の相互作用の値 $\pm J$ に対応して,各ボンドの Boltzmann 因子は,平行スピン ($S_i = S_j$ つまり $\xi_i - \xi_j = 0 \pmod 2$) の $u(0) = e^K$,および反平行スピン ($S_i = -S_j, \xi_i - \xi_j = 1 \pmod 2$) の $u(1) = e^{-K}$ である。Fourier 変換 (8.22) の逆変換

$$\lambda(\eta_{ij}) = \sum_{\xi_{ij}=1}^{q} \exp\left(-2\pi i \frac{\xi_{ij}}{q} \eta_{ij}\right) u(\xi_{ij}) \tag{8.29}$$

を $q = 2$ に適用して,

$$\lambda(0) = u(0) + u(1) = e^K + e^{-K}, \quad \lambda(1) = u(0) - u(1) = e^K - e^{-K} \tag{8.30}$$

よって,双対格子上の最近接スピンが同じ値を取る場合の Boltzmann 因子 $\lambda(0)$ は $e^K + e^{-K}$ であり,異なる状態なら $\lambda(1) = e^K - e^{-K}$ である。ところで,最近接スピン対の 2 つの状態の Boltzmann 因子の比は,もとの格子では $u(1)/u(0) = e^{-2K}$ だから双対格子でも $\lambda(1)/\lambda(0) \equiv e^{-2K^*}$ と K^* を定義してよい。これより,$e^{-2K^*} = \tanh K$ となり,双対関係式 (8.2) が再導出された。

さらに,分配関数の間の双対関係式 (8.1) も一般論から導くことができる。まず,mod 2 の変数 ξ_i を通常の ± 1 の変数 S_i で置き換え,同様に双対格子上でも μ_i の代わりに $\sigma_i(= \pm 1)$ を使うことにする。このとき,式 (8.28) は

$$\sum_S e^{K \sum_{\langle ij \rangle} S_i S_j} = 2^{-1-N} \sum_\sigma e^{\sum_{\langle ij \rangle} (K^* \sigma_i \sigma_j + a)} \tag{8.31}$$

となる。定数 a を入れた理由は,上の段落の議論では平行スピンの Boltzmann 因子 $\lambda(0)$ と反平行スピンの Boltzmann 因子 $\lambda(1)$ の比 $\lambda(1)/\lambda(0) = e^{-2K^*}$ のみを使い,それぞれの Boltzmann 因子自体には共通の定数分の不定性が残っているからである。この定数を確定するために,$\lambda(0) = e^K + e^{-K}$ が e^{K^*+a} に等しいこと[6] を使うと,

$$e^a = \frac{2\cosh K}{e^{K^*}} \tag{8.32}$$

よって,式 (8.31) は

---

6) これは $\lambda(1) = e^K - e^{-K}$ が e^{-K^*+a} に等しいことでもある。

$$\sum_S e^{K\sum_{\langle ij\rangle} S_i S_j} = 2^{-1-N}\sum_\sigma e^{K^*\sum_{\langle ij\rangle}\sigma_i\sigma_j}\left(\frac{2\cosh K}{e^{K^*}}\right)^{N_B^*} \tag{8.33}$$

と表現される。ここで, N_B^* は双対格子上のボンド数である。

以上の議論は, 正方格子に限らず任意の格子について成立する。特に正方格子は自己双対であり, また $N_B^* = 2N$ だから, 式 (8.33) は式 (8.1) に帰着する。ここで, 自己双対性は, 式 (8.1) の両辺で Z が同じ関数であることに効いている。三角格子のような自己双対でない格子では, もとの格子の分配関数 Z と双対格子の分配関数 Z^* は異なる関数形を持つ。この場合にも双対性は成立するが, 異なる関数の間の関係式

$$Z(K) = \frac{(2\cosh K)^{N_B}}{2^{1+N}e^{N_B K^*}} Z^*(K^*) \tag{8.34}$$

であり, 8-1 節のような, 1 つの関数の特異点を定める議論は適用できない。

Potts 模型でも同様の議論が展開でき, 正方格子上で転移点を定める式が導かれる (演習問題 8.2)。

8-3-4　Villain 模型とラフニング転移

双対性は, これまでに述べたような離散自由度の系のみならず, XY 模型などの連続自由度の場合にも成立する。5 章で詳しく述べたように, 2 次元 XY 模型においては変数が空間的にゆるやかに変化するスピン波の自由度と, 特定の点のまわりで急激に変化する渦の自由度の 2 つが本質的に重要な役割を果たす。渦の自由度は, 系が変数の 2π の変化に対して不変であるという周期性と密接な関わりを持っている。そこで, XY 模型の Boltzmann 因子 $e^{K\cos\psi_{ij}}$ ($\psi_{ij} = \phi_i - \phi_j$) の代わりに, スピン波近似した $e^{-K\psi_{ij}^2/2}$ を周期化した **Villain 模型** (Villain model)

$$e^{V(\psi_{ij})} \equiv \sum_{m=-\infty}^{\infty} e^{-\frac{K}{2}(\psi_{ij}-2\pi m)^2} \tag{8.35}$$

を取り扱うことが多い。Villain 模型はスピン波近似の Boltzmann 因子を 2π の周期で足し合わせたものであり, **周期 Gauss 模型** (periodic Gaussian model) とも呼ばれる。Villain 模型は, スピン波と渦の両方の自由度を持つために XY 模型と同様に低温で KT 相を持ち, ある温度で KT 転移を起こす。Villain 模型はもとの XY 模型より取り扱いが簡単なので, KT 転

移の研究にしばしば用いられる。5章の話も，大部分は実質的に Villain 模型の解析であった。

Villain 模型の双対性を調べる前に，まず分配関数の定義を書いておこう。

$$Z = \int_0^{2\pi} \prod_i d\phi_i \, e^{\sum_{\langle ij \rangle} V(\phi_i - \phi_j)} \tag{8.36}$$

以前の定式化にしたがって，まず各ボンドの Boltzmann 因子を Fourier 変換する。式 (8.35) に $e^{-il\psi_{ij}}$ をかけて ψ_{ij} について 0 から 2π まで積分する。m についての無限和のために ψ_{ij} の積分区間は $-\infty$ から ∞ までに広がり，積分は容易に実行できる。こうして Fourier 展開

$$e^{V(\psi_{ij})} = \frac{1}{\sqrt{2\pi K}} \sum_{l=-\infty}^{\infty} e^{-\frac{l^2}{2K} + il\psi_{ij}} \tag{8.37}$$

が得られる。8-3-2 節で説明した離散自由度のときと同様にして，各ボンドに向きを付け，それぞれの格子点 i について ϕ_i を含む $e^{il_{ij}(\phi_i - \phi_j)}$ を集めて ϕ_i について 0 から 2π まで積分すると，l がわき出しのない場であることがわかる。そこで，式 (8.26) と同じようにして l を双対格子上の場 μ の回転で表現する。正方格子の場合，式の形は式 (8.26) と全く同じである。mod q の制約がないだけである。このようにして，式 (8.27) と類似の式

$$Z = \mathrm{const} \cdot \sum_{\{\mu_i = -\infty\}}^{\infty} e^{-\frac{1}{2K} \sum_{\langle ij \rangle} (\mu_i - \mu_j)^2} \tag{8.38}$$

が導出される。式 (8.27) では和は各 μ_i は 1 から q までについてだったが，ここではすべての μ_i について $-\infty$ から ∞ まで取る。これが 2 次元で XY 模型と同じ物理的性質を持つ Villain 模型の双対表現である。式 (8.38) はもとの Villain 模型 (8.36) や XY 模型と違い，離散変数で表現されている。したがって，格子の幾何学的性質が自己双対な正方格子上でも分配関数は自己双対でない。

Villain 模型の双対表現 (8.38) は，固体表面の滑らかさがある温度で急激に変化する**ラフニング転移** (roughening transition) を記述する **SOS (Solid-on-Solid) 模型** (SOS model) の一種である。固体表面において原子が 2 次元格子の上に並んでいるとしよう。基準の高さから測って，格子点 i において μ_i 個の原子が積み上がっているとする。隣より高く原子が積み上がっていると不安定になる様子を高さの差の 2 乗 $(\mu_i - \mu_j)^2$ に比例す

8-3 Fourier 変換と双対性

るエネルギーで表すと，この系の分配関数は式 (8.38) になる。

Villain 模型ではある温度で KT 転移が起き，自由エネルギーが特異性を持つ。双対表現 (8.38) により，これはラフニング転移も記述すると解釈できる。K が小さいと $(\mu_i - \mu_j)^2$ が小さな値しか持たない状態が支配的であり，表面は滑らかである。K の上昇とともに次第に隣どうしの高さの差が大きな状態も高い確率で生じるようになり，転移点において表面は急激に粗い状態に移行する (演習問題 8.6)。

Villain 模型の双対表現 (8.38) は，仮に μ_i が連続変数だと 5-2 節で述べたスピン波近似と同じ形である。ところが，変数 μ_i の離散性を取り入れると，5-5 節で導いた渦対のエネルギーの式 (5.46) を再導出することができる。これを示してみよう。

まず離散変数 μ_i を連続変数 ϕ_i で置き換えるため，**Poisson の和公式** (Poisson sum formula)(付録 9. 参照)

$$\sum_{\mu=-\infty}^{\infty} g(\mu) = \sum_{n=-\infty}^{\infty} \int_{-\infty}^{\infty} d\phi\, e^{2\pi i \phi n} g(\phi) \tag{8.39}$$

を用いる。式 (8.38) はこの公式により，右辺にかかっている自明な定数を落とすことにすれば，次の形に表される。

$$Z = \sum_{\{n_j=-\infty\}}^{\infty} \int_{-\infty}^{\infty} \prod_j d\phi_j\, e^{2\pi i \sum_j \phi_j n_j - \frac{1}{2K}\sum_{\langle ij \rangle}(\phi_i-\phi_j)^2} \tag{8.40}$$

被積分関数の指数関数の肩は $\{\phi_i\}$ についての 2 次形式だから，積分は多重 Gauss 積分として実行できる。付録 7. によると，その結果は自明な定数倍を除いて次の通りである。

$$Z = \sum_{\{n_j=-\infty\}}^{\infty} e^{-2\pi^2 K \sum_{j,l} n_j n_l G(j-l)} \tag{8.41}$$

ここで，$G(j-l)$ は**格子 Green 関数** (lattice Green function) である。2次元の位置座標 j および l を本来のベクトル記号 (太字) で表せば，

$$G(\boldsymbol{j}-\boldsymbol{l}) = \frac{1}{2(2\pi)^2} \int_{-\pi}^{\pi} dq_x dq_y\, \frac{e^{i\boldsymbol{q}\cdot(\boldsymbol{j}-\boldsymbol{l})}}{2-\cos q_x - \cos q_y} \tag{8.42}$$

また，式 (8.41) の $\{n_j\}$ には 5-4 節で述べた中性条件 $\sum_j n_j = 0$ が課せられている。中性条件の下で，格子 Green 関数の引数の絶対値 $|\boldsymbol{j}-\boldsymbol{l}| \equiv r$ が大きいときの漸近形 (付録 7. 参照)

$$G(0) - G(r) \approx \frac{1}{2\pi} \log r \tag{8.43}$$

を用いると，分配関数 (8.41) は

$$Z = \sum_{\{n_j\}} e^{\pi K \sum_{j \neq l} n_j n_l \log |j-l|} \tag{8.44}$$

となり，渦対のエネルギーの式 (5.46) に対応する分配関数と一致する．5-5 節では，渦が主要な役割を果たすという物理的な直観に基づいて議論を進めたが，双対性を用いるとより系統的に同じエネルギーの式に到達することができるのである．

演習問題 8.

8.1 正方格子上の Ising 模型の分配関数の高温展開において，$(\tanh K)^6$ の項の係数を求めよ．

8.2 Potts 模型に一般論を適用し，式 (8.1) および式 (8.2) に相当する双対関係式を求めよ．正方格子について転移点を決定せよ．

8.3 正方格子上の 3 状態 Potts 模型 ($q = 3$) において，転移点の上下の臨界指数 $\alpha_\pm$ および臨界振幅 $A_\pm$ が満たす関係を求めよ．

8.4 三角格子上の Ising 模型と六角格子上の Ising 模型について，転移点の上下の臨界指数 $\alpha_\pm$ および臨界振幅 $A_\pm$ が満たす関係を求めよ．

8.5 三角格子上の Ising 模型の転移点を，双対関係式と**星・三角変換** (star-triangle transformation) を組み合わせて考察する．三角格子の双対格子は六角格子である (図 8.7)．式 (8.34) の左辺の $Z(K)$ が三角格子上の分配関数だとすれば，右辺の $Z^*(K^*)$ は六角格子上の分配関数である．関数形が違うので，特異点がただひとつであるとしても双対関係式だけでそれを定めることはできない．しかし，六角格子のスピンを図 8.8 のように，ひとつおきに和を取れば三角格子に帰着し，特異点が決められ

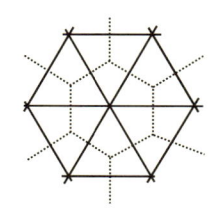

図 **8.7** 三角格子と六角格子は互いに双対である．

演習問題 8.

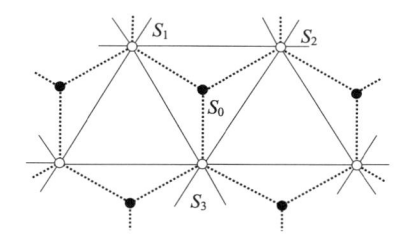

図 8.8 六角格子上の Ising スピンについてひとつおき (黒丸) に部分和を取ると, 残り (白丸) のスピン間の相互作用 (実線) が新たに生じ, 三角格子に帰着する。

る。図 8.8 の黒丸のスピンに着目しそれを S_0 とする。S_0 とまわりの白丸のスピンとの相互作用は $B = e^{K^* S_0 (S_1 + S_2 + S_3)}$ なる Boltzmann 因子で表される。B の S_0 についての和を取り, その結果を白丸のスピン間の相互作用 $Ae^{\tilde{K}(S_1 S_2 + S_2 S_3 + S_3 S_1)}$ として表すとき (星・三角変換), $\tilde{K}$ を K^* の関数として書け。この結果を使って, 三角格子上の Ising 模型の転移点を求めよ。

8.6 Villain 模型の双対表現 (8.38) がラフニング転移を記述する様子を調べてみよう。K が温度と同じ位置に入っているから, 本問では K を T_r と書き, 温度と呼ぶことにする。まず, 温度が小さい極限では $(\mu_i - \mu_j)^2$ が最小値 0 しか取れないから, すべての μ_i が共通の値 (k とする) を持つ状態のみが実現する。表面が完全に平らなのである。すこし温度が上がってくると所々 k からずれた状態も実現するが, それでもほとんど $k \pm 1$ に限定される。ほぼ Ising 模型と同じ形の離散的な励起であり, 2 次元では長距離秩序が存在する。表面が滑らかな相である。一方, 温度が非常に高い極限では, $(\mu_i - \mu_j)^2/(2T_r)$ の値の最小の刻み $1/(2T_r)$ が小さいから, 変数 μ_i が連続値を取るとする近似が妥当である。このとき, μ_i の長距離のゆらぎが距離とともに発散し, 表面が粗くなっていることを示せ。$(\mu_i - \mu_{i+r})^2$ の期待値を求め, r が大きな極限での振る舞いを議論するとよい。

付　録

1. 鞍点法

関数 $f(x)$ が図1のように $x = x_0$ で最大値を持っているとする。このとき，積分

$$I = \int_{-\infty}^{\infty} e^{Nf(x)}\, dx \tag{1}$$

の $N \to \infty$ での漸近値の評価として

$$I \approx e^{Nf(x_0)} \tag{2}$$

と，被積分関数の最大値を取ることが許される。これを**鞍点法** (saddle point method) あるいは**最急降下法** (method of steepest descents) という。

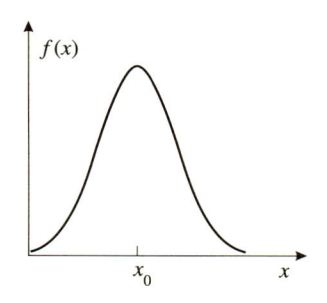

図1　関数 $f(x)$ は x_0 で最大値を取るとする。

$f(x)$ を x_0 のまわりで展開すると，1次の微係数は0だから2次から始まる。

1. 鞍点法

$$f(x) \approx f(x_0) + \frac{1}{2}(x-x_0)^2 f''(x_0) \tag{3}$$

$(x-x_0)^3$ およびそれより高次の項は $|x-x_0|$ が比較的大きいときに効果を現すが,x が x_0 からずれるにつれて $f(x)$ は $f(x_0)$ に比べて小さくなる.積分 (1) の被積分関数においては,$f(x)$ が N 倍され,さらに指数関数の肩に乗っているから,$|x-x_0|$ が少し増えただけで $e^{Nf(x)}$ はピークでの値 $e^{Nf(x_0)}$ に比べて急激に減少する.例えば,$\Delta f = f(x) - f(x_0) = -1$ で $N=10$ なら,$r \equiv e^{Nf(x)}/e^{Nf(x_0)} = 4.5 \times 10^{-5}$ だが,同じ $\Delta f = -1$ でも $N=100$ のときには $r = 3.7 \times 10^{-44}$,$N=1000$ になると $r = 5.1 \times 10^{-435}$ になる.この例からも,$N \to \infty$ の極限における主要項の評価としては,x_0 のごく近傍だけを考慮すれば十分であることが納得できるだろう.

式 (3) より,Gauss 積分を実行すると

$$\begin{aligned} I &\approx \int_{-\infty}^{\infty} dx \exp\left(Nf(x_0) - \frac{N}{2}(x-x_0)^2 |f''(x_0)|\right) \\ &= \exp\left(Nf(x_0) + \frac{1}{2}\log 2\pi - \frac{1}{2}\log\bigl(N|f''(x_0)|\bigr)\right) \end{aligned} \tag{4}$$

が求める漸近形である.指数関数の肩において $Nf(x_0)$ に比べて残りの項は小さいから,通常は $e^{Nf(x_0)}$ のみを使う.これが式 (2) である.

鞍点法という名前は,積分を複素変数 z に拡張すると,$z = x_0$ は実軸方向には関数 $f(z)$ の最大値を与えるが虚軸方向では最小値を与えることから,複素平面では x_0 が峠の位置にあたる (図 2 のように馬の鞍の形に似ている) ことによる.またこれは,鞍点から見て一番勾配が急な方向に積分路を選ぶことにもなっているので,最急降下法とも呼ばれる.

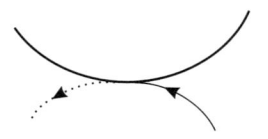

図 2 鞍点法では,峠を矢印の向きに越えるように積分路を選ぶ.

以上の知識で本文を読むのには十分である.以後は,より理解を深めたい人のための補足である.

話を必要以上に複雑にしないため，$x_0 = 0$ とし，$f(x)$ は偶関数であるとする。$f(x)$ を $x = 0$ のまわりに展開して，今度は 4 次の項まで取ってみよう。漸近評価したい積分 I は次の形をしている。

$$I \approx e^{Nf(0)} \int_{-\infty}^{\infty} \exp\left(-\frac{aN}{2}x^2 + bNx^4\right) dx \tag{5}$$

b は負である。$f(x)$ が $x = 0$ で最大値を取るから，$a > 0$ である。$x = t/\sqrt{aN}$ とおくと

$$I \approx \frac{e^{Nf(0)}}{\sqrt{aN}} \int_{-\infty}^{\infty} \exp\left(-\frac{t^2}{2} + \frac{bt^4}{a^2N}\right) dt \tag{6}$$

ごく素朴に考えると，被積分関数の指数の肩で 4 次の項には N^{-1} がかかっているから，$N \to \infty$ での極限値の評価に際しては 4 次項は無視してよいと思われる。これが鞍点法による積分結果 (4) である。4 次に限らず，2 次より大きな任意の次数の項について同様の議論が成立する。

より正確さを期するため，4 次項による補正の効果を評価しよう。指数の肩に 4 次項がそのまま乗っていると積分が実行できないので，e^{bt^4/a^2N} を $t = 0$ のまわりにべき展開する。その n 次の項は $t^{4n}/(n!N^n)$ に比例するが，この補正項の積分

$$\int_{-\infty}^{\infty} \frac{t^{4n}}{n!N^n} \exp\left(-\frac{t^2}{2}\right) dt \tag{7}$$

は，n が大きいとき $(2n)!/(n!N^n)$ に比例する。$(2n)! \gg n!$ より，この展開は先の項まで行くほど (n が大きくなればなるほど) 係数が急速に増大して収束しない。このような展開は通常の Taylor 展開ではなく，**漸近展開** (asymptotic expansion) と呼ばれている。

漸近展開は収束しないが，展開をやたらに高次まで行うのではなく有限項で止めて，微小パラメータ (今の場合は N^{-1}) を小さくした極限では，展開による近似式と正しい値の差がいくらでも小さくなる。今の例 (6) でいえば，最初の補正項 ($n = 1$) まで取り入れると，

$$\int_{-\infty}^{\infty} \exp\left(-\frac{t^2}{2}\right)\left(1 + \frac{b}{a^2N}t^4\right) dt = \sqrt{2\pi}\left(1 + \frac{3b}{a^2N}\right)$$
$$\approx \sqrt{2\pi} \exp\left(\frac{3b}{a^2N}\right) \tag{8}$$

となる。したがって，補正の初項まで取り入れた積分評価の漸近式は，

$$I \approx \exp\left(Nf(0) + \frac{1}{2}\log 2\pi - \frac{1}{2}\log(aN) + \frac{3b}{a^2 N}\right) \quad (9)$$

となる。この式は、N が大きくなればなるほど正しい積分値に近づく。例えば、4次関数 $f(x) = -x^2/2 - x^4$ について、積分を直接数値的に計算した値 I_1 と、漸近式 (9) の値 I_2 を比べてみよう。対数を取った値で比較すると、$N = 10$ で $\log I_1 = -0.3860$, $\log I_2 = -0.5324$ なのに対し、$N = 100$ では $\log I_1 = -1.4099$, $\log I_2 = -1.4137$ である。さらに $N = 1000$ になると $\log I_1 = -2.5379$, $\log I_2 = -2.5379$ と、近似の精度が次第に向上する。

2. 磁化率の相関関数による表現

磁化率は相関関数の和で表される。Ising 模型についてこれを示すために、まず、磁場なしの系のハミルトニアン H_0 に磁場を加えた場合の全系の磁化の定義式を書こう。

$$M = \frac{\sum_{\{S_i\}} (S_1 + \cdots + S_N) e^{-\beta H_0 + \beta h \sum_i S_i}}{\sum_{\{S_i\}} e^{-\beta H_0 + \beta h \sum_i S_i}} \quad (10)$$

磁化 M を磁場 h で微分して $h \to 0$ としたものが磁化率である。1スピンあたりの磁化率を χ と書くことにすれば、

$$N\chi = \lim_{h \to 0} \frac{\partial M}{\partial h} = \frac{\beta \sum_{\{S_i\}} (S_1 + \cdots + S_N)^2 e^{-\beta H_0}}{\sum_{\{S_i\}} e^{-\beta H_0}}$$
$$- \beta \left(\frac{\sum_{\{S_i\}} (S_1 + \cdots + S_N) e^{-\beta H_0}}{\sum_{\{S_i\}} e^{-\beta H_0}}\right)^2 \quad (11)$$

右辺の第1項は相関関数の和であり、第2項は自発磁化の2乗である[1]。

$$N\chi = \beta \sum_{i,j=1}^{N} \langle S_i S_j \rangle - \beta M^2 \quad (12)$$

あるいは、系に並進対称性

$$\langle S_i S_j \rangle = \langle S_0 S_r \rangle \quad (r = |i - j|), \quad \langle S_i \rangle = \frac{M}{N} = m \quad (\forall i) \quad (13)$$

---

[1] 正確には、まず熱力学的極限 $N \to \infty$ を取り、その後で $h \to 0$ とする必要がある。

があれば，これを使って書き換えて
$$\chi = \beta \sum_l \left(\langle S_0 S_l \rangle - \langle S_0 \rangle \langle S_l \rangle \right) \tag{14}$$
この式は，相関関数のゆらぎの和が磁化率であることを示している。この式は，Ising 模型でなくても成立する。なお，常磁性相では自発磁化は 0 だから，磁化率は右辺の第 1 項だけで表される。

3. Rushbrooke の不等式

スケーリング関係式 $\alpha + 2\beta + \gamma = 2$ で，臨界指数 α, γ を低温側から臨界点に近づいた値に限定し，等式を不等式で置き換えたとき成立する Rushbrooke の不等式
$$\alpha_- + 2\beta + \gamma_- \geq 2 \tag{15}$$
を証明しよう。ここでの議論は 3 章のスケーリングに基づく話とは異なり，系の熱力学的な安定性を用いる。

磁性体の Helmholtz の自由エネルギー F は，気体では F が温度 T と体積 V の関数であることに対応して，温度 T と 1 スピンあたりの磁化 m の関数である。気体の定積熱容量に対応して，m 一定の条件での熱容量を，F の T による 2 階微分で定義する。
$$C_m = T \left(\frac{\partial S}{\partial T} \right)_m = -T \left(\frac{\partial^2 F}{\partial T^2} \right)_m \tag{16}$$
ここで，S も T と m の関数 $S(T,m)$ であるが，外部磁場 h が加わっているとき m が h と T の関数であるとして，$m(h,T)$ を $S(T,m)$ の m に代入したもの $S(T,m(h,T))$ も同じ記号で $S(T,h)$ と書くことにする。$S(T,h)$ の T での微分が，気体の定圧熱容量に対応する量である。
$$C_h = T \left(\frac{\partial S(T,h)}{\partial T} \right)_h \left(= -T \left(\frac{\partial^2 G}{\partial T^2} \right)_h \right) \tag{17}$$
G は Gibbs の自由エネルギーである。$S(T,h)$ と $S(T,m)$ の関係 $S(T,h) = S(T,m(h,T))$ により，
$$\left(\frac{\partial S(T,h)}{\partial T} \right)_h = \left(\frac{\partial S(T,m)}{\partial T} \right)_m + \left(\frac{\partial S(T,m)}{\partial m} \right)_T \left(\frac{\partial m}{\partial T} \right)_h \tag{18}$$
よって，磁化率 $\partial m / \partial h$ を χ と書いて

3. Rushbrooke の不等式

$$\chi(C_h - C_m) = \left(\frac{\partial m}{\partial h}\right)_T \cdot T \left(\frac{\partial S}{\partial m}\right)_T \left(\frac{\partial m}{\partial T}\right)_h \tag{19}$$

ここで，後ほど示す

$$\left(\frac{\partial m}{\partial h}\right)_T \left(\frac{\partial S}{\partial m}\right)_T = \left(\frac{\partial m}{\partial T}\right)_h \tag{20}$$

なる関係を使うと

$$\chi(C_h - C_m) = T \left\{ \left(\frac{\partial m}{\partial T}\right)_h \right\}^2 \tag{21}$$

が得られる。ところで，E を内部エネルギーとすると

$$C_m = T \left(\frac{\partial S}{\partial T}\right)_m = \left(\frac{\partial E}{\partial T}\right)_m \tag{22}$$

であるが，巨視的な系の安定性により，E は温度 T の単調増加関数である。よって $C_m \geq 0$, すなわち

$$\chi C_h \geq T \left\{ \left(\frac{\partial m}{\partial T}\right)_h \right\}^2 \tag{23}$$

ここで $h \to 0$ として，$T < T_c$ での臨界指数の定義 $\chi \propto (T_c - T)^{-\gamma-}$, $C_h \propto (T_c - T)^{-\alpha-}$, $\partial m/\partial T \propto (T_c - T)^{\beta-1}$ を代入すると，Rushbrooke の不等式 (15) が導かれる。

最後に，恒等式 (20) を示しておこう。まず，関係式

$$\left(\frac{\partial h}{\partial m}\right)_T \left(\frac{\partial m}{\partial T}\right)_h \left(\frac{\partial T}{\partial h}\right)_m = -1 \tag{24}$$

が成立する。これを示すには，h, m, T のうち 2 つを決めれば残りが決まるという関係を表現する式 $f(h, m, T) = 0$, あるいは，これと等価な $h(m, T)$ という関数関係に着目する。そこで，$f(h(m,T), m, T) = 0$ を m で微分すると

$$\frac{\partial f}{\partial h} \left(\frac{\partial h}{\partial m}\right)_T + \frac{\partial f}{\partial m} = 0 \tag{25}$$

同様に，$f(h, m(h,T), T) = 0$ より

$$\frac{\partial f}{\partial m} \left(\frac{\partial m}{\partial T}\right)_h + \frac{\partial f}{\partial T} = 0 \tag{26}$$

さらに，$f(h, m, T(m,h)) = 0$ より

$$\frac{\partial f}{\partial T}\left(\frac{\partial T}{\partial h}\right)_m + \frac{\partial f}{\partial h} = 0 \tag{27}$$

これら 3 つの式より，式 (24) が導かれる。さらに，

$$-S = \left(\frac{\partial F}{\partial T}\right)_m, \quad h = \left(\frac{\partial F}{\partial m}\right)_T \tag{28}$$

を微分して得られる Maxwell の関係式

$$\left(\frac{\partial S}{\partial m}\right)_T = -\left(\frac{\partial h}{\partial T}\right)_m \tag{29}$$

を式 (24) に用いると，式 (20) が成立することがわかる。

4. キュミュラント

確率変数 x とその分布関数 (確率密度関数)$P(x)$ が与えられているとき，n 次のモーメントは

$$\langle x^n \rangle = \int dx\, x^n P(x) \tag{30}$$

で定義される。x の指数関数 e^{ikx} の平均はモーメントで次のように展開されるが，

$$\langle e^{ikx} \rangle = \sum_{n=0}^{\infty} \frac{(ik)^n}{n!} \langle x^n \rangle \tag{31}$$

これをもう一度指数関数の肩に乗せたものがキュミュラントである。

$$\sum_{n=0}^{\infty} \frac{(ik)^n}{n!} \langle x^n \rangle = \exp\left(\sum_{n=1}^{\infty} \frac{(ik)^n}{n!} \langle x^n \rangle_c\right) \tag{32}$$

例えば，1 次のキュミュラントは平均と等しいし，2 次のキュミュラントは分散であることは，定義式 (32) の右辺を ik のべきで展開することにより容易に確かめられる。

$$\langle x \rangle_c = \langle x \rangle, \quad \langle x^2 \rangle_c = \langle x^2 \rangle - \langle x \rangle^2 \tag{33}$$

特に Gauss 分布の場合，指数関数の平均 (式 (31) の左辺) は直ちに計算できて

$$\langle e^{ikx} \rangle = \exp\left(ik\langle x \rangle - \frac{k^2}{2}\langle x^2 \rangle_c\right) \tag{34}$$

となる.したがって Gauss 分布の場合,3 次以上のキュミュラントはすべて 0 である.Gauss 分布であってもモーメントはどの次数も一般に 0 でないから,2 次までで終わるキュミュラントの方が便利なことがよくある.

5. SK 模型のレプリカ対称解

本節では,ランダムな無限レンジ相互作用を持つ SK 模型の,レプリカ法による解 (6.29) を導出する過程を解説する.

5.1 分配関数のレプリカ平均

ハミルトニアン
$$H = -\sum_{i<j} J_{ij} S_i S_j - h \sum_i S_i \tag{35}$$
において,クエンチされたランダムな相互作用が次の確率分布にしたがっているとする.
$$P(J_{ij}) = \frac{1}{J}\sqrt{\frac{N}{2\pi}} \exp\left\{-\frac{N}{2J^2}\left(J_{ij} - \frac{J_0}{N}\right)^2\right\} \tag{36}$$
自由エネルギーの配位平均を求めるために,レプリカ法の処方箋にしたがい,n 乗された分配関数の配位平均を取る.
$$[Z^n] =$$
$$\int \left(\prod_{i<j} dJ_{ij} P(J_{ij})\right) \operatorname{Tr} \exp\left(\beta \sum_{i<j} J_{ij} \sum_{\alpha=1}^n S_i^\alpha S_j^\alpha + \beta h \sum_{i=1}^N \sum_{\alpha=1}^n S_i^\alpha\right) \tag{37}$$

Tr はすべてのスピン変数についての和である.α はレプリカの番号を表す.J_{ij} についての積分は式 (36) を使って各 (ij) ごとに独立に実行可能である.結果は

$$\operatorname{Tr} \exp\left\{\frac{1}{N}\sum_{i<j}\left(\frac{1}{2}\beta^2 J^2 \sum_{\alpha,\beta} S_i^\alpha S_j^\alpha S_i^\beta S_j^\beta + \beta J_0 \sum_\alpha S_i^\alpha S_j^\alpha\right)\right.$$
$$\left. + \beta h \sum_i \sum_\alpha S_i^\alpha\right\} \tag{38}$$

に定数をかけたものになる。上式に出てくる指数関数の肩で，$i<j$ について の和の項を整理すると N が十分大きいとき

$$[Z^n] = e^{N\beta^2 J^2 n/4} \text{Tr} \exp \left\{ \frac{\beta^2 J^2}{2N} \sum_{\alpha<\beta} \left(\sum_i S_i^\alpha S_i^\beta \right)^2 \right.$$
$$\left. + \frac{\beta J_0}{2N} \sum_\alpha \left(\sum_i S_i^\alpha \right)^2 + \beta h \sum_i \sum_\alpha S_i^\alpha \right\} \quad (39)$$

が得られる。

5.2　Gauss 積分による一体問題化

式 (39) の指数関数中の 2 乗のべきが 1 乗であれば，各 i ごとに独立に S_i^α の和 (Tr) が取れる。そこで，$\left(\sum_i S_i^\alpha S_i^\beta\right)^2$ については変数 $q_{\alpha\beta}$ による Gauss 積分を，$\left(\sum_i S_i^\alpha\right)^2$ については変数 m_α による Gauss 積分を使うと

$$[Z^n] = e^{N\beta^2 J^2 n/4} \int \prod_{\alpha<\beta} dq_{\alpha\beta} \int \prod_\alpha dm_\alpha \exp\left(-\frac{N\beta^2 J^2}{2} \sum_{\alpha<\beta} q_{\alpha\beta}^2 \right.$$
$$\left. - \frac{N\beta J_0}{2} \sum_\alpha m_\alpha^2 \right) \cdot \text{Tr} \exp \left(\beta^2 J^2 \sum_{\alpha<\beta} q_{\alpha\beta} \sum_i S_i^\alpha S_i^\beta + \right.$$
$$\left. \beta \sum_\alpha (J_0 m_\alpha + h) \sum_i S_i^\alpha \right) \quad (40)$$

となり，目的が達成される。ひとつの i についての和 $\sum_{S_i^\alpha}$ も Tr で表すことにすると，上の Tr 以後は

$$\left\{ \text{Tr} \exp\left(\beta^2 J^2 \sum_{\alpha<\beta} q_{\alpha\beta} S^\alpha S^\beta + \beta \sum_\alpha (J_0 m_\alpha + h) S^\alpha \right) \right\}^N$$
$$\equiv \exp\left(N \log \text{Tr}\, e^L \right) \quad (41)$$

ただし

$$L = \beta^2 J^2 \sum_{\alpha<\beta} q_{\alpha\beta} S^\alpha S^\beta + \beta \sum_\alpha (J_0 m_\alpha + h) S^\alpha \quad (42)$$

とした。よって

5. SK 模型のレプリカ対称解

$$[Z^n] = e^{N\beta^2 J^2 n/4} \int \prod_{\alpha<\beta} dq_{\alpha\beta} \int \prod_{\alpha} dm_{\alpha}$$
$$\cdot \exp\left(-\frac{N\beta^2 J^2}{2}\sum_{\alpha<\beta} q_{\alpha\beta}^2 - \frac{N\beta J_0}{2}\sum_{\alpha} m_{\alpha}^2 + N\log\mathrm{Tr}\,e^L\right) \tag{43}$$

となる。

5.3 鞍点評価

上の積分では指数関数の肩が N に比例しているから，N が大きい極限では鞍点法により積分が評価できる。すなわち $N\to\infty$ で

$$[Z^n] \approx \exp\left(-\frac{N\beta^2 J^2}{2}\sum_{\alpha<\beta} q_{\alpha\beta}^2 - \frac{N\beta J_0}{2}\sum_{\alpha} m_{\alpha}^2 + N\log\mathrm{Tr}\,e^L + \frac{N}{4}\beta^2 J^2 n\right)$$

$$\approx 1 + Nn\left\{-\frac{\beta^2 J^2}{4n}\sum_{\alpha\neq\beta} q_{\alpha\beta}^2 - \frac{\beta J_0}{2n}\sum_{\alpha} m_{\alpha}^2 + \frac{1}{n}\log\mathrm{Tr}\,e^L + \frac{1}{4}\beta^2 J^2\right\}$$

最後の式においては，N を十分大きく保ったまま n を 0 に近づけている。$q_{\alpha\beta}$ と m_{α} には $\{\cdots\}$ 内を極値にする値を代入する。

レプリカ法の処方箋にしたがって，自由エネルギーは

$$-\beta f = \lim_{n\to 0}\frac{[Z^n]-1}{nN} = \lim_{n\to 0}\left\{-\frac{\beta^2 J^2}{4n}\sum_{\alpha\neq\beta} q_{\alpha\beta}^2\right.$$
$$\left.-\frac{\beta J_0}{2n}\sum_{\alpha} m_{\alpha}^2 + \frac{1}{4}\beta^2 J^2 + \frac{1}{n}\log\mathrm{Tr}\,e^L\right\} \tag{44}$$

自由エネルギーが変数 $q_{\alpha\beta}(\alpha\neq\beta)$ について極値を取るという鞍点条件より

$$q_{\alpha\beta} = \frac{1}{\beta^2 J^2}\frac{\partial}{\partial q_{\alpha\beta}}\log\mathrm{Tr}\,e^L = \frac{\mathrm{Tr}\,S^{\alpha}S^{\beta}e^L}{\mathrm{Tr}\,e^L} = \langle S^{\alpha}S^{\beta}\rangle_L \tag{45}$$

を得る。$\langle\cdots\rangle_L$ は e^L の重みによる平均である。m_{α} についての極値条件より，上と同様にして

$$m_{\alpha} = \frac{1}{\beta J_0}\frac{\partial}{\partial m_{\alpha}}\log\mathrm{Tr}\,e^L = \frac{\mathrm{Tr}\,S^{\alpha}e^L}{\mathrm{Tr}\,e^L} = \langle S^{\alpha}\rangle_L \tag{46}$$

であることがわかる。

5.4 レプリカ対称解

自由エネルギーと秩序パラメータの計算を式 (44) に基づいてさらに進めるには，$q_{\alpha\beta}$ と m_α のレプリカ添字 α, β への具体的な依存性が必要になる。素朴に考えると，レプリカは配位平均の都合上人為的に導入したものだから，物理的な結果がこれらの添字に依存してはならないように思われる。そこで，レプリカ対称性 $q_{\alpha\beta} = q$, $m_\alpha = m$ を仮定してみる。このようにして求められた解をレプリカ対称解という。

レプリカ対称性が成立するなら，極限 $n \to 0$ を取る前の自由エネルギー (44) は

$$-\beta f = \frac{\beta^2 J^2}{4n}\left\{-n(n-1)q^2\right\} - \frac{\beta J_0}{2n}nm^2 + \frac{1}{n}\log \mathrm{Tr}\, e^L + \frac{1}{4}\beta^2 J^2 \tag{47}$$

右辺第 3 項は L の定義 (42) と Gauss 積分を使って次のように具体的に計算できる。

$$\log \mathrm{Tr}\, e^L = \log \mathrm{Tr}\, \sqrt{\frac{\beta^2 J^2 q}{2\pi}} \int dz$$
$$\cdot \exp\left(-\frac{\beta^2 J^2 q}{2}z^2 + \beta^2 J^2 q \sum_\alpha S^\alpha - \frac{n}{2}\beta^2 J^2 q + \beta(J_0 m + h)\sum_\alpha S^\alpha\right)$$
$$= \log \int Dz \exp\left(n \log 2\cosh(\beta J\sqrt{q}z + \beta J_0 m + \beta h) - \frac{n}{2}\beta^2 J^2 q\right)$$
$$= \log\left(1 + n\int Dz \log 2\cosh \beta \tilde{H}(z) - \frac{n}{2}\beta^2 J^2 q + \mathcal{O}(n^2)\right) \tag{48}$$

ここで，$Dz = dz\exp(-z^2/2)/\sqrt{2\pi}$, $\tilde{H}(z) = J\sqrt{q}z + J_0 m + h$ である。式 (48) を式 (47) に代入して $n \to 0$ とすると

$$-\beta f = \frac{\beta^2 J^2}{4}(1-q)^2 - \frac{1}{2}\beta J_0 m^2 + \int Dz \log 2\cosh \beta \tilde{H}(z) \tag{49}$$

が導かれる。これが，SK 模型の自由エネルギーについてのレプリカ対称解である。

5.5 秩序パラメータ

2-5 節で解説した強磁性体の無限レンジ模型の場合と同様に，やや人為的に導入された積分変数 $q_{\alpha\beta}$ と m_α は実は秩序パラメータになっている。

これを見るために，式 (45) が次の形に書けることに着目する．

$$q_{\alpha\beta} = \left[\langle S_i^\alpha S_i^\beta \rangle\right] = \left[\frac{\operatorname{Tr} S_i^\alpha S_i^\beta e^{-\beta \sum_\gamma H_\gamma}}{\operatorname{Tr} e^{-\beta \sum_\gamma H_\gamma}}\right] \tag{50}$$

ここで H_γ は γ 番目のレプリカハミルトニアンである．

$$H_\gamma = -\sum_{i<j} J_{ij} S_i^\gamma S_j^\gamma - h \sum_i S_i^\gamma \tag{51}$$

式 (45) と式 (50) が同じ量を表していることは前節までの計算とほとんど同様にして示すことができる．まず，式 (50) の分母は Z^n であり $n \to 0$ で 1 に近づくから考慮しなくてよい．分子は，$[Z^n]$ の計算において Tr のあとに $S_i^\alpha S_i^\beta$ をはさんだものである．これに注意して 5.1 節以後の計算を追うと，式 (41) の代わりに

$$\left(\operatorname{Tr} e^L\right)^{N-1} \cdot \operatorname{Tr}\left(S^\alpha S^\beta e^L\right) \tag{52}$$

が導かれる．ところで，式 (44) からわかるように $\log \operatorname{Tr} e^L$ は n に比例するから $\operatorname{Tr} e^L$ は $n \to 0$ で 1 に近づく．それゆえ式 (52) は $n \to 0$ の極限で $\operatorname{Tr}(S^\alpha S^\beta e^L)$ となる．式 (45) で分母が 1 になることに注意すれば，式 (52) は式 (45) と一致する．こうして式 (50) と式 (45) が同じであることが明らかになった．同様にして

$$m_\alpha = \left[\langle S_i^\alpha \rangle\right] \tag{53}$$

も示せる．

式 (53) によると，m は通常の強磁性的な秩序パラメータである．一方，$q_{\alpha\beta}$ はスピングラス秩序パラメータである．後者を理解するために，すべてのレプリカは互いに区別できないと考えて，α と β 以外のレプリカ γ についての Tr は式 (50) の分子分母で打ち消し合うことを使うと

$$q_{\alpha\beta} = \left[\frac{\operatorname{Tr} S_i^\alpha e^{-\beta H_\alpha}}{\operatorname{Tr} e^{-\beta H_\alpha}} \frac{\operatorname{Tr} S_i^\beta e^{-\beta H_\beta}}{\operatorname{Tr} e^{-\beta H_\beta}}\right] = \left[\langle S_i^\alpha \rangle \langle S_i^\beta \rangle\right] = \left[\langle S_i \rangle^2\right] \equiv q \tag{54}$$

が導かれる．高温領域で出現する常磁性相においては，$\langle S_i \rangle$ が各サイト i で 0 だから $m = q = 0$ である．また強磁性相では，各スピンがほぼ一定方向を向くのでその方向を正の向きとすれば大多数のサイトで $\langle S_i \rangle > 0$ であり，したがって $m > 0, q > 0$ となる．

これに対してランダムな相互作用を持つ Edwards-Anderson 模型や SK 模型に特有のスピングラス相は，各スピンがランダムに凍結した状態である。スピングラス相では $\langle S_i \rangle$ は各サイトで 0 とは異なる値を取るが，その符号はサイトによってばらばらである。$\langle S_i \rangle$ がサイトによって正であったり負であったりして，空間的にはランダムに見えるが，そのスピンのパターンが時間的に変動しないのである。ところで，ランダムに凍結したスピン配位は相互作用 $\{J_{ij}\}$ を変えれば当然変化する。各サイトのまわりの環境ががらりと変わるからである。それゆえ，$\langle S_i \rangle$ を $\{J_{ij}\}$ の分布について平均するということは $\langle S_i \rangle > 0$ の状態と $\langle S_i \rangle < 0$ の状態についての平均に相当し，$m = [\langle S_i \rangle] = 0$ となる可能性が十分ある。ところが q は正の量の配位平均だから 0 にはならず，したがって $m = 0, q > 0$ で特徴づけられる相が存在する可能性が大である。実際，本文で示してあるように SK 模型の状態方程式は $m = 0, q > 0$ なる解を持つ。これがスピングラス相である。q がスピングラス秩序パラメータである。

6. n ベクトル模型の分配関数の計算に必要な積分

1 次元 n ベクトル模型の分配関数の計算に必要な積分

$$G(K) = \int_{-\infty}^{\infty} dx_1 dx_2 \cdots dx_n \, \delta(x_1^2 + x_2^2 + \cdots + x_n^2 - 1) e^{Kx_1} \tag{55}$$

を実行する。デルタ関数を Fourier 積分で表すと

$$G(K) = \frac{1}{2\pi} \int_{-\infty}^{\infty} dx_1 dx_2 \cdots dx_n \int_{-\infty+i\epsilon}^{\infty+i\epsilon} du \, e^{iu(x_1^2 + \cdots + x_n^2 - 1) + Kx_1} \tag{56}$$

各 x_i についての積分は Gauss 積分として実行できる[2)]。結果は，π や i その他の自明な定数は以後すべて c という文字に込めることにして，

$$G(K) = c \cdot \int_{-\infty+i\epsilon}^{\infty+i\epsilon} du \exp\left(-iu + \frac{iK^2}{4u}\right) u^{-n/2} \tag{57}$$

である。変数変換 $u = -iKt/2$ をすれば

---

2) 積分の収束を保証するため，u に小さな虚部 $i\epsilon$ を入れて iu が負の実部を持つようにしてある。x_i^2 の係数が複素数だが，係数が負の実数の場合の積分結果を解析接続することにより，通常の公式がそのまま使える。

$$G(K) = c \cdot \left(\frac{K}{2}\right)^{1-n/2} \int_{-i\infty-\epsilon}^{i\infty-\epsilon} dt \, \exp\left(-\frac{K}{2}(t+t^{-1})\right) (-t)^{-n/2} \tag{58}$$

積分路は $-i\infty$ から始まり,原点の左側を通って $i\infty$ に至っている。これを変形して,$+\infty$ から実軸のすぐ下を通って原点の周囲を時計まわりに回り,実軸のすぐ上を通って ∞ に至る経路にすると (図 3),変形 Bessel 関数の積分表示の定数倍になる。よって

$$G(K) = c \cdot \left(\frac{K}{2}\right)^{1-n/2} I_{n/2-1}(K) \tag{59}$$

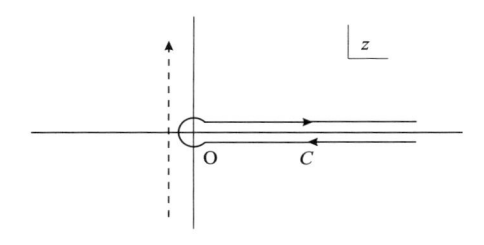

図 3 積分路を点線から実線に変形すると,積分が変形 Bessel 関数に帰着する。

7. 多重 Gauss 積分と格子 Green 関数

実 N 変数の 2 次形式の指数関数の積分

$$F_C(\boldsymbol{q}) = \int_{-\infty}^{\infty} d\boldsymbol{x}\, e^{-\frac{1}{2}{}^t\boldsymbol{x}\cdot C\boldsymbol{x} + i{}^t\boldsymbol{x}\cdot\boldsymbol{q}} \tag{60}$$

を評価する。C は正定値の実対称行列,${}^t\boldsymbol{x} = (x_1, x_2, \cdots, x_N)$ は $\boldsymbol{x}$ の転置ベクトルである。C を対角化する直交行列を U とし,$U^{-1}CU = D$(対角行列),$U^{-1}\boldsymbol{x} = \boldsymbol{y}$,$U^{-1}\boldsymbol{q} = \boldsymbol{r}$ と書けば

$$\begin{aligned} F_C(\boldsymbol{q}) &= \int_{-\infty}^{\infty} d\boldsymbol{x}\, e^{-\frac{1}{2}{}^t\boldsymbol{x} UU^{-1}CUU^{-1}\boldsymbol{x} + i{}^t\boldsymbol{x} U\cdot U^{-1}\boldsymbol{q}} \\ &= \int_{-\infty}^{\infty} d\boldsymbol{y}\, e^{-\frac{1}{2}{}^t\boldsymbol{y}\cdot D\boldsymbol{y} + i{}^t\boldsymbol{y}\cdot\boldsymbol{r}} \end{aligned} \tag{61}$$

D は対角行列だから，最後の積分は $\boldsymbol{y}$ の成分ごとに 1 変数の Gauss 積分として容易に実行できる．その結果は，$\boldsymbol{r}$ の 2 次形式が指数に乗った形である．D の対角成分 (C の固有値) を $d_1, d_2, \cdots, d_N$ として，Gauss 積分の結果を $U^{-1}\boldsymbol{q} = \boldsymbol{r}$ より $\boldsymbol{q}$ の成分で書き直すと

$$F_C(\boldsymbol{q}) = \frac{(2\pi)^{N/2}}{(\det C)^{1/2}} e^{-\frac{1}{2}\sum_{n,l} q_n q_l G_{nl}} \tag{62}$$

ここで $\det C = \prod_l d_l$，また G_{nl} は次式で定義される行列である．

$$G_{nl} = \sum_m \frac{U_{nm}(U^{-1})_{ml}}{d_m} \tag{63}$$

実は，G は C の逆行列である．これは次のように検証できる．$C = UDU^{-1}$ に注意して，

$$\begin{aligned}(GC)_{ij} &= \sum_l G_{il} C_{lj} = \sum_l \sum_m \frac{U_{im}(U^{-1})_{ml}}{d_m} \sum_n U_{ln} d_n (U^{-1})_{nj} \\ &= \sum_{m,n} \frac{U_{im}}{d_m} d_n (U^{-1})_{nj} \sum_l (U^{-1})_{ml} U_{ln} \\ &= \sum_m U_{im}(U^{-1})_{mj} = \delta_{ij}\end{aligned} \tag{64}$$

結論として，多重 Gauss 積分 (60) を実行すると

$$F_C(\boldsymbol{q}) = \frac{(2\pi)^{N/2}}{(\det C)^{1/2}} e^{-\frac{1}{2}\sum_{n,l} q_n q_l (C^{-1})_{nl}} \tag{65}$$

となる．

さて，以上の結果を使って，式 (8.40) の積分を計算しよう．まず，式 (8.40) で各 ϕ_i を $\sqrt{K}\phi_i$ で置き換え，2 次の部分から K を取り去る．1 次の部分に $\sqrt{K}$ がかかる．それと式 (60) を比べると，今考えている正方格子においては行列 C は次の要素のみ 0 でない値を取ることがわかる．

$$C_{nn} = 4, \quad C_{n,n+\delta} = -1 \tag{66}$$

第 1 項は対角要素，第 2 項で δ は最近接格子点を結ぶベクトルである．積分の結果の式 (65) を適用するためには，逆行列 $C^{-1} = G$ を求めなければならない．系の並進対称性より，C_{nm} と G_{nm} は n と m にその差 $n - m$ を通じてのみ依存していることから，Fourier 変換により G が求められる．すなわち，

7. 多重 Gauss 積分と格子 Green 関数

$$C_{nm} = \frac{1}{(2\pi)^2} \int_{-\pi}^{\pi} dk\, \tilde{C}(k) e^{ik\cdot(n-m)} \tag{67}$$

$$G_{nm} = \frac{1}{(2\pi)^2} \int_{-\pi}^{\pi} dk\, \tilde{G}(k) e^{ik\cdot(n-m)} \tag{68}$$

とすると, $\tilde{G}(k) = \tilde{C}(k)^{-1}$ である[3]。なぜなら

$$\begin{aligned}(CG)_{nm} &= \sum_l C_{nl} G_{lm} \\ &= \frac{1}{(2\pi)^4} \int_{-\pi}^{\pi} dk_1 dk_2\, \tilde{C}(k_1)\tilde{G}(k_2) \sum_l e^{ik_1\cdot(n-l)+ik_2\cdot(l-m)} \\ &= \frac{1}{(2\pi)^2} \int_{-\pi}^{\pi} dk\, \tilde{C}(k)\tilde{G}(k) e^{ik\cdot(n-m)}\end{aligned} \tag{69}$$

が $\delta_{n,m}$ に等しいことより, $\tilde{C}(k)\tilde{G}(k) = 1$ でなければならないからである。よって, $\tilde{C}(k)$ がわかれば式 (68) から G_{nm} がわかる。$\tilde{C}(k)$ は, C_{nm} の逆 Fourier 変換として計算できる。式 (66) より, 格子定数を 1 として

$$\begin{aligned}\tilde{C}(k) &= \sum_n e^{-ik\cdot n} C_{l,l+n} \\ &= 4 - (e^{-ik_x} + e^{ik_x} + e^{-ik_y} + e^{ik_y}) \\ &= 4 - 2\cos k_x - 2\cos k_y\end{aligned} \tag{70}$$

したがって

$$G_{nm} = G(n-m) = \frac{1}{2(2\pi)^2} \int_{-\pi}^{\pi} dk\, \frac{e^{ik\cdot(n-m)}}{2 - \cos k_x - \cos k_y} \tag{71}$$

式 (66) の行列 C の逆行列としての行列 G(71) を, 格子 Green 関数という。

式 (8.40) の評価に戻ろう。式 (60) で $q_j = 2\pi\sqrt{K} n_j$ とすれば, 式 (8.40) との比較により, 積分結果は式 (65) にしたがって

$$Z = \sum_{\{n_j\}} e^{-2\pi^2 K \sum_{j,l} n_j n_l G(j-l)} \tag{72}$$

指数関数の前にかかる自明な因子は落とした。これが式 (8.41) である。

ところで, 式 (71) によると, $G(0)$ は $|k| \to 0$ の寄与 (短波長, すなわち系が大きい極限での寄与) により $+\infty$ に発散している。すると, 式 (72)

---

[3] k や n, m は本来は 2 次元のベクトル $\boldsymbol{k}, \boldsymbol{n}, \boldsymbol{m}$ であり, $k\cdot(n-m)$ は内積 $\boldsymbol{k}\cdot(\boldsymbol{n}-\boldsymbol{m})$ の意味である。標記の煩雑さを避けるため, 本文では太字にしてない。k についての積分 $\int dk$ も 2 次元積分 $\int dk_x dk_y$ の意味である。

において $j=l$ の項が発散し，Z はすべての j で $n_j = 0$ の項だけからの寄与である定数 1 になってしまう．このような矛盾がおきないためには，中性条件 $\sum_j n_j = 0$ が満たされていればよい．なぜなら，$\sum_j n_j = 0$ なら，$\left(\sum_j n_j\right)^2 G(0)(=0)$ を付け加えてもよいから[4]，

$$Z = \sum_{\{n_j\}} e^{2\pi^2 K \sum_{j,l} n_j n_l \{G(0)-G(j-l)\}} \tag{73}$$

すると

$$G(0) - G(r) = \frac{1}{2(2\pi)^2} \int_{-\pi}^{\pi} dk_x dk_y \frac{1 - e^{i\boldsymbol{k}\cdot\boldsymbol{r}}}{2 - \cos k_x - \cos k_y} \tag{74}$$

は $k \to 0$ での発散を示さない．

次に，$G(0) - G(r)$ の $r \to \infty$ での振る舞いを評価するために，式 (74) で分子の指数関数の肩の $\boldsymbol{k}\cdot\boldsymbol{r}$ が 0 に近くなると，$e^{i\boldsymbol{k}\cdot\boldsymbol{r}} \approx 1$ より分子 $1 - e^{i\boldsymbol{k}\cdot\boldsymbol{r}}$ がほとんど 0 になり積分に寄与しないことに注意する．よって積分が値を持つ積分区間は，$|\boldsymbol{k}|$ が $1/r$ の程度より大きい部分である．それゆえ，c を定数として $\boldsymbol{k}$ 空間での 2 次元積分を極座標で書いて

$$G(0) - G(r) \approx \frac{1}{2(2\pi)^2} \int_{c/r}^{\pi} kdk \int_0^{2\pi} d\theta_k \frac{1}{k^2/2} \approx \frac{1}{2\pi} \log r + \text{const} \tag{75}$$

ここで，r が十分大きいときには $e^{i\boldsymbol{k}\cdot\boldsymbol{r}}$ は $\boldsymbol{k}$ の変化とともに複素単位円周上を急速に動くため打ち消し合って積分には寄与せず，$1 - e^{i\boldsymbol{k}\cdot\boldsymbol{r}} \approx 1$ としてよいことを使った．これを使って式 (73) を書き換えると

$$Z = \sum_{\{n_j\}} e^{\pi K \sum_{j \neq l} n_j n_l \log |j-l|} \tag{76}$$

$|j-l| \gg 1$ より，$j=l$ を除いてある．これが式 (8.44) である．

8. Jordan-Wigner 変換

1 次元鎖上に並んだスピン $\frac{1}{2}$ のスピン演算子は，次の通り，同じ鎖上の Fermi 演算子で表すことができる．

---

[4] まず系の大きさを有限に保って $G(0)$ を有限にとどめ，最後に系が大きくなる極限を取れば，$\left(\sum_j n_j\right)^2 G(0)$ は常に 0 である．

8. Jordan-Wigner 変換

$$S_j^+ = (1-2n_1)(1-2n_2)\cdots(1-2n_{j-1})a_j^\dagger \tag{77}$$

$$S_j^- = (1-2n_1)(1-2n_2)\cdots(1-2n_{j-1})a_j \tag{78}$$

$$S_j^z = a_j^\dagger a_j - \frac{1}{2} \tag{79}$$

ただし，$n_j = a_j^\dagger a_j$ および $S_j^\pm = S_j^x \pm i S_j^y$ である．これが Jordan-Wigner 変換である．この変換式を証明するには，これを逆にした関係式

$$a_j^\dagger = (-2)^{j-1} S_1^z S_2^z \cdots S_{j-1}^z S_j^+ \tag{80}$$

$$a_j = (-2)^{j-1} S_1^z S_2^z \cdots S_{j-1}^z S_j^- \tag{81}$$

が，確かに Fermi 演算子を表していることを示せばよい．

そのために，スピン $\frac{1}{2}$ のスピン演算子の性質をいくつか復習しておく．まず，異なるサイトではすべての成分が交換する．すなわち，$j \neq l$ に対して

$$\left[S_j^a, S_l^b\right] = 0 \quad (a, b = x, y, z) \tag{82}$$

また，同一のサイトでは成分が反交換関係を満たす．

$$\left[S_j^x, S_j^y\right]_+ = \left[S_j^y, S_j^z\right]_+ = \left[S_j^z, S_j^x\right]_+ = 0 \tag{83}$$

そして，スピンの大きさが $\frac{1}{2}$ だから各成分の 2 乗は $\frac{1}{4}$ になる．例えば $(S_j^z)^2 = \frac{1}{4}$.

これらの性質を使うと，まず，異なるサイトで $\{a_j, a_j^\dagger\}$ が反交換関係を満たすことが示される．例えば，

$$\left[a_j, a_{j+1}^\dagger\right]_+ = \left[S_j^-, (-2)S_j^z S_{j+1}^+\right]_+ = -2\left[S_j^-, S_j^z\right]_+ S_{j+1}^+ = 0 \tag{84}$$

同様にして，任意の $j \neq l$ に対して $\left[a_j, a_l^\dagger\right]_+ = \left[a_j, a_l\right]_+ = \left[a_j^\dagger, a_l^\dagger\right]_+ = 0$ を導くことができる．

次に，同じサイトでの反交換関係は，例えば

$$\left[a_j^\dagger, a_j\right]_+ = \left[S_j^+, S_j^-\right]_+ = \left[S_j^x + iS_j^y, S_j^x - iS_j^y\right]_+ = 2(S_j^x)^2 + 2(S_j^y)^2 = 1 \tag{85}$$

と，正しく満たされている．他の関係式 $\left[a_j, a_j\right]_+ = \left[a_j^\dagger, a_j^\dagger\right]_+ = 0$ も容易に示される．こうして，$\{a_j, a_j^\dagger\}$ が確かに Fermi 演算子であることが証明された．

9. Poisson の和公式

整数についての関数値の和を，連続変数の積分で表現するのが Poisson の和公式である。

$$\sum_{l=-\infty}^{\infty} f(l) = \sum_{n=-\infty}^{\infty} \int_{-\infty}^{\infty} d\phi \, e^{2\pi i \phi n} f(\phi) \tag{86}$$

これを証明するには，右辺で n についての和を積分に先立って取ると，ϕ が整数のときのみ残ることを示せばよい。

$$\sum_{n=-\infty}^{\infty} e^{2\pi i \phi n} = \sum_{l=-\infty}^{\infty} \delta(\phi - l) \tag{87}$$

そのためにはまず，周期が 1 の周期関数 $g(x)$ の Fourier 展開に着目する。

$$g(x) = \sum_{m=-\infty}^{\infty} e^{2\pi i m x} \tilde{g}(m) \tag{88}$$

Fourier 係数は，c を任意の実数として次の表現を持つ。

$$\tilde{g}(m) = \int_{c}^{c+1} dy \, g(y) e^{-2\pi i m y} \tag{89}$$

これを式 (88) に代入して

$$\begin{aligned} g(x) &= \sum_{m=-\infty}^{\infty} \int_{c}^{c+1} dy \, g(y) e^{2\pi i m (x-y)} \\ &= \int_{c}^{c+1} dy \, g(y) \sum_{m=-\infty}^{\infty} e^{2\pi i m (x-y)} \end{aligned} \tag{90}$$

任意の x と c について上式が成立するための必要十分条件は，m についての和の部分が $x-y$ が整数のときに値を持つデルタ関数になることである。

$$\sum_{m=-\infty}^{\infty} e^{2\pi i m (x-y)} = \sum_{l=-\infty}^{\infty} \delta(x - y - l) \tag{91}$$

これは式 (87) に他ならない。

さらに進んだ内容を学ぶために

本書を読み終えて,さらに深くあるいは広く学びたい人のために,文献をいくつかあげておく.本書では,ほとんどすべての話題がすでに確立した標準的な事柄なので,原則として,原論文を逐一引用することはせず,まとまった解説書を紹介する.

1 章から 4 章までの平均場理論とスケーリング,くりこみ群に関しては,以下の書物を参照されたい.技術的な詳細に立ち入る度合いが多くなる順番に記載してある.ϵ 展開の計算技術を習得するには,最後の 2 冊のいずれかを参照するとよい.Ma の本は比較的わかりやすい.

- 『相転移と臨界現象』スタンリー著,松野孝一郎訳 (東京図書, 1974)
- "Statistical Mechanics of Phase Transitions" J. M. Yeomans (Oxford U.P., 1992)
- "Scaling and Renormalization in Statistical Physics" J. Cardy (Cambridge U.P., 1996)
- "Lectures on Phase Transitions and the Renormalization Group" N. Goldenfeld (Westview, 1992)
- "Modern Theory of Critical Phenomena" S. K. Ma (Westview, 2000) (1976 年初版)
- "Field Theory, the Renormalization Group and Critical Phenomena" D. J. Amit (World Scientific, 1984)

また,数理的側面についての解説は次の本を参照されたい.
- 『相転移と臨界現象の数理』田崎晴明,原隆 (共立出版) (出版予定)

5 章の KT 転移については,上記の Cardy の本と次の本に,ある程度まとまった記述があるが,本書の内容を大きく超えるものではない.
- "Statistical Physics" L. P. Kadanoff (World Scientific, 2000)

6 章のランダム磁場およびスピングラスについての最近の進展に関しては,総合報告
- "Spin Glasses and Random Fields" A. P. Young 編 (World Scientific, 1998)

を見よ.6 章のパーコレーションの参考書は,
- 『パーコレーションの基本原理』D. スタウファー,A. アハロニー著,小田垣孝訳 (吉岡書店, 2001)
- 『パーコレーションの科学』小田垣孝 (裳華房, 1993)

7章に関連した本としては，
- 『磁性体の統計理論』小口武彦 (裳華房，1970)
- "Exactly Solved Models in Statistical Mechanics" R. J. Baxter (Academic Press, 1982)

を挙げておく。なお，7-3節の記述は，次の文献に基づいている。
- 『統計物理』川村光 (丸善，1997)

また，7-5-2節の方法は次の論文による。
- R. Shanker and G. Murthy, Phys. Rev. B**36** (1987) 536.

8章の双対性に関しては，上述の『磁性体の統計理論』(小口) および "Statistical Physics" (Kadanoff) に比較的丁寧な記述があるが，いずれも本書のレベルを大きく超えるものではない。Fourier変換による定式化は，次の論文に簡明に記されている。
- F. Y. Wu and Y. K. Wang, J. Math. Phys. **17** (1976) 439.

次の解説も役に立つ。
- I. Syozi, "Phase Transitions and Critical Phenomena" Vol. 1, C. Domb and M. S. Green 編 (Academic Press, 1972)

このDomb-Green(最近のものはDomb-Lebowitz)のシリーズは，相転移と臨界現象全般に関する包括的な総説集であり，有用なものが数多く収録されている。

演習問題解答

演習問題 1.

1.1 $S_i = 1$ と $\sigma_i = -1$, $S_i = 2$ と $\sigma_i = 1$ を対応させると

$$\delta_{S_i, S_j} = \frac{1}{2} + \frac{1}{2}\sigma_i\sigma_j, \quad \delta_{S_i, 1} = \frac{1}{2} - \frac{\sigma_i}{2} \tag{1}$$

が成立する。これらより，2 状態 Potts 模型は Ising 模型と等しいことがわかる。式 (1.11) を具体的に書き直せば

$$H = -\frac{J}{2}\sum_{\langle ij \rangle}\sigma_i\sigma_j + \frac{h}{2}\sum_i \sigma_i + 定数 \tag{2}$$

となる。

演習問題 2.

2.1 状態方程式の両辺を h で微分したあと $h \to 0$ とおくと次式が得られる。

$$\frac{\partial m}{\partial h} = \text{sech}^2(\beta Jmz)\left(\beta Jz\frac{\partial m}{\partial h} + \beta\right) \tag{3}$$

転移点に非常に近いと m が小さいから，上式の $\text{sech}^2(\beta Jmz)$ を m の 2 次まで展開することが許される。こうして，磁化率が

$$\chi = \frac{\beta\left(1 - (\beta Jmz)^2\right)}{1 - \beta Jz\left(1 - (\beta Jmz)^2\right)} \tag{4}$$

と求められる。転移点以下の場合，式 (2.7) より

$$(\beta Jmz)^2 = \frac{3(\beta Jz - 1)}{\beta Jz} = 3\left(1 - \frac{T}{T_c}\right) \tag{5}$$

であるから，

$$\chi = \frac{\beta\left(1 - 3(1 - T/T_c)\right)}{1 - \beta Jz\left(1 - 3(1 - T/T_c)\right)} \tag{6}$$

分子の第 2 項 (3 がかかった項) は第 1 項に比べて十分小さく，無視できる。そして分母を整理すると次式が得られる。

$$\chi = \frac{1}{2(T_c - T)} \tag{7}$$

これより,転移点以下でも $\gamma = 1$ であることが確かめられた.

2.2 式 (4) において,転移点以上では $m = 0$ だから $\chi = 1/(T - T_c)$ となる.これと転移点以下での式 (7) を比較すると,臨界振幅の比が $\frac{1}{2}$ という普遍的な値であることが理解される.ランダウ理論でも,転移点の上下での磁化率は式 (2.21) と (2.22) の比較から,やはり $\frac{1}{2}$ である.

2.3 自由エネルギーがちょうど 0 になるという式が,0 以外に m^2 について重根を持つ条件を求めればよい.$am^2/2 + bm^4/4 + cm^6/6 = 0$ の $m \neq 0$ の解 $m^2 = (-3b \pm \sqrt{9b^2 - 48ac})/4c$ の重根条件より,$a = 3b^2/16c$ が得られる.

2.4 ハミルトニアン (1.10) で $h = 0$ とおいたものに平均場理論を適用すると,

$$H = N_B Jm^2 - Jzm \sum_i S_i - D \sum_i S_i^2 \tag{8}$$

このハミルトニアンでは,各スピンごとに独立に $S_i = -1, 0, 1$ についての和を取ることができて,1 スピンあたりの自由エネルギーが次の通り求まる.

$$f = \frac{Jm^2 z}{2} - T \log\left(e^{Kzm + \beta D} + 1 + e^{-Kzm + \beta D}\right) \tag{9}$$

$K = \beta J$ であり,また,$N_B = zN/2$ を使った.対数の部分を m の 6 次まで展開すると,$e^{\beta D}$ を u とおいて,

$$f = \frac{Jm^2 z}{2} - T\left(\log(1 + 2u) + \frac{u(Kz)^2 m^2}{1 + 2u} + \frac{u(1-4u)(Kz)^4}{12(1+2u)^2} m^4 \right.$$
$$\left. + \frac{u(1 - 26u + 64u^2)(Kz)^6}{360(1+2u)^3} m^6\right) \tag{10}$$

4 次の係数は $u = \frac{1}{4}$ で符号を変える.D が負なら,この条件 $e^{\beta D} = \frac{1}{4}$ は解を持つ.$u = \frac{1}{4}$ のとき 6 次の係数が正であることも容易に確かめられる.

2.5 自己無撞着方程式 (2.44) において右辺第 2 項は第 1 項に比べて十分小さくて無視できる.外部磁場を含む場合に拡張された自己無撞着方程式は

$$\frac{2\beta h_1}{z - 1} = 2 \tanh K \cdot (\beta h_1 + \beta h) \tag{11}$$

これより

$$\frac{h_1}{h} = \frac{\tanh K}{1/(z-1) - \tanh K} \propto \frac{1}{T - T_c} \tag{12}$$

が得られる.この比 h_1/h と磁化率の関係を明らかにする必要がある.そこで,式 (2.40) と (2.41) を使う.m は m_0 および m_1 に等しいことに注意する.前者を

$$Z_\pm = (2\cosh K)^z \left(1 \pm \beta h \pm z \tanh K \cdot (\beta h + \beta h_1)\right) \tag{13}$$

と展開して後者に代入すると,

演習問題解答

$$m_0 = \beta h + z \tanh K \cdot (\beta h + \beta h_1) \tag{14}$$

この両辺を h で微分して

$$\chi = \frac{\partial m_0}{\partial h} = \beta + \beta z \tanh K \cdot \left(1 + \frac{\partial h_1}{\partial h}\right) \tag{15}$$

右辺では最後の項が式 (12) にあるように, $T - T_c$ に逆比例して発散するから, 磁化率も同様に発散し, $\gamma = 1$ が結論づけられる。

次に δ を求めるために, 式 (2.44) に磁場の効果を入れたものを, ちょうど転移点であるという条件を使って

$$2 \tanh K \cdot \beta h = \frac{2 \sinh K}{3 \cosh^3 K} (\beta h_1 + \beta h)^3 \tag{16}$$

と書いておく。これと式 (14) より得られる

$$\beta h + \beta h_1 = \frac{m - \beta h}{z \tanh K} \tag{17}$$

を組み合わせて

$$2 \tanh K \cdot \beta h = \frac{2 \sinh K}{3 \cosh^3 K} \left(\frac{m - \beta h}{z \tanh K}\right)^3 \tag{18}$$

を得る。h が小さい極限では m が $h^{1/3}$ に比例するとしないとこの式は満たされない。

2.6 (a) の積分の分離を実行すると

$$g(\boldsymbol{r}) = \int_0^\infty du\, e^{-ua^2} \prod_{i=1}^d \int_{-\infty}^\infty dk_i e^{-uk_i^2 + ik_i r_i} \tag{19}$$

Gauss 積分を実行すると, (b) に書かれた表式が直ちに得られる。(b) の積分は第 2 種の変形 Bessel 関数を使って

$$g(\boldsymbol{r}) = \pi^{d/2} a^{d-2} 2 \left(\frac{2}{ar}\right)^{d/2-1} K_{d/2-1}(ar) \tag{20}$$

と書かれる。r が大きい極限での第 2 種の変形 Bessel 関数の漸近形より, $g(\boldsymbol{r}) \propto r^{-(d-1)/2} e^{-ar}$ が導かれる。もとの問題 (2.54) では a^2 が kt/b であることから, 上式の指数関数の肩を r/ξ と書けば, $\xi = \sqrt{b/kt}$ が導かれる。

2.7 $\boldsymbol{S}_i = \boldsymbol{m} + \delta \boldsymbol{S}_i$ とおき, 2-1 節と同様にして $\delta \boldsymbol{S}_i$ の 2 次の項を省略する近似を行うと, 次式が得られる。

$$H = N_B J m^2 - (Jmz + h) \sum_i S_i^z \tag{21}$$

ここで, $\boldsymbol{m}$ は z 成分のみを持つことを使った。分配関数は

$$Z = e^{-N_B \beta J m^2} \left[\int d\boldsymbol{S}\, e^{\beta(Jmz+h)S^z}\right]^N \tag{22}$$

と表される。積分は $|\boldsymbol{S}|=1$ なる単位球面上で行う。磁化 m は S^z の期待値だから，

$$m = \frac{\int \left(\prod_i d\boldsymbol{S}_i\right) S_i^z e^{-\beta H}}{\int \left(\prod_i d\boldsymbol{S}_i\right) e^{-\beta H}} = \frac{\int d\boldsymbol{S}\, S^z e^{\beta(Jmz+h)S^z}}{\int d\boldsymbol{S}\, e^{\beta(Jmz+h)S^z}}$$

$$= \frac{\partial}{\partial(\beta h)} \log\left(\int d\boldsymbol{S}\, e^{\beta(Jmz+h)S^z}\right) \tag{23}$$

ここに現れる積分は，3次元の極座標を使って次のように実行できる。S^z は単位ベクトルの z 軸への射影だから $\cos\theta$ であることに注意して，

$$\int d\boldsymbol{S}\, e^{\beta(Jmz+h)S^z} = \int_0^\pi \sin\theta d\theta \int_0^{2\pi} d\phi\, e^{\beta(Jmz+h)\cos\theta}$$

$$= 2\pi \int_{-1}^1 d\mu\, e^{\beta(Jmz+h)\mu} = \frac{4\pi \sinh\beta(Jmz+h)}{\beta(Jmz+h)} \tag{24}$$

これを βh で対数微分して得られる

$$m = \coth\beta(Jmz+h) - \frac{1}{\beta(Jmz+h)} \tag{25}$$

が自己無撞着方程式である。臨界点と臨界指数を決めるために，$h=0$ とおいて右辺を m のべきで展開すると

$$m \approx \frac{\beta Jmz}{3} - \frac{(\beta Jmz)^3}{45} \tag{26}$$

これより，臨界点は右辺の1次の係数が1になる点として $T_c = Jz/3$ と決められる。また，右辺の3次の係数が負であることから，2-2節と同様の議論により臨界指数 β が $\frac{1}{2}$ であることが結論づけられる。

演習問題 3.

3.1 式 (3.74) を Z_{local} と書けば，

$$Z_{\text{local}} = e^{K(S_1+S_2+S_3+S_4)} + e^{-K(S_1+S_2+S_3+S_4)} \tag{27}$$

である。これは同時反転 $S_i \to -S_i\ (\forall i)$ で不変だから，S_1 から S_4 の偶数個の積の和で表されるはずである。対数を取っても同様に，スピン反転に対して不変性が成立することから，偶数べきのみで $\log Z_{\text{local}}$ も表せ，

$$Z_{\text{local}} = A\exp\Big\{K'(S_1S_2 + S_1S_3 + S_1S_4$$
$$+S_2S_3 + S_2S_4 + S_3S_4) + K_4 S_1S_2S_3S_4\Big\} \tag{28}$$

という形になることがわかる。上記以外の4次項 ($S_1^2S_2^2$ など) や6次項 ($S_1S_2^2S_3^2S_4$ など) については，$S_i^2=1$ という Ising スピンの性質より，上記の形に含まれる。式

(27) には S_1 から S_4 までが対等な形で現れることから，式 (28) もそのような形で書けることも使った．

式 (27) と (28) を比較して A, K', K_4 を求めればよい．そのためには，両式が常に等しいことを使って $S_1, \cdots, S_4$ に様々な値を入れて比較する．すべての S_i が 1 のとき，S_1 のみ -1 で他は 1 のとき，S_1, S_2 が -1 で S_3, S_4 が 1 のとき，これら 3 つの場合について式 (27) と (28) が等しいという式を書けば，

$$2\cosh 4K = Ae^{6K'+K_4}, \quad 2\cosh 2K = Ae^{-K_4}, \quad 2 = Ae^{-2K'+K_4} \quad (29)$$

となる．これら 3 つの式の比を取ることにより，K' と K_4 が

$$K' = \frac{1}{8}\log\cosh 4K, \quad K_4 = \frac{1}{8}\log\cosh 4K - \frac{1}{2}\log\cosh 2K \quad (30)$$

と決められる．なお，くりこまれた格子上で最近接になる $S_1S_2, S_2S_3, S_3S_4, S_4S_1$ は (図 1)，隣のくりこみブロックからも同じ相互作用が生じるため 2 倍され，$2K'$ がくりこまれた最近接相互作用になる．次近接相互作用の S_1S_3 および S_2S_4 は K' のまま，4 体相互作用も K_4 のままである．

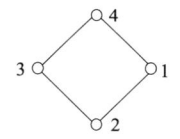

図 1 一回のくりこみで，S_1 から S_4 が相互作用している系になる．

3.2 Landau の自由エネルギー $f = am^2 + bm^4 - hm$, $(a = kt)$ に，磁化の熱平衡値が満たすスケーリング則 (3.43) と $a = kt$ を代入すると

$$f = t^2 \left\{ kg(ht^{-3/2})^2 + bg(ht^{-3/2})^4 - ht^{-3/2}g(ht^{-3/2}) \right\} \quad (31)$$

となる．これは，自由エネルギーの一般的なスケーリング則 (3.22) に，平均場理論の臨界指数 ($d/y_t = 2 - \alpha = 2, y_h/y_t = \beta\delta = 3/2$) を入れたものになっている．

3.3 自由エネルギーのスケーリング則を，格子定数 a を含む形で書いてみる．

$$f(t, h, a) = b^{-d}f(b^{y_t}t, b^{y_h}h, b^{y_a}a) \quad (32)$$

スケール b で一度くりこんだ系で見ると，もとの格子定数 (最近接格子点の間隔) は $1/b$ 倍になっている．よって $y_a = -1$ であり，a は有意でない．

3.4 相関関数がべき減衰しないから，式 (3.47) よりスケーリング次元 $x = d - y$ は 0 であり，$y = d$ が結論される．

3.5 有限サイズの系のスケーリング則 (3.56) で $b = t^{-1/y_t} = t^{-\nu}$ とおけば

$$f(t, h, L^{-1}) = t^{\nu d}f(1, t^{-y_h/y_t}h, t^{-\nu}L^{-1}) \quad (33)$$

となる. 式 (3.61) と比較すると, L^{-1} が D に対応しており L^{-1} のクロスオーバー指数は ν であることがわかる.

3.6 書けない. 臨界点付近で m と h が小さいとして展開して m の 3 次まで取ると, Landau の自由エネルギーから導かれた状態方程式 (3.41) と同じ式が導かれ, スケーリング則が満たされる. 必ずしも小さくない一般の m では満たされない. これは, スケーリング則が臨界点の近くでのみ正しいためである.

演習問題 4.

4.1 式 (4.2) と式 (4.3) を等しいとおき, S_1 と S_3 に ± 1 を入れると次式が得られる.

$$e^{2K+h} + e^{-2K-h} = Ae^{K'+2h_1} \tag{34}$$

$$e^h + e^{-h} = Ae^{-K'} \tag{35}$$

$$e^{-2K+h} + e^{2K-h} = Ae^{K'-2h_1} \tag{36}$$

まず, 式 (34) と (36) の比から

$$e^{4h_1} = \frac{\cosh(2K+h)}{\cosh(2K-h)} \tag{37}$$

よって

$$e^{2h'} = e^{2h+4h_1} = \frac{e^{2h}\cosh(2K+h)}{\cosh(2K-h)} \tag{38}$$

次に式 (34) と (35) の比から

$$e^{2K'+2h_1} = \frac{\cosh(2K+h)}{\cosh h} \tag{39}$$

また式 (36) と (35) の比から

$$e^{2K'-2h_1} = \frac{\cosh(2K-h)}{\cosh h} \tag{40}$$

これらの積より

$$e^{4K'} = \frac{\cosh(2K+h)\cosh(2K-h)}{\cosh^2 h} \tag{41}$$

最後に, 式 (35) より

$$A^4 = e^{4K'}(2\cosh h)^4 = 16\cosh^2 h \, \cosh(2K+h)\cosh(2K-h) \tag{42}$$

4.2 $b=2$ と同じ手順を繰り返せばよい. 計算するべき量は

$$\sum_{S_2, S_3, \cdots, S_b} e^{K(S_1 S_2 + S_2 S_3 + \cdots + S_b S_{b+1})} \tag{43}$$

演習問題解答　　　　　　　　　　　　　　　　　　　　　　　　　　　　217

である。和をいっぺんに求めようとすると話が込み入ってくるので，まず $S_2 = \pm 1$ のみの和を取る。$b=2$ と全く同じで，

$$\sum_{S_2} e^{K(S_1 S_2 + S_2 S_3)} = \cosh^2 K \sum_{S_2} (1 + S_1 S_2 \tanh K)(1 + S_2 S_3 \tanh K)$$
$$\propto 1 + S_1 S_3 \tanh^2 K \tag{44}$$

次に S_3 についての和を取る。上と同様に，

$$\sum_{S_3} (1 + S_1 S_3 \tanh^2 K)(1 + S_3 S_4 \tanh K) \propto 1 + S_1 S_4 \tanh^3 K \tag{45}$$

S_4 についても同じ操作を繰り返し，

$$\sum_{S_4} (1 + S_1 S_4 \tanh^3 K)(1 + S_4 S_5 \tanh K) \propto 1 + S_1 S_5 \tanh^4 K \tag{46}$$

これから明らかなように，S_2 から S_b までの和を順次取った結果は $1 + S_1 S_{b+1} \tanh^b K$ $\equiv 1 + S_1 S_{b+1} u'$ となり，求める関係 $u' = u^b$ が得られる。

4.3　自由エネルギーのスケーリング則から比熱のスケーリング則を導くには，温度に対応するスケーリング場 t で 2 回微分する。1 次元の議論では，この変数を t から $x = e^{-4K}$ で置き換えた。4-1-3 節で述べたように，元の温度に対する $K \to \infty$ での依存性を回復するには x^2 の補正が必要である。一方，磁場はやはり $y = e^{-2h}$ で置き換えられるが，調べている固定点は $h = 0$ であるから y のべきの補正をしても 1 になり，結果に影響を及ぼさない。

4.4　固定点を与える方程式は，式 (4.22) で $K = K' = K^*$ とおいたものである。これを解いて $e^{4K^*} = 1 + 2\sqrt{2}$. 数値的には $K^* = 0.336$ である。次に，固定点のまわりに線形化する関係式 $K' = K^* + \epsilon', K = K^* + \epsilon$ を式 (4.22) に入れて ϵ の 1 次まで展開すると

$$\epsilon' = \frac{2(1 + e^{4K^*})\left(4(1 + 4K^*)e^{4K^*} + e^{8K^*} + 3\right)}{(e^{4K^*} + 3)^3} \cdot \epsilon \tag{47}$$

となる。右辺の ϵ の係数がくりこみ群の固有値 $\lambda = b^{1/\nu}$ である。$e^{4K^*} = 1 + 2\sqrt{2}$ より数値的には $\lambda = 1.624$ である。$b = \sqrt{3}$ より $\nu = 1.13$ が導かれる。

4.5　Gauss 固定点付近において，$t = 0$ での磁化のスケーリング則は

$$m(u, h) = b^{1-d/2} m(b^{4-d} u, b^{1+d/2} h) \tag{48}$$

右辺の h 依存性を消すよう b を選ぶと

$$m(u, h) = h^{(d-2)/(d+2)} m(h^{(2d-8)/(d+2)} u, 1) \tag{49}$$

m の u 依存性を平均場理論で調べる。$t = 0$ の Landau 理論の状態方程式 $4um^3 - h = 0$ より，$m \propto u^{-1/3}$ ゆえ，式 (49) の右辺の m の第一引数依存性が $-\frac{1}{3}$ 乗であることがわかる。よって

$$m(u,h) = h^{(d-2)/(d+2)} \cdot \left(h^{(2d-8)/(d+2)} u \right)^{-1/3} \propto h^{1/3} \tag{50}$$

となる。

4.6 6次項が $v \to b^{y_v} v$ とくりこまれるとし, 4-3-1 節と同様の次元解析をすればよい。ハミルトニアンの各項の不変性を要請すれば, 6次項の不変性より $y_v = 6 - 2d$ が示される。4次項は $y_u = 4 - d$ であるから, $d > 4$ では6次項の指数のほうが小さく, より有意でない。

演習問題 5.

5.1 式 (5.24) の第2行目までは一般の次元でも同じである。第3行目に行くところで, $(4 - \sum_\delta e^{-iq\delta})$ が $(2d - \sum_\delta e^{-iq\delta})$ になる。式 (5.25) は右辺が $2\cos q_1 + 2\cos q_2 + \cdots + 2\cos q_d$ になり, したがって (5.26) の最後の表式の $q_x^2 + q_y^2$ が, $q_1^2 + q_2^2 + \cdots + q_d^2 = q^2$ で置き換わる。熱力学的極限での積分 (5.28) では $(2\pi)^2$ が $(2\pi)^d$ で置き換えられるだけで, 被積分関数や積分の前の因子はそのままである。この積分は, $h \to 0$ の極限で $d \le 2$ の場合に発散し, $T > 0$ の条件下で $m \to 0$ を導く。$d > 2$ では積分は有限値を与え, m が有限値であっても矛盾は引き起こさないことがわかる。

5.2 式 (5.9) を使って式 (5.31) の積分を一般の次元で実行すればよい。式 (5.9) の積分を実行した結果の r 依存性は, $d \ne 2$ のとき, $-r^{2-d}/(d-2)$ に比例する。$d > 2$ なら r が大きい極限で r 依存性は消失し積分は定数に近づくから, 相関関数 (5.30) は有限値に収束し, 長距離秩序が存在する。また $d = 2$ で相関関数がべき減衰をすることはすでに示されている。$d < 2$ では $r \to \infty$ で積分が $+\infty$ に発散し, 相関関数は 0 になる。よって, $d = 2$ が下部臨界次元である。

5.3 図2のようになる。

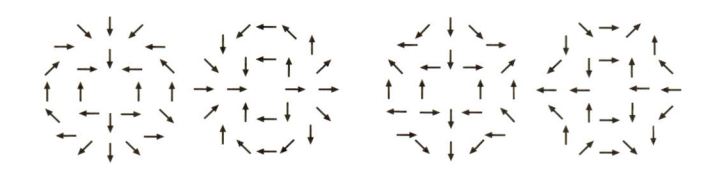

図 2 左から, $n = 2, 2, -2, -2$ の渦の例。

5.4 式 (5.54) を変数分離して積分形にする。

$$\int \frac{dx}{x^2 + ct} = \int dl \tag{51}$$

積分を実行するために $x = \sqrt{ct} \tan\theta$ とおくと, 左辺が簡単になって

$$\int \frac{d\theta}{\sqrt{ct}} = \int dl = l + \text{const} \tag{52}$$

これより
$$l = l_0 + \frac{\theta}{\sqrt{ct}} = l_0 + \frac{1}{\sqrt{ct}} \arctan \frac{x}{\sqrt{ct}} \tag{53}$$
が得られる。

5.5 式 (5.30) において $\phi(r)$ と $\phi(0)$ を p 倍すれば，相関関数は

$$\left\langle \cos p\big(\phi(r) - \phi(0)\big) \right\rangle = \exp\left(-\frac{p^2}{2} \left\langle \big(\phi(r) - \phi(0)\big)^2 \right\rangle \right) \tag{54}$$

と表される。したがって，最終的な表式は式 (5.32) において r のべきを p^2 倍するだけでよい。スケーリング次元の定義 (3.47) により，x_p は式 (54) のべきの半分 $x_p = Tp^2/4\pi J$ である。したがって，$y_p = d - x_p = 2 - Tp^2/4\pi J$ であり，有意性の条件 $y_p > 0$ は $T < 8\pi J/p^2 \equiv T_p$ となる。ただ，ここで導入された温度 T_p が $T_{\rm KT}(=\pi J/2)$ より低くなければ，スピン波近似に基づいた以上の議論は意味をなさない。これより，$\pi J/2 > 8\pi J/p^2$, すなわち $p > 4 \equiv p_0$ が導かれる。つまり，p が 4 を超えていれば，KT 転移点以下の有限の温度範囲内 $0 < T < T_p(< T_{\rm KT})$ で各 ϕ_i がとびとびの方向 $2\pi k/p$ のみを持つ傾向が出現する。

演習問題 6.

6.1 状態方程式 (6.9) で絶対零度極限 $\beta \to \infty$ を取ると，$h_0 < Jz$ のとき解として $m = 0$ と $m = 1$ が得られる。$h_0 > Jz$ なら $m = 0$ のみである。そこで，自由エネルギーの式 (6.8) で $m = 0$ と $m = 1$ において絶対零度極限を取ったときの値を調べると，$N_{\rm B} = zN/2$ より，$F(0) = -Nh_0$, $F(1) = -NJz/2$ であることがわかる。これらの大小関係が逆転するところが 1 次相転移点であり，$h_0 = Jz/2$ が導かれる。

6.2 状態方程式 (6.9) を Gauss 分布の場合に具体的に書けば

$$m = \frac{1}{\sqrt{2\pi}\sigma} \int_{-\infty}^{\infty} dh\, e^{-h^2/2\sigma^2} \tanh\beta(Jmz + h) \tag{55}$$

絶対零度極限 $\beta \to \infty$ では，h と $-Jmz$ の大小関係に応じて $\tanh\beta(\cdot)$ の部分が $+1$ あるいは -1 の値を取る。

$$m = \frac{1}{\sqrt{2\pi}\sigma} \int_{-Jmz}^{\infty} dh\, e^{-h^2/2\sigma^2} - \frac{1}{\sqrt{2\pi}\sigma} \int_{-\infty}^{-Jmz} dh\, e^{-h^2/2\sigma^2} \tag{56}$$

$h = \sqrt{2}\,\sigma x$ とおいて少々書き換えると，この積分は誤差関数で表される[1]。

$$m = 1 - \frac{2}{\sqrt{\pi}} \int_{Jmz/\sqrt{2}\sigma}^{\infty} dx\, e^{-x^2} = \frac{2}{\sqrt{\pi}} {\rm Erf}\left(\frac{Jmz}{\sqrt{2}\sigma} \right) \tag{57}$$

右辺の誤差関数を m について 3 次まで展開して，

---
[1] 誤差関数については，『数学公式 III』森口，宇田川，一松著 (岩波書店, 1992) 参照のこと。

$$m = \frac{2}{\sqrt{\pi}} \left(\frac{Jmz}{\sqrt{2}\sigma} - \frac{1}{3}\left(\frac{Jmz}{\sqrt{2}\sigma}\right)^3 \right) \tag{58}$$

3次の項の係数が負だから，1次の係数が1になる点 $\sigma_c = \sqrt{2}Jz/\sqrt{\pi}$ で2次転移をする．

6.3 4-3-1節の議論をそのままたどればよい．$S(\boldsymbol{r})$ を $q(\boldsymbol{r})$ で置き換え，$uS(\boldsymbol{r})^4$ を $vq(\boldsymbol{r})^3$ で置き換える．スケール変換に対してこの3乗項は $b^{-d+y_v+3(d-y_h)}$ 倍される．不変性の要請より，$-d+y_v+3(d-y_h)=0$，これに初項の不変性から得られる $y_h = d/2+1$ を入れると $y_v = 3-d/2$ が導かれる．y_v は $d>6$ で負である．以上の議論は，q が $q_{\alpha\beta}$ のようにレプリカ依存性を持っていてもそのまま成立する．q のべきが3乗であることのみが効いているのである．

6.4 β や γ の導出と同様の手順を踏めばよい．

$$M_0 = \sum_s n_s(p) \approx \int ds\, s^{-\tau} f\left((p-p_c)s^\sigma\right) \tag{59}$$

において，$z = (p_c - p)s^\sigma$ と変数変換をして

$$M_0 \propto (p_c - p)^{(\tau-1)/\sigma} \int dz\, f(-z) z^{-1+(1-\tau)/\sigma} \tag{60}$$

より，$2-\alpha = (\tau-1)/\sigma$ が導かれる．

6.5 (i) サイト 0 と $\boldsymbol{r}$ が異なるクラスターに属するときには，変数 $\delta_{S_0,1} - q^{-1}$ と $\delta_{S_{\boldsymbol{r}},1} - q^{-1}$ は全く独立になる．各クラスター内では S_i のすべての値を同じ重みで足し上げるから，$\sum_{S_0=1}^q (\delta_{S_0,1} - q^{-1}) = \sum_{S_r=1}^q (\delta_{S_r,1} - q^{-1}) = 0$ である．

(ii) 同じクラスター内の場合．「スピン和」をクラスター内のスピンが取る値についての和と定義すれば，クラスター内では $S_0 = S_r$ に注意して，$(\delta_{S_0,1} - q^{-1})(\delta_{S_r,1} - q^{-1})$ の展開に出現する $\delta_{S_0,1}\delta_{S_r,1}$ のスピン和は 1，$q^{-1}\delta_{S_0,1}$ および $q^{-1}\delta_{S_r,1}$ のスピン和は q^{-1}，q^{-2} のスピン和は q^{-1} である．これより，$(\delta_{S_0,1} - q^{-1})(\delta_{S_r,1} - q^{-1})$ のスピン和は $1 - q^{-1}$ となり，期待値は q で割った $(q-1)/q^2$ になる．

(iii) $q = 1+\epsilon$ とすれば，$(q-1)/q^2 = \epsilon + O(\epsilon^2)$ である．よって (i) と (ii) で示された事実より，Potts 模型の相関関数を展開した ϵ の 1 次の係数が，0 と $\boldsymbol{r}$ が同じクラスター内にある確率を表している．これはパーコレーションの相関関数に他ならない．

演習問題 7．

7.1 自由境界条件の場合の分配関数は

$$Z_N^{(\mathrm{F})} = \sum_{\{\sigma\}} e^{K\{\delta(\sigma_1,\sigma_2) + \delta(\sigma_2,\sigma_3) + \cdots + \delta(\sigma_{N-1},\sigma_N)\}} \tag{61}$$

Ising 模型の例にならって σ_N だけの和を先に取ると，

$$Z_N^{(\mathrm{F})} = \sum_{\{\sigma\}} e^{K\{\delta(\sigma_1,\sigma_2) + \delta(\sigma_2,\sigma_3) + \cdots + \delta(\sigma_{N-2},\sigma_{N-1})\}}$$

$$\cdot \sum_{\sigma_N=0,1,2} e^{K\delta(\sigma_{N-1},\sigma_N)} = Z_{N-1}^{(\mathrm{F})} \cdot (e^K + 2) \tag{62}$$

この漸化式を繰り返し使うことにより，分配関数が $Z_N^{(\mathrm{F})} = 3(e^K + 2)^{N-1}$ と求められる。よって，1 スピンあたりの自由エネルギーは，熱力学的極限で

$$\beta f = -\lim_{N\to\infty} \frac{1}{N} \log Z_N^{(\mathrm{F})} = -\log(e^K + 2) \tag{63}$$

一方，周期境界条件のときには Ising 模型のときと全く同様にして，分配関数は転送行列の固有値から算出できる。今の場合の転送行列は，要素 $T(\sigma_i, \sigma_{i+1}) = e^{K\delta(\sigma_i, \sigma_{i+1})}$ を持つから

$$T = \begin{pmatrix} e^K & 1 & 1 \\ 1 & e^K & 1 \\ 1 & 1 & e^K \end{pmatrix} \tag{64}$$

この行列の固有値は，$e^K + 2, e^K - 1, e^K - 1$ の 3 つである。参考までに，対応する固有ベクトルは，それぞれ，${}^t(1,1,1)$, ${}^t(1, e^{2\pi i/3}, e^{4\pi i/3})$, ${}^t(1, e^{-2\pi i/3}, e^{-4\pi i/3})$ である。したがって分配関数は

$$Z_N^{(\mathrm{P})} = (e^K + 2)^N + 2(e^K - 1)^N \tag{65}$$

$e^K + 2 > e^K - 1$ より，1 スピンあたりの自由エネルギーは，熱力学的極限で

$$\beta f = -\lim_{N\to\infty} \frac{1}{N} \log Z_N^{(\mathrm{P})} = -\log(e^K + 2) \tag{66}$$

となり，自由境界条件の解 (63) と一致する。

7.2 鞍点条件式に出てくる

$$H_h(u) \equiv H(u) + \frac{h^2}{2Ku^2} \tag{67}$$

は，$h \neq 0$ のときは次元 d によらず $u \to 0$ で発散し，$u \to \infty$ で 0 に近づく単調減少関数である。よって，鞍点条件式 $H_h(u) = 2K$ は任意の K に対して解を持つ。また，$H_h(u)$ は $u > 0$ では何回微分しても発散を示さないことから，特異性を持たないことがわかる。したがって，鞍点条件式の解 u も K の関数として特異性を持たない。これより，$h \neq 0$ のときには次元によらず球形模型は相転移を示さない。

7.3 式 (7.62) を h で微分すると，磁化の逆符号 $-m$ になる。よって

$$m = \frac{h}{2Ku} \tag{68}$$

また，u と h の関係は式 (7.63) で決まる。式 (7.63) の解 u は，ちょうど転移点なら $h \to 0$ で $u \to 0$ だから，h が有限でも小さければ 0 に近い。このとき，式 (7.63) は

$$H(0) - cu^{d/2-1} + \frac{h^2}{2Ku^2} = 2K \tag{69}$$

と書くことができる。左辺第 2 項の $u^{d/2-1}$ は他の項に比べて小さいので無視すれば，$H(0) = 2K_{\rm c}$ を使って，

$$\frac{h^2}{2Ku^2} = 2K - 2K_{\rm c} \tag{70}$$

これより h/u を求めて式 (68) に代入すれば

$$m = \sqrt{1 - \frac{K_{\rm c}}{K}} \tag{71}$$

という結論が得られる。

7.4 一般式 (7.83) の積分部分 I の評価を行う。$\beta J = K$ と書くことにして，

$$\begin{aligned}
I &= 2\int_0^\pi dq\, \frac{\cos^2 q\, e^{-K\cos q}}{(1+e^{-K\cos q})^2} \\
&= 2\int_0^{\pi/2} dq\, \frac{\cos^2 q\, e^{-K\cos q}}{(1+e^{-K\cos q})^2} + 2\int_{\pi/2}^\pi dq\, \frac{\cos^2 q\, e^{-K\cos q}}{(1+e^{-K\cos q})^2} \\
&= 2\int_0^{\pi/2} dq\, \frac{\cos^2 q\, e^{-K\cos q}}{(1+e^{-K\cos q})^2} + 2\int_0^{\pi/2} dq\, \frac{\cos^2 q\, e^{K\cos q}}{(1+e^{K\cos q})^2} \\
&= 4\int_0^{\pi/2} dq\, \frac{\cos^2 q\, e^{-K\cos q}}{(1+e^{-K\cos q})^2} \tag{72}
\end{aligned}$$

K が大きいときには $\cos q$ が小さいところの寄与が主要だから，$\cos q$ が小さい $q = \pi/2$ 付近の様子を見やすくするために $x = \pi/2 - q$ と変数変換をする。

$$I = 4\int_0^{\pi/2} dx\, \frac{\sin^2 x\, e^{-K\sin x}}{(1+e^{-K\sin x})^2} \tag{73}$$

x が小さいときの被積分関数の値が $K \gg 1$ のときの漸近形の最初の項を与えるから，$\sin x \approx x$ と近似すれば

$$\begin{aligned}
I &\approx 4\int_0^{\pi/2} dx\, \frac{x^2 e^{-Kx}}{(1+e^{-Kx})^2} \\
&= 4K^{-3}\int_0^{\pi K/2} dt\, \frac{t^2 e^{-t}}{(1+e^{-t})^2} \\
&\approx 4K^{-3}\int_0^\infty dt\, \frac{t^2 e^{-t}}{(1+e^{-t})^2} = \frac{2\pi^2}{3K^3} \tag{74}
\end{aligned}$$

これに式 (7.83) の積分の前の因子をかけると式 (7.84) が導かれる。

7.5 まず $h > J$ のときには，式 (7.81) の被積分関数の分母の指数の肩に乗っている量が常に負になるから，低温極限では指数関数は 0 である。よって

$$E = \frac{h}{2} - \frac{1}{2\pi}\int_{-\pi}^\pi (J\cos q + h)\,dq = -\frac{h}{2} \tag{75}$$

演習問題解答

が基底エネルギーである。$h < J$ になると, q の絶対値が $J\cos q_0 = -h$ を満たす q_0 より小さいと指数の肩が負で分母は 1 だが, それ以外の q では指数関数がいくらでも大きくなり積分は 0 になる。よって

$$\begin{aligned}E &= \frac{h}{2} - \frac{1}{2\pi}\int_{-q_0}^{q_0}(J\cos q + h)\,dq \\ &= \frac{h}{2} - \frac{J\sin q_0}{\pi} - \frac{hq_0}{\pi} \\ &= \frac{h}{2} - \frac{\sqrt{J^2-h^2}}{\pi} - \frac{h}{\pi}\arccos\left(-\frac{h}{J}\right)\end{aligned} \quad (76)$$

という基底エネルギーが得られる。

7.6 2 次元 Ising 模型とほとんど同じ取り扱いでよい。式 (7.89) と (7.90) で $K^* \to \beta h$, $K \to \beta J$ とし, $g(K)$ を落とす。また, 密度行列は量子力学的なハミルトニアンがそのまま指数関数の肩に乗るので, V_1 と V_2 の積のようにはならず, 指数関数の肩に相互作用項と磁場項の和を取ったものを乗せる。

$$Z = \mathrm{Tr}\,\exp\left(\beta J\sum_j \sigma_j^z\sigma_{j+1}^z + \beta h\sum_j \sigma_j^x\right) \quad (77)$$

Majorana 場による表現およびその Fourier 変換の扱いは 2 次元 Ising 模型と同じであり, 次の表式を得る。

$$Z = \mathrm{Tr}\prod_{q\geq 0} T(q) \quad (78)$$

$$\begin{aligned}T(q) = \exp\Big[&2i\beta J\left(e^{-iq}C_1(q)C_2^\dagger(q) + e^{iq}C_1^\dagger(q)C_2(q)\right) \\ &- 2i\beta h\left(C_1(q)C_2^\dagger(q) + C_1^\dagger(q)C_2(q)\right)\Big]\end{aligned} \quad (79)$$

$|00\rangle$ と $|11\rangle$ の張る 2 次元空間での $T(q)$ の固有値は 2 重縮退した 1 である。$|01\rangle$ と $|10\rangle$ の張る空間への $T(q)$ の射影は, 式 (7.111) と (7.112) に相当して,

$$\tilde{T}(q) = \exp\left\{2\beta h(\tau^z\cos q - \tau^x\sin q) - 2\beta J\tau^z\right\} \quad (80)$$

と表される。右辺の $\{\cdots\}$ 内を行列表示すると

$$2\beta\begin{pmatrix} h\cos q - J & -h\sin q \\ -h\sin q & -h\cos q + J \end{pmatrix} \quad (81)$$

であり, 固有値が $\pm 2\beta\sqrt{h^2 + J^2 - 2hJ\cos q}$ であることがわかる。よって分配関数が

$$Z = \prod_{q\geq 0}\left(2 + 2\cosh 2\beta\sqrt{h^2 + J^2 - 2hJ\cos q}\right)$$

$$= \prod_{q \geq 0} \left(2\cosh\beta\sqrt{h^2 + J^2 - 2hJ\cos q}\right)^2 \tag{82}$$

と求められる。1スピンあたりの自由エネルギーは

$$-\beta f = \frac{1}{\pi}\int_0^\pi dq \log 2\cosh\beta\sqrt{h^2 + J^2 + 2hJ\cos q} \tag{83}$$

ここで $q \to \pi - q$ と変数変換した。これが自由エネルギーの厳密解である。

$\beta \to \infty$ の極限では，自由エネルギーは基底エネルギーになる。上式の絶対零度極限を取ると，$h > 0$ として

$$\begin{aligned}
E_g &= -\frac{1}{\pi}\int_0^\pi dq \sqrt{h^2 + J^2 + 2hJ\cos q} \\
&= -\frac{2(h+J)}{\pi}\int_0^{\pi/2} d\omega \sqrt{1 - k_1^2 \sin^2\omega} \\
&= -\frac{2(h+J)}{\pi}E(k_1), \quad k_1^2 = \frac{4hJ}{(h+J)^2}
\end{aligned} \tag{84}$$

ここで，$E(k_1)$ は第2種の完全楕円積分である。$E(k_1)$ は $k_1 = 1$ ($h = J$) において特異性を持つことが知られている。これを確かめるために，$h/J = 1 + \epsilon$ とおくと $k_1^2 \approx 1 - \epsilon^2/4$ であることを使う。基底エネルギーの積分表式 (84) において，その特異性は被積分関数が 0 になるところから来ることを考慮して書き換えると，

$$\begin{aligned}
E_g &\approx -\frac{4J}{\pi}\int_0^{\pi/2} d\omega \sqrt{1 - \left(1 - \frac{\epsilon^2}{4}\right)\cos^2\omega} \\
&\approx -\frac{4J}{\pi}\int_0^{\pi/2} d\omega \sqrt{1 - \left(1 - \frac{\epsilon^2}{4}\right)\left(1 - \frac{\omega^2}{2}\right)} \\
&\approx -\frac{4J}{\sqrt{2}\pi}\int_0^{\pi/2} d\omega \sqrt{\omega^2 + \frac{\epsilon^2}{2}}
\end{aligned} \tag{85}$$

これは式 (7.124) と同じ形だから，$\epsilon = 0$ において $-\epsilon^2\log|\epsilon|$ に比例する，2次元 Ising 模型の自由エネルギーと同じ特異性を持つ。温度の代わりに横磁場が制御変数となっている。

演習問題 8.

8.1 6次項の図形は，図 8.3 の上の段で右端のものと，下の段の左端の2種類である。個数はいずれも N であり，合計 $2N$ になる。前者の個数が N であることを見るには，例えば，横長の長方形の左半分の正方形に着目すれば，この長方形の正方格子上への並べ方の数は，単位正方形の並べ方の数 N と等しいことがわかる。高温展開の係数は，式 (8.15) の右辺のかっこ内であり，今求めた並べ方の数 $2N$ そのものである。

8.2 8-3 節の一般論を適用するには，もとの分配関数の Boltzmann 因子 $u(\xi_i - \xi_j)$ およびその Fourier 変換 $\lambda(\eta_{ij})$ が必要である。Potts 模型については，前者は

演習問題解答　　　　　　　　　　　　　　　　　　　　　　　　　　　225

すでに本文中に記載されているとおり $u(0) = e^K, u(1) = \cdots = u(q-1) = 1$ である．後者は，Fourier 変換の逆変換 (8.29) より，$u(0) = u(q)$ に注意して，

$$\lambda(\eta) = \sum_{\xi=1}^{q} e^{-2\pi i \xi \eta/q} u(\xi) = u(0) + \sum_{\xi=1}^{q-1} e^{-2\pi i \xi \eta/q}$$

$$= \begin{cases} e^K + q - 1 & (\eta = 0) \\ e^K - 1 & (\eta \neq 0) \end{cases} \tag{86}$$

もとの格子上で 2 つの状態の Boltzmann 因子の比は $u(1)/u(0) = e^{-K}$ だから，これにならって双対格子上でも $\lambda(1)/\lambda(0) = e^{-K^*}$ と定義すれば，

$$e^{-K^*} = \frac{e^K - 1}{e^K + q - 1} \tag{87}$$

という形で，双対相互作用の強さがもとの相互作用を使って表現される．正方格子のような自己双対格子では，転移点が唯一であるという仮定の下に $K = K^* = K_c$ より決定でき，$e^{K_c} = 1 + \sqrt{q}$ が得られる．

分配関数の双対性を求めるには，式 (8.31) と同様にして以下の関係が成立することに着目する．

$$Z(K) \equiv \sum_{\xi} e^{K \sum_{\langle ij \rangle} \delta(\xi_i - \xi_j)} = q^{-1-N} \sum_{\mu} e^{\sum_{\langle ij \rangle}(K^* \delta(\mu_i - \mu_j) + a)} \tag{88}$$

ここで，a は $\lambda(1) = e^K - 1 = e^a$ より決められる．したがって，

$$Z(K) = q^{-1-N} (e^K - 1)^{N_B^*} Z^*(K^*) \tag{89}$$

これが，目標としていた関係式である．

8.3 8-1 節の Ising 模型の例と全く同様の議論が展開できる．唯一修正する必要があるのは，$(T^*)'_c$ の値である．上問で導出した式 (87) を使って T^* を T で微分し，転移点 $e^{K_c} = 1 + \sqrt{3}$ における微係数を求めると，Ising と同じく -1 であることがわかる．したがって，臨界指数および臨界振幅の関係 $\alpha_+ = \alpha_-$, $A_+ = A_-$ もそのまま成立する．

8.4 8-1 節の議論をほぼそのまま適用することができる．式 (8.10) において，左辺が三角格子の自由エネルギーの特異部分なら右辺は六角格子，したがって式 (8.13) も三角格子と六角格子の臨界振幅と臨界指数を結びつける．三角格子についてこれらの量を $A^t_\pm, \alpha^t_\pm$ とし，六角格子については $A^h_\pm, \alpha^h_\pm$ とすれば，得られる関係は $A^t_\pm = A^h_\mp$ および $\alpha^t_\pm = \alpha^h_\mp$（複号同順）である．

8.5 Boltzmann 因子 B において，S_0 について和を取ると

$$\sum_{S_0 = \pm 1} e^{K^* S_0 (S_1 + S_2 + S_3)}$$

$$= \sum_{S_0 = \pm 1} \cosh^3 K^*$$

$$\times (1+S_0S_1\tanh K^*)(1+S_0S_2\tanh K^*)(1+S_0S_3\tanh K^*)$$
$$= 2\cosh^3 K^*\{1+(S_1S_2+S_2S_3+S_3S_1)\tanh^2 K^*\} \tag{90}$$

これが $Ae^{\tilde{K}(S_1S_2+S_2S_3+S_3S_1)}$ に等しくなるように $\tilde{K}$ と K^* の関係を決める。

$$Ae^{\tilde{K}(S_1S_2+S_2S_3+S_3S_1)}$$
$$= A\cosh^3 \tilde{K}(1+S_1S_2\tanh \tilde{K})(1+S_2S_3\tanh \tilde{K})(1+S_3S_1\tanh \tilde{K})$$
$$= A\cosh^3 \tilde{K}\left\{1+\tanh^3 \tilde{K}+(S_1S_2+S_2S_3+S_3S_1)(\tanh \tilde{K}+\tanh^2 \tilde{K})\right\}$$
$$= A\cosh^3 \tilde{K}(1+\tanh^3 \tilde{K})$$
$$\times \left(1+\frac{\tanh \tilde{K}+\tanh^2 \tilde{K}}{1+\tanh^3 \tilde{K}}(S_1S_2+S_2S_3+S_3S_1)\right) \tag{91}$$

よって,
$$\tanh^2 K^* = \frac{\tanh \tilde{K}+\tanh^2 \tilde{K}}{1+\tanh^3 \tilde{K}} = \frac{\tanh \tilde{K}}{1-\tanh \tilde{K}+\tanh^2 \tilde{K}} \tag{92}$$

が求める関係式である。K^* が K の関数だから,$\tilde{K}$ も K の関数である。

相互作用 $\tilde{K}$ を持つ系は,もとと同じサイト数を持つ三角格子だから,その分配関数は自明な関数の因子を除いてもとの三角格子の分配関数と一致する $(Z(K) \propto Z(\tilde{K}))$。$K$ と K^* の関係式 (8.2)(あるいはそれと等価な式 $e^{-2K}=\tanh K^*$) と K^* と $\tilde{K}$ の関係式 (92) から K^* を消去すると,K と $\tilde{K}$ の関係

$$(e^{4K}-1)(e^{4\tilde{K}}-1) = 4 \tag{93}$$

が得られる。これより,$\tilde{K}$ は K の単調減少関数であることが確かめられる。よって,臨界点がひとつしかなければ,上式の固定点がそれを与える。固定点の条件 $K=\tilde{K}$ より,$e^{4K_c}=3$ が求める臨界点の表式である。

8.6 μ_i が連続値を取るならば,Boltzmann 因子 $e^{-(\mu_i-\mu_j)^2/2T_r}$ は 5-2 節のスピン波近似と全く同じである。そこで計算したように,$(\mu_i-\mu_j)^2$ の期待値は 2 次元では $\log r$ に比例して r とともにいくらでも増大する。したがって,遠く離れた場所での高さ μ_i の間に相関はなく,表面は粗い。

索　引

Bethe 近似　34

Coulomb ガス　102

Edwards-Anderson 模型　121
Einstein の関係式　42
ϵ 展開　87

Fourier 変換　37

Gauss 固定点　85
Gauss 模型　37, 84
Ginzburg の基準　39
Griffiths 相　128

Harris の基準　127
Heisenberg 模型　16

Imry-Ma の議論　116
Ising 模型　12

Jordan-Wigner 変換　159, 206

Kosterlitz-Thouless 転移　100
Kosterlitz 方程式　106
Kronecker の記号　15
KT 相　100

Landau-Ginzburg-Wilson 模型　84
Landau 展開　24
Landau 理論　24

Majorana 場　164
Mermin-Wagner の定理　95
Migdal-Kadanoff 近似　81

n ベクトル模型　16, 149

Onsager　162
$O(n)$ 模型　149
Ornstein-Zernike の公式　38

Peierls の議論　92
ϕ^4 模型　84
Poisson の和公式　187, 208
Potts 模型　15, 137, 188

Rushbrooke の不等式　58, 194

Schwarz の不等式　95
Sherrington-Kirkpatrick 模型　122
SOS 模型　186

TDGL 方程式　44

van Hove 理論　43
Villain 模型　185

XY 模型　16

あ　行

アニール系　111
鞍点法　32, 190
1 次転移　3
異方性　15
渦　99
応答関数　43

か　行

カスプ　3

下部臨界次元　41, 90, 116, 126
緩和時間　45
希釈強磁性体　128
球形模型　149, 152
キュミュラント　78, 99, 196
巨視的　1
クエンチ系　111
クエンチされたランダムさ　111
クラスター　130
くりこまれた相互作用　103
クロスオーバー　66
クロスオーバー指数　67
クロック模型　109, 180
結合数　18
高温展開　177
交換相互作用　13
格子気体　14
格子 Green 関数　187, 203
格子定数　71
格子点　13
固定点　10
混合相　125

さ 行

最急降下法　190
最近接格子点　18
サイト　13
サイト過程　137
サイト希釈　128
最隣接格子点　18
三重点　1
三重臨界点　27
磁化　2
磁化率　5
自己平均性　112
自己無撞着方程式　20
実空間　48
実空間くりこみ群　48, 72
自発磁化　4, 20
自発的な対称性の破れ　25
シフト指数　65

周期 Gauss 模型　185
準安定状態　28
準長距離秩序　99
状態方程式　20
上部臨界次元　40, 117, 126, 140
浸透　15
スケーリング　9
スケーリング関係式　58
スケーリング関数　57
スケーリング次元　50
スケーリング則　56
スケーリング場　53
スケール変換　9, 48
スピングラス　121
スピングラス秩序パラメータ　123
スピン波近似　92
正方格子　13
セルフ・コンシステント方程式　20
相　1
相関関数　6
相関距離　7
相関長　7
相境界　1
相図　1
双対格子　182
双対性　172
双対相互作用　172
相転移　2
粗視化　9

た 行

大局的な反転対称性　24
多重 Gauss 積分　203
秩序パラメータ　2
中立変数　53
超立方格子　33
低温展開　178
転移温度　4
転送行列法　146
逃散能　104
動的スケーリング則　70

索　引

動的臨界現象　41
動的臨界指数　45

な　行

2元合金　13
2次転移　4

は　行

配位数　18
配位平均　113
ハイパー・スケーリング　60, 137
パーコレーション　15, 128
パーコレーション転移　130
裸の相互作用　103
微視的　1
普遍性　11, 55
普遍的な飛び　103
フラクタル　136
フラクタル次元　135
プラケット　182
不連続固定点　71
ブロック・スピン変換　8, 77
分子場　19
分子場理論　19
平均場近似　17
平均場理論　17
ベータ関数　82
星・三角変換　188
ボンド過程　137
ボンド希釈　128

ま　行

無限レンジ模型　31, 122

や　行

有意でないが危険な変数　85
有意でない変数　53
有意な変数　53
有限サイズスケーリング　64
有効磁場　19
ゆらぎ　6
揺動散逸定理　43

ら　行

ラフニング転移　186
ランダム固定点　129
ランダム磁場 Ising 模型　111
リエントラント転移　124
量子スピン系　16
臨界温度　4
臨界緩和現象　45
臨界現象　2
臨界指数　6
臨界振幅　12
臨界たんぱく光　6
臨界点　1, 4
臨界面　55
レプリカ対称解　125, 200
レプリカ対称性　200
レプリカ法　118
連続転移　4

著者紹介

西 森 秀 稔
にし もり ひで とし

現 在 東京工業大学国際先駆研究機構
　　　　特任教授　理学博士

主要著書

スピングラス理論と情報統計力学
　　　　　　　　　（岩波書店，新物理学選書）
スピングラスと連想記憶
　　　　　　　　　（岩波書店，岩波講座 物理の世界）
量子コンピュータが人工知能を加速する
　　　　　　　　　（共著，日経BP社）
量子アニーリングの基礎
　　　　　　　　　（共著，共立出版）
Statistical Physics of Spin Glasses
and Information Processing
　　　　　　　　　（Oxford University Press）
Elements of Phase Transitions and
Critical Phenomena
　　　　　　　　　（共著，Oxford University Press）

Ⓒ 西 森 秀 稔 2005

2005年11月 7日　初 版 発 行
2022年11月30日　初版第14刷発行

新物理学シリーズ 35
相転移・臨界現象の統計物理学

著　者　西森秀稔
発行者　山本　格

発 行 所　株式会社 培風館
東京都千代田区九段南4-3-12・郵便番号102-8260
電話(03)3262-5256(代表)・振替00140-7-44725

中央印刷・牧製本
PRINTED IN JAPAN

ISBN 978-4-563-02435-2　C3342